電子部品ごとの制御を学べる！

Raspberry Pi（ラズベリーパイ）電子工作 実践講座

福田和宏

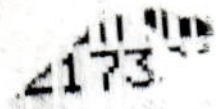

ソーテック社

はじめに

「IoT（Internet of Things：モノのインターネット）」という言葉・考え方が注目を集めています。パソコンやサーバーなどだけではなく、それ以外の様々な「モノ」をインターネットに繋いで応用する考え方です。そして、IoT関連で様々な製品が開発されています。例えば、外出先から宅内の各種機器を操作したり、防犯システムで侵入者を検知したらセキュリティ事業者に知らせたり、ロボットやドローンなどといった機器を外部から操作したり、といった具合です。

IoTを実現するのに役立つものの1つに、小型のマイコンボードがあります。Arduinoやmicro:bitといったマイコンボードは、安価で入手できて電子部品などの制御に役立ちます。本書で紹介する「Raspberry Pi」はマイコンボードの一種ですが、電子部品の制御だけではなく、ネットワーク機能やパーソナルコンピュータとしての機能も有しています。マイコンボードというより、シングルボードコンピュータと呼ぶべきもので、世界的にヒットしていて小学生から技術者まで様々な人々が活用しています。

電子部品とは、電気を加えることで様々な動作をする部品です。電子部品はものを動かしたり、外部の状態を確認するのに使います、代表的な電子部品には、光を発する「LED」、音を鳴らす「スピーカー」、ものを動かす「モーター」、外部の様々な状態を調べる「センサー」などがあります。電子部品を使ってモノを作るのが「電子工作」です。

電子部品は、つなぐだけで動作するもの、つなぎ方を工夫するなど一手間かけて動作させるものなど様々です。つなぐだけで動作する電子部品でも、動作させるための決まりがあります。決まりを守らないと、例えば電気が流れすぎて電子部品が壊れてしまうなどといったこともありえます。

しかし、恐れることはありません。決まりさえ守れば電子部品を動かすのは難しくありません。

本書では、主要な電子部品ごとに、Raspberry Piで制御する方法を解説します。電子部品とRaspberry Piの接続方法や、制御プログラムの作成、さらに電子回路を作成する上で必要な知識や注意点についても解説しています。電子部品それぞれの使い方がわかれば、複数の電子部品を組み合わせて電子工作で応用することも可能です。距離センサーとモーターを合わせ、壁にぶつかりそうになったら回避するといったこともできるでしょう。

Raspberry Piで電子部品を制御すると、作品の幅が無限に広がります。電子部品を制御する手法を身につけ、夢見た電子工作をしてみましょう。

2017年12月
福田 和宏

CONTENTS

本書のサポートページについて

本書で解説に使用したプログラムコードは、弊社のWebページからダウンロードすることが可能です。詳細は、以下のURLに設置されているサポートページを併せてご参照ください。

ダウンロードする際には、圧縮ファイルの展開・伸長ソフトが必要です。展開ソフトがない場合には必ずパソコンにインストールしてから行ってください。また、圧縮ファイル展開時にパスワードが求められますので、下記のパスワードを入力して展開を行ってください。

◆本書のサポートページ

http://www.sotechsha.co.jp/sp/1161/

◆展開用パスワード（すべて半角英数文字）

2017rpew

本書の使い方

本書の使い方について解説します。本文中で紹介しているサンプルプログラムや設定ファイルの場所、また配線図の見方などについても紹介します。

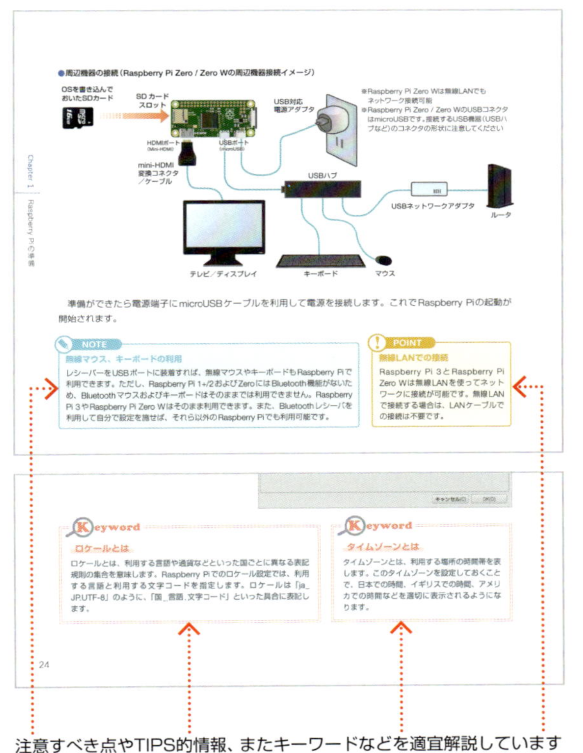

●周辺機器の接続（Raspberry Pi Zero / Zero Wの周辺機器接続イメージ）

準備ができたら電源端子にmicroUSBケーブルを利用して電源を接続します。これでRaspberry Piの起動が開始されます。

NOTE
無線マウス、キーボードの利用
レシーバーをUSBポートに装着すれば、無線マウスやキーボードもRaspberry Piで利用できます。ただし、Raspberry Pi 1+/2およびZeroにはBluetooth機能がないため、Bluetoothマウスおよびキーボードはそのままでは利用できません。Raspberry Pi 3やRaspberry Pi Zero Wはそのまま利用できます。また、Bluetoothレシーバを利用して自分で設定を施せば、それら以外のRaspberry Piでも利用可能です。

POINT
無線LANでの接続
Raspberry Pi 3とRaspberry Pi Zero Wは無線LANを使ってネットワークに接続が可能です。無線LANで接続する場合は、LANケーブルでの接続は不要です。

Keyword
ロケールとは
ロケールとは、利用する言語や通貨などといった国ごとに異なる表記規則の集合を意味します。Raspberry Piでのロケール設定では、利用する言語と利用する文字コードを指定します。ロケールは「ja_JP.UTF-8」のように、「国_言語.文字コード」といった具合に表記します。

Keyword
タイムゾーンとは
タイムゾーンとは、利用する場所の時間帯を表します。このタイムゾーンを設定しておくことで、日本での時間、イギリスでの時間、アメリカでの時間などを適切に表示されるようになります。

24

注意すべき点やTIPS的情報、またキーワードなどを適宜解説しています

この回路では、赤外線が届いた場合はHIGH、届かなかった場合はLOWになるようになっています。入力によって、if文を使ってどちらの状態かを表示するには次のようなプログラムを作成します。

①PIR_PIN変数に、焦電型赤外線センサーを接続しているGPIOの番号を指定しておきます。

②pi.pinMode()に、GPIOの番号と「pi.INPUT」と指定することで、センサーを接続したGPIOを入力モードに切り替えます。

③「pi.digitalRead()」では、指定したGPIOの状態を確認して入力をします。赤外線が届かなかった場合の入力は「pi.LOW」となり、届いた場合の入力は「pi.HIGH」となります。if文でそれぞれの状態を分岐して処理します。

④GPIOの入力がpi.HIGNの場合には、「IR ON.」と表示します。

⑤GPIOの入力がpi.LOWの場合には、「IR OFF.」と表示されます。

●フォトリフレクタやフォトインタラプタの状態を取得するプログラム

raspi_parts/7-3/photo_sensor.py

```
import wiringpi as pi
import time

PIR_PIN = 23 ①

pi.wiringPiSetupGpio()
pi.pinMode( PIR_PIN, pi.INPUT ) ②

while True:
    if ( pi.digitalRead( PIR_PIN ) == pi.HIGH ): ③
        print ("IR ON.") ④
    else:
        print ("IR OFF.") ⑤

    time.sleep( 1 )
```

プログラムが完成したら、右のようにコマンドでプログラムを実行します。

```
sudo python3 photo_sensor.py Enter
```

フォトリフレクターの場合は、プログラム実行後に、センサー近くに白い紙などの反射物を配置すると「IR ON」、反射物がないと「IR OFF」と表示します。

フォトインタラプタの場合は、溝に遮へい物を差し込むと「IR OFF」、遮へい物がないと「IR ON」と表示します。

NOTE
デジタル入力のスレッショルドについて
電圧が0Vや3.3VなどでなくてもデジタルICはスレッショルドによってHIGH、LOWのどちらかの状態と判断します。スレッショルドについては、p.44を参照してください。

Section 7-3　特定の位置に達したことを検知するセンサー

183

プログラムコードの解説では、コード中に適宜解説をするとともに、本文中と対応する箇所が分かりやすいように丸数字（①②など）をふっています

●プログラムファイルの格納場所

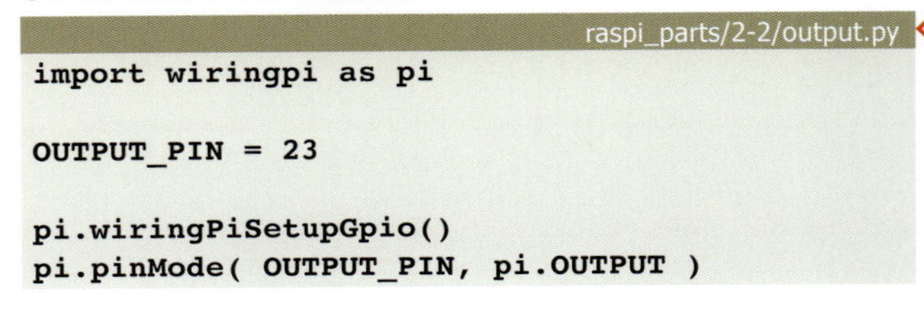

raspi_parts/2-2/output.py

```
import wiringpi as pi

OUTPUT_PIN = 23

pi.wiringPiSetupGpio()
pi.pinMode( OUTPUT_PIN, pi.OUTPUT )
```

本書サポートページで提供するサンプルプログラムを利用する場合は、右上にファイル名を記しています。ファイルの場所は、アーカイブを「sotech」フォルダに展開した場合のパスで表記しています

●ブレッドボードの配線やGPIO端子図の見方

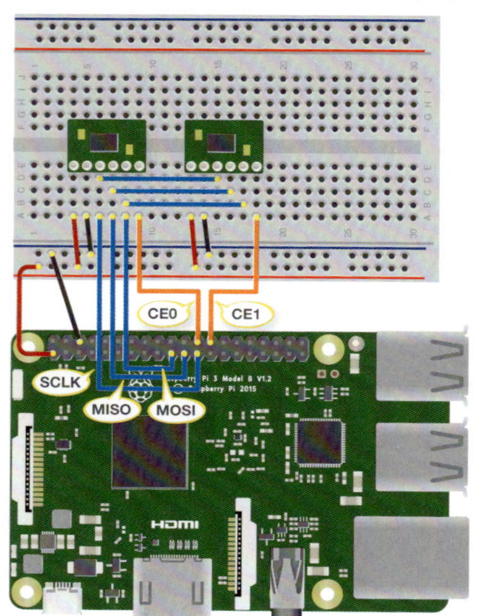

ブレッドボード上やRaspberry PiのGPIO端子に配線する際のイラストでは、端子を挿入して利用する箇所を黄色の点で表現しています。また、GPIO端子のどこに繋がっているかを吹き出しで示しています。自作の際の参考にしてください

注意事項

- 本書の内容は2017年11月の原稿執筆時点での情報であり、予告なく変更されることがあります。特に電子部品に関しては、生産終了などによって取り扱いが無くなることが予想されますので、あくまで執筆時点の参考情報であることをご了承ください。また、本書に記載されたソフトウェアのバージョン、ハードウェアのリビジョン、URL、それにともなう画面イメージなどは原稿執筆時点のものであり、予告なく変更される場合があります。
- 本書の内容の操作によって生じた損害、および本書の内容に基づく運用の結果生じたいかなる損害につきましても著者および監修者、株式会社ソーテック社、ソフトウェア・ハードウェアの開発者および開発元、ならびに販売者は一切の責任を負いません。あらかじめご了承ください。
- 本書の制作にあたっては、正確な記述に努めていますが、内容に誤りや不正確な記述がある場合も、当社は一切責任を負いません。また著者、監修者、出版社、開発元のいずれも一切サポートを行わないものとします。
- サンプルコードの著作権は全て著作者にあります。本サンプルを著作者、株式会社ソーテック社の許可なく二次使用、複製、販売することを禁止します。
- サンプルデータをダウンロードして利用する権利は、本書の購入者のみに限ります。本書を購入しないでサンプルデータのみを利用することは固く禁止します。

Chapter 1

Raspberry Piの準備

Raspberry Piは「小さなパソコン」として使えるだけでなく、デジタル入出力ができるGPIOを使うことで、電子デバイスの制御も可能です。LEDの点灯のような簡単な制御から、センサーの情報を使ってロボットを制御するなどといったことにも使えます。
Raspberry Piで電子デバイスを制御するには、OSの準備や設定が必要です。ここでは、Raspberry Piの概要や初期設定について説明します。

Section 1-1

Raspberry Piとは

「Raspberry Pi」は、手のひらに載るほどの小さなコンピュータです。搭載されているGPIOインタフェースを利用することで、電子デバイスの制御が可能です。電子デバイスを使えば、幅広く物作りを楽しむことが可能です。

Raspberry Piとは

「**Raspberry Pi**」は英国の「**Raspberry Pi Foundation**」が提供する、手のひらに収まるほどの小さなコンピュータです。少ない電力で動作するため、省電力で省スペースのパソコンとして利用できます。また、Linuxベースの OSが利用でき、Windowsや macOSのようなグラフィカルな環境での操作が可能です。さらに、Linuxで利用できる多数のアプリケーションをRaspberry Piで使えるため、Webブラウジングからオフィス資料の作成、動画や音楽の再生、プログラミングなど幅広い用途に活用できます。

特にRaspberry Piの上部に備わる「**GPIO**（General Purpose Input/Output）」と呼ばれるインタフェースを搭載しているのが特徴です。GPIOは、デジタル入出力が行える端子で、ここにLEDやモーターといった電子デバイスを接続することで、Raspberry Piから制御を行えます。また、ボタンや温度センサーなどといった入力デバイスを接続すれば、ボタンが押されたり、温度などの情報を用いて電子デバイスの制御やネットワーク上のサービスにデータをアップロードするといった応用ができます。

さらに、カメラデバイスといったRaspberry Pi用のデバイスも用意されており、写真撮影などが簡単に行えます。

●手のひらに載る小さなコンピュータ「Raspberry Pi」
写真はRaspberry Pi 3 Model B（上）と
Raspberry Pi Zero W（下）

Raspberry Piのモデルと外見

Raspberry Piには、複数のモデルが販売されています。現在、主に販売されているのが、「**Raspberry Pi 3 Model B**」、「**Raspberry Pi 2 Model B**」、「**Raspberry Pi Zero**」です。Raspberry Pi 3は、無線LANやBluetooth機能を搭載したり、1.2GHzで駆動するCPUを搭載するなどハイスペックとなっています。Raspberry Pi 2は、Raspberry Pi 3の1世代前のモデルとなっており、無線LANやBluetoothなどの機能は搭載しませんが、

Raspberry Pi 3よりも低消費電力で動作します。

Raspberry Pi Zeroは、65×30mmと小さな形状をしているのが特徴です。また、約600円と低価格で販売されています。有線や無線LANなどのインタフェースは搭載しませんが、microUSBに無線LANアダプタなどを接続することで、通信も可能となっています。また、2017年2月に登場した「**Raspberry Pi Zero W**」は、Raspberry Pi Zeroに無線LANとBluetooth機能を搭載したモデルです。Zero Wを使えば単体で通信が可能となります。

●Raspberry Piの各モデルの違い

	Raspberry Pi			
	Model A	Model A+	Model B	Model B+
SoC（CPU）	BCM2835（700MHz）			
搭載メモリー	256Mバイト		512Mバイト※1	512Mバイト
ネットワークインタフェース	非搭載		10/100Mbps	
USBポートの数	1		2	4
GPIOの端子数	26	40	26	40
SDカード	SDカード	microSDカード	SDカード	microSDカード
ターゲット価格/実売価格（税込）※2	–	20 USドル/2,970円	25 USドル/4,752円	25 USドル/3,510円

	Raspberry Pi 2 Model B	Raspberry Pi 3 Model B	Raspberry Pi Zero (V1.3)	Raspberry Pi Zero W
SoC（CPU）	BCM2836（900MHz）	BCM2837（1.2GHz）	BCM2835（1GHz）	
搭載メモリー	1Gバイト	1Gバイト	512Mバイト	
ネットワークインタフェース	10/100Mbps	10/100Mbps、IEEE802.11b/g/n、Bluetooth 4.1	–	IEEE802.11b/g/n、Bluetooth 4.1
USBポートの数	4	4	1（microUSB）	
GPIOの端子数	40	40	40	
SDカード	microSDカード	microSDカード	microSDカード	
ターゲット価格/実売価格（税込）※2	35 USドル/4,752円	35 USドル/4,860円	5 USドル/648円	10 USドル/1,296円

※1 リビジョン000d以降の場合
※2 KSY（http://www.ksyic.com）での価格（2017年11月調査）。なお、KSYではRaspberry Pi Model A、Model Bは販売していない

NOTE

第1世代のRaspberry Pi

Raspberry Pi発売開始当初はModel A、B、A+、B+といったモデルが販売されていました。このうちModel A+、B+は現在でも購入可能です。本書ではRaspberry Pi 2、3、Zero、Zero Wを中心に解説します。基本的に第一世代のRaspberry Piでも同様に動作しますが、Model A、BはGPIO端子が26ピンで配列が異なることや、標準SDカードを使用する点などに注意してください。

Raspberry Piの本体は次ページのようになっています。各端子などがどこに配置されているかをあらかじめ把握しておきましょう。

●Raspberry Piの本体（表面・裏面）

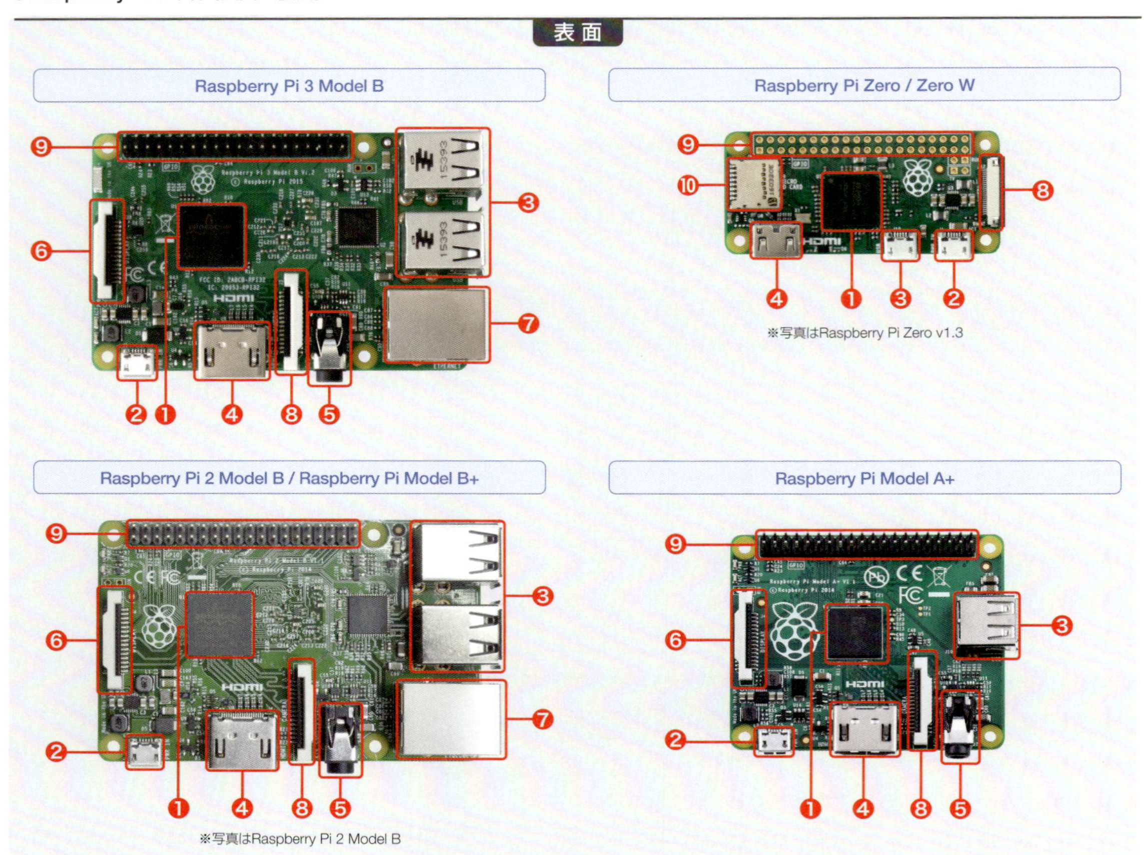

❶ SoC（CPU）、メモリー

SoCとしてBroadcom BCM2835（第1世代およびZero/Zero W）またはBCM2836（第2世代）、BCM2837（第3世代）を利用しています。SoC（System on a Chip）とは、主要な部品を1つにまとめたICの事で、Raspberry Piの核となる部品です。Raspberry PiのSoCには、CPUやGPU、USBコントローラ、チップセットなどが1つにまとまっています。また、SoCの上にメモリーチップを載せており、横から見ると2層になっていることが分かります。ただし、Raspberry Pi 2、3は、メモリーが基盤背面に配置されるようになりました。
SoCには、CPUとしてARMプロセッサー「ARM1176JZF-S」または「Cortex-A7」「Cortex-A53」を格納しています。ARMプロセッサーは携帯電話やPDA、組み込みシステムなどでよく利用されており、低消費電力で動作するのが特徴です。

❷ 電源端子

ここに電源を接続することでRaspberry Piに電気を供給します。接続にはmicroUSBケーブルを利用します。

❸ USBポート

USB2.0規格のポートです。Raspberry Pi 3、Raspberry Pi 2は4ポート搭載します。ここにキーボードやマウス、外付けHDDなどを接続します。
Raspberry Pi Zero/Zero Wは、microUSBを採用しているため、別途変換ケーブルが必要となります。

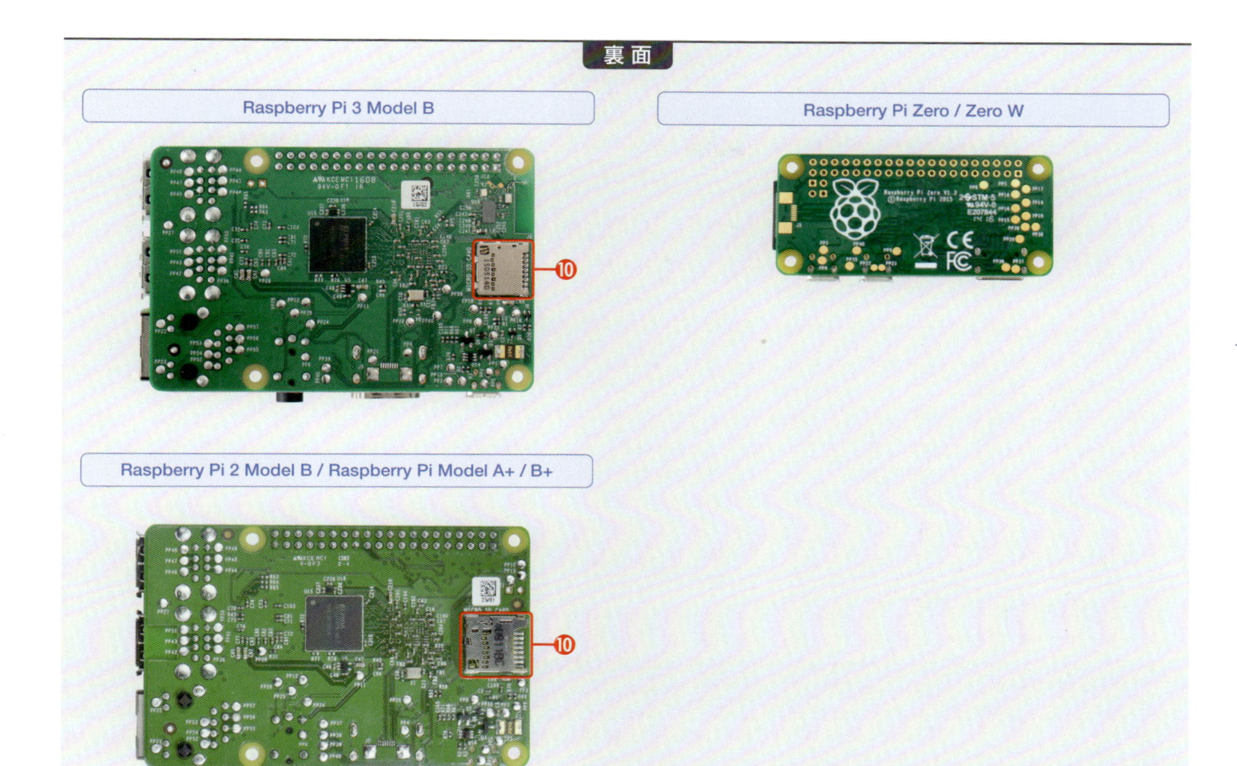

❹ HDMI端子

HDMI対応のディスプレイやテレビに接続することで、Raspberry Piの画面を表示できます。
Raspberry Pi Zero/Zero Wは、Mini-HDMIを採用しているため、別途変換ケーブルが必要となります。

❺ φ3.5オーディオ、コンポジット出力

Raspberry Pi 2 Model B、Raspberry Pi 3 Model Bでは、コンポジット出力とオーディオ出力がφ3.5ジャックにまとめられています。オーディオ出力は一般的な3.5φステレオプラグをそのまま差し込むことで出力されます。コンポジット出力を行う場合は、3系統の出力を行えるケーブルが必要となります。

❻ ディスプレイシリアルインタフェース（DSI：Display Serial Interface）

DSIを搭載する液晶やELディスプレイなどにRaspberry Piの画面を表示します。

❼ ネットワークインタフェース

ネットワークケーブルでブロードバンドルータなどに接続することで、家内ネットワークやインターネットへアクセスできるようになります。最大100Mbpsでの通信が可能です。Raspberry Pi Model A+、Raspberry Pi Zero/Zero Wには搭載していません。

❽ カメラシリアルインターフェイス（CSI：Camera Serial Interface）

CSIインタフェースを搭載するカメラモジュールを接続することで、写真や動画撮影を行えます。
Raspberry Pi Zero/Zero Wは、一回り小さい端子となっているため、専用の変換ケーブルが必要となります。

❾ GPIO (General Purpose Input/Output)

デジタル入出力などを行える端子です。ここに電子回路を接続することで、LEDを点灯したり、センサーの値を読み込むなどできます。またI^2CやSPI、UARTの端子としても利用可能です。
Raspberry Pi Zero/Zero Wは、標準で端子が搭載されていないため、各自ではんだ付けする必要があります。

❿ SDカード/MicroSDカードスロット

OSなどを格納しておいたSDカードを差し込みます。Raspberry Piは差し込んだSDカード内に入っているOSを起動します。

I^2C、SPI、UART

いずれも機器やICなどを相互に接続し、信号をやりとりする規格です。I^2Cは「Inter Integrated Circuit」の略、SPIは「Serial Peripheral Interface」の略、UARTは「Universal asynchronous receiver/transmitter」の略です。I^2Cの利用方法についてはp.49、SPIについてはp.56、UARTについてはp.60で紹介しています。

Raspberry Piのスペック

	Raspberry Pi 2 Model B	Raspberry Pi 3 Model B	Raspberry Pi Zero	Raspberry Pi Zero W
CPU	ARM Cortex-A7 (900MHz) クアッドコア	ARM Cortex-A53 (1.2GHz) クアッドコア	ARM1176JZF-S (1GHz) シングルコア	
SoC	Broadcom BCM2836	Broadcom BCM2837	Broadcom BCM2835	
グラフィック	Broadcom VideoCore IV (250MHz)			
メモリー	1Gバイト		512Mバイト	
USBインタフェース	USB 2.0×4ポート		USB 2.0 (microUSB) ×1ポート	
ビデオ出力	HDMI、コンポジット (NTSC, PAL)、DSI		Mini-HDMI、コンポジット (GPIO経由)	
ビデオ入力	CSI		CSI (小型タイプ)	
オーディオ出力	φ3.5mmジャック、HDMI、I2S		HDMI、GPIOから出力可能	
ストレージ用スロット	microSDカードスロット			
ネットワーク	10/100Mbps Ethernet	10/100Mbps Ethernet、IEEE802.11b/g/n	無し	IEEE802.11b/g/n
Bluetooth	無し	Bluetooth 4.1、Bluetooth Low Energy	無し	Bluetooth 4.1、Bluetooth Low Energy
その他インタフェース	GPIO、UART、I^2C、SPI			
電源出力端子	3.3V、5V			
電源電圧/電力定格	5V / 3W (600mA)	5V / 4.5W (800mA)	5V / 0.8W (160mA)	
サイズ	85.6mm×56.5mm		65mm×30mm	
重さ	45g		9g	

Section 1-2 Raspberry Piの準備と初期設定

Raspberry Piを利用するために必要な機器を紹介します。また、電子工作を楽しむための基本的なパーツについても準備しておきましょう。

SDカードのOSから起動する

Raspberry Pi本体には**OS**（オペレーティングシステム）が搭載されておらず、そのまま電源を投入しても何も動作しません。そこで、SDカードにRaspberry Pi用のOSを書き込む準備が必要となります。

Raspberry Piの公式Webページでは、Raspberry Piで動作するOSが提供されています。このOSをダウンロードしてSDカードに書き込み、Raspberry Piに差し込んで起動することで、OSが起動して利用できるようになります。

●OSはSDカードから読み込む

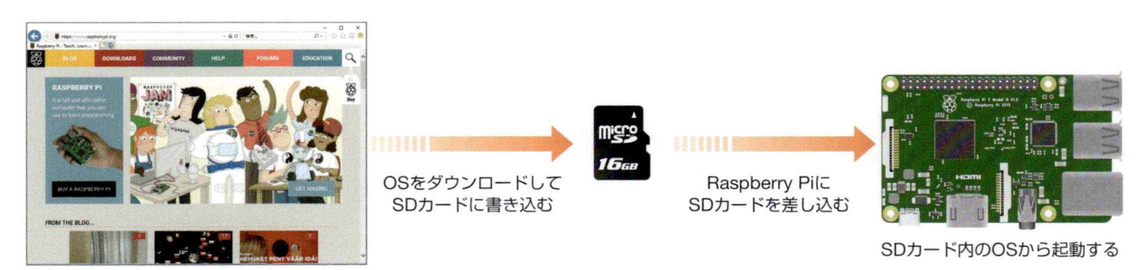

NOOBSとOSイメージ

Raspberry Piでは、「**NOOBS**」と「**OSイメージ**」の2種類の形式でOSを提供しています。

「NOOBS」(New Out Of Box Software）は、パソコン上でインストーラをダウンロードしてSDカードへ保存し、そのSDカードをRaspberry Piへ挿入してRaspberry Pi上でインストール作業を行う方式です。SDカードにファイルをコピーするだけで、Raspberry Piを起動できます（初回起動時にインストール作業を行います)。

「OSイメージ」は、Raspberry Pi上で利用するOSを1つのファイルにして配布している形式です。パソコン上でSDカードにOSイメージファイル内のデータを書き込むことで、Raspberry Piで利用可能なファイルシステムおよびシステムファイルの作成を行います。SDカードにOSイメージを書き込むのに、専用のアプリやコマンドの実行が必要です。

本書ではNOOBSを利用する方法について説明します。

NOOBSファイルのダウンロード

NOOBSは2種類のファイルが用意されています。1つは、ネットワークに接続せずにインストールできる「**NOOBS**」です。NOOBSは約700Mバイトと大きくてダウンロードに時間がかかる上、その分容量の大きなSDカードが必要です。ただし、必要なパッケージがあらかじめ含まれており、Raspberry Piにネットワーク接続環境がなくてもインストールできます。

もう1つは、インストール中に必要なパッケージをネットワーク上から取得する「**NOOBS Lite**」です。NOOBS Liteは約20Mバイトと小さく、インストーラだけのダウンロードは短時間で済みます。しかし、インストーラ起動後にパッケージをダウンロードするため、Raspberry Piがネットワークを利用できる環境にしておく必要があります。どちらも一長一短なので、使用する環境に応じて選択しましょう。

なお、本書ではNOOBSファイルを用いたセットアップ方法を解説します。

NOOBSファイルは、Raspberry Piのオフィシャルサイトからダウンロードして入手します。記事執筆時点（2017年11月）の最新バージョンはNOOBS2.4.4です。パソコン上でWebブラウザを起動して「https://downloads.raspberrypi.org/NOOBS/images/NOOBS-2017-09-08/」にアクセスします。

●NOOBSファイルのダウンロード
（https://downloads.raspberrypi.org/NOOBS/images/NOOBS-2017-09-08/）

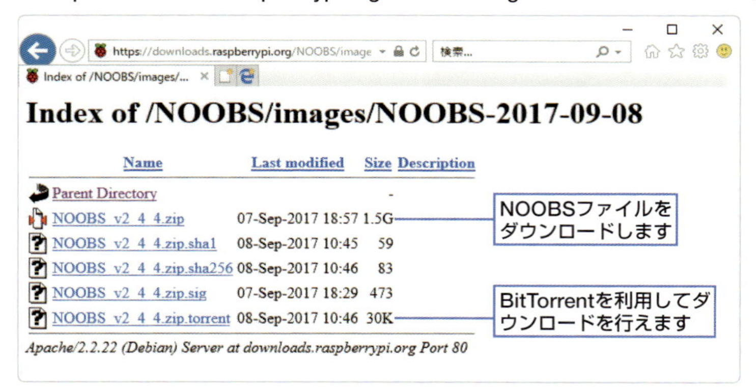

POINT

最新版の入手

ラズパイ公式サイトのダウンロードページ（https://www.raspberrypi.org/downloads/noobs/）から最新版をダウンロードできます。ただし、書籍執筆時点（2017年11月）と異なるバージョンが提供されている可能性があるため、バージョンを指定してダウンロードする方法を紹介しています。

Linuxディストリビューションとは

Linuxとは本来はOSのカーネル部分のみを意味します。しかし、カーネルだけでは何もできないため、カーネルのほかに様々なアプリケーションなどをまとめて、コンピュータ全体の制御ができるようにパッケージングしたものを「Linuxディストリビューション」と呼びます。Linuxディストリビューションには、起動用のブートローダー、ユーザーからの入力や出力を制御するシェル、グラフィカル環境を提供するデスクトップ環境などがあらかじめ用意されています。Linuxディストリビューションは多くの企業やボランティアベースのコミュニティなどによって開発されています。Rasbianの元となった「Debian」と、その派生ディストリビューションでもっともユーザーの多い「Ubuntu」、サーバー用途で使われている「Red Hat Enterprise Linux」、スマートフォンのOSとして使用されている「Android」などがあります。

カーネルとは

カーネルとは、コンピュータを動作させるための中核プログラムです。カーネルはCPUやメモリなどのハードウェアの制御を行ったり、HDDやSDカードなどのファイルシステムの管理、実行中のプログラムの管理などを統合的に行います。

パソコンでSDカードをフォーマットする

SDカードにNOOBSファイルを書き込む前に、パソコンでSDカードをフォーマット（初期化）する必要があります。購入直後の新しいSDカードでも上手く動作しないことがあるので、SDカード専用のフォーマットアプリを利用してフォーマットしておきます。

SDカードのフォーマットは、SD Associationが提供する「**SDメモリーカードフォーマッター**」を利用して行います。ダウンロードページ（https://www.sdcard.org/jp/downloads/formatter_4/index.html）にアクセスし、SDメモリーカードフォーマッターをダウンロードしておきます。Windows用とmacOS用があるので、環境に応じてダウンロードしましょう。

ダウンロードが完了したら、SDメモリーカードフォーマッターのインストーラを実行してインストールします。インストールできたら「SD Card Fomatter」を起動します。

パソコンにSDカードを接続します（パソコンにSDカードを認識させるためには、別途カードリーダーなどが必要な場合もあります）。SDカードを自動認識し、「カードの選択」に差し込んだSDカードが表示されます。「カード情報」で容量等を確認してから「フォーマット」ボタンをクリックします。しばらく待つとフォーマットが完了します。

●SDカードをフォーマットする

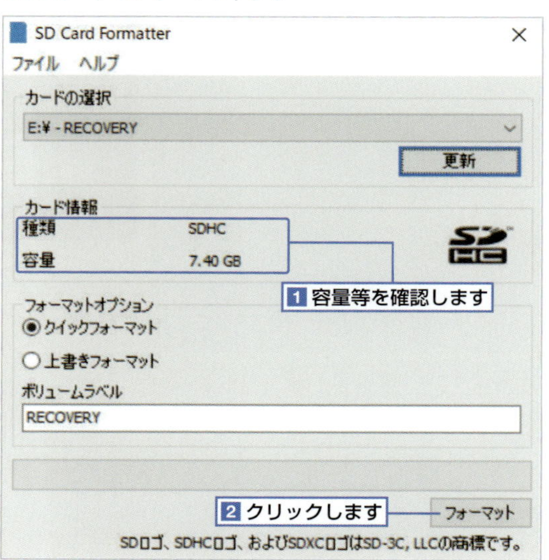

NOOBSをSDカードに書き込む

SDカードおよびNOOBSファイルのダウンロードができたらSDカードに書き込みましょう。

1 Raspberry Piで利用するフォーマット済みSDカードを、パソコンに接続されたSDカードリーダーに挿入します。

2 ダウンロードした「NOOBS_v2_4_4.zip」ファイルをダブルクリックします。また、NOOBS Liteを利用する場合も同様にダウンロードしたファイルをダブルクリックします。

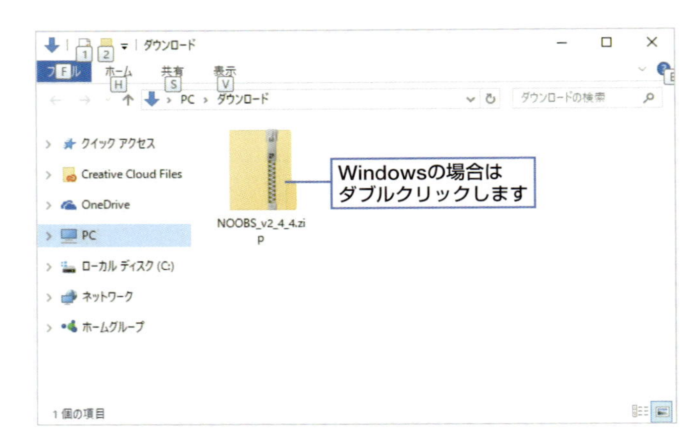

3 展開したフォルダ内が表示されます。もし、表示されない場合は、展開したフォルダをダブルクリックして内容を表示します。フォルダ内にあるファイルをすべて選択して、SDカードにドラッグ＆ドロップしてコピーします。

●Windowsの場合

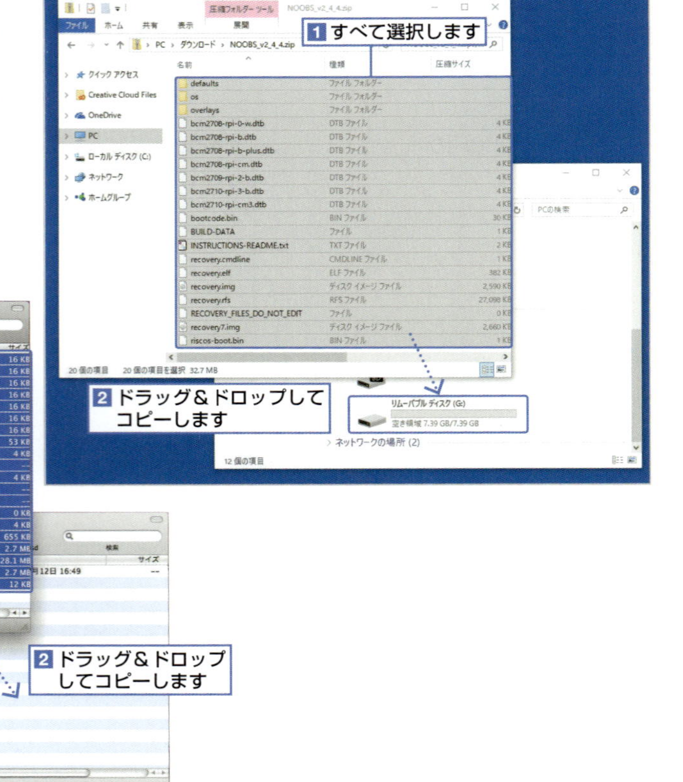

●macOSの場合

4 コピーが完了したらSDカードの準備は終了です。Windowsの場合はSDカードのアイコン上で右クリックして「取り出し」を選択します。macOSの場合はSDカードのアイコンをごみ箱にドラッグ＆ドロップすると安全にSDカードをパソコンから取り外せます。

POINT

「取り出し」をしてからSDカードを取り外す

SDカードへのコピーが完了しても、すぐにSDカードをパソコンから取り外すのは危険です。場合によっては書き込み処理が終わっておらず、一部のファイルが書き込まれていない状態になってしまう恐れがあります。必ず、手順**4**の取り外し操作を行ってから、SDカードを取り外すようにしましょう。

NOTE

SSHを初期から有効にするには

2017年11月時点のRaspbianでは、初期状態ではSSHが無効となっています。もし、インストールした直後からSSHをすぐに有効にしたい場合は、SDカード内に「ssh」というファイルを作成しておきます。なお、ファイルは中身が何もない空ファイルで問題ありません。

Raspberry Piの起動

Raspberry Piを起動する前に周辺機器を接続しておきます。HDMIポートにディスプレイ、USBポートにキーボードとマウスを接続します。SDカードスロットにp.18でOSを書き込んだSDカードを差し込みます。NOOBS Liteを選択した場合は、起動後に必要なパッケージをダウンロードしてインストール作業を進めるため、ネットワーク接続が必要です。LANポートにLANケーブルを接続し、ブロードバンドルーターなどに接続してネットワークが利用できるようにしておきます。

●周辺機器の接続（Raspberry Pi 1+/2/3の周辺機器接続イメージ）

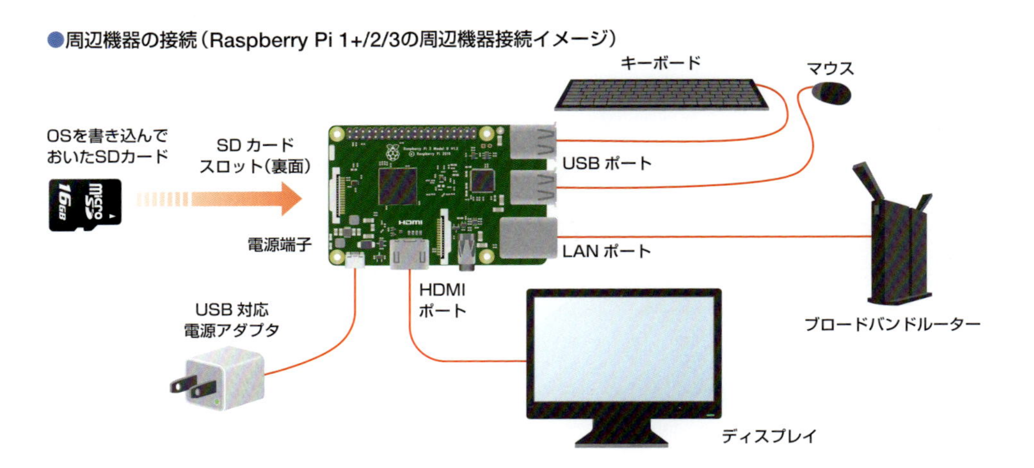

●周辺機器の接続（Raspberry Pi Zero / Zero Wの周辺機器接続イメージ）

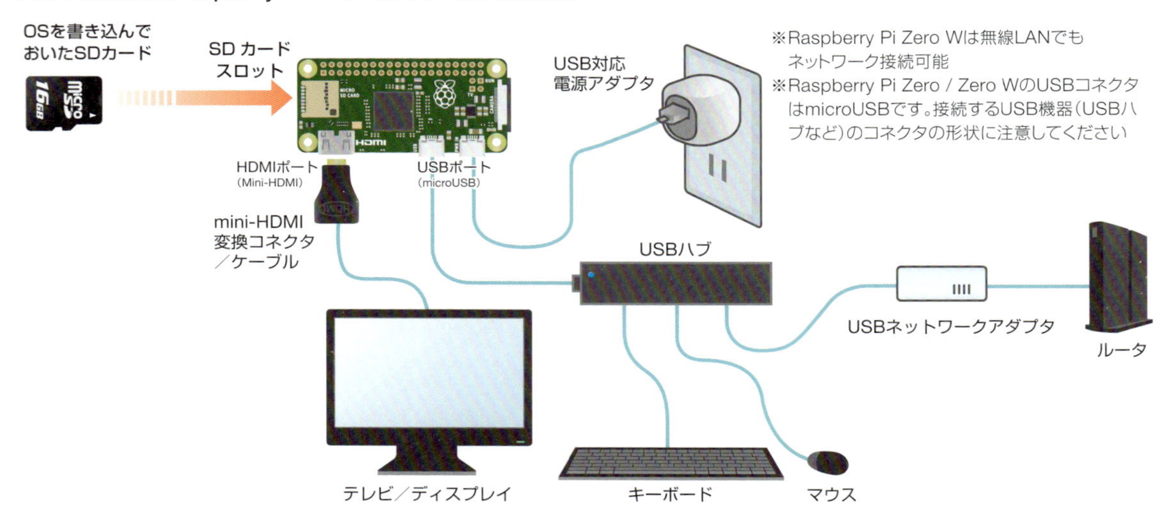

準備ができたら電源端子にmicroUSBケーブルを利用して電源を接続します。これでRaspberry Piの起動が開始されます。

NOTE

無線マウス、キーボードの利用

レシーバーをUSBポートに装着すれば、無線マウスやキーボードもRaspberry Piで利用できます。ただし、Raspberry Pi 1+/2およびZeroにはBluetooth機能がないため、Bluetoothマウスおよびキーボードはそのままでは利用できません。Raspberry Pi 3やRaspberry Pi Zero Wはそのまま利用できます。また、Bluetoothレシーバを利用して自分で設定を施せば、それら以外のRaspberry Piでも利用可能です。

POINT

無線LANでの接続

Raspberry Pi 3とRaspberry Pi Zero Wは無線LANを使ってネットワークに接続が可能です。無線LANで接続する場合は、LANケーブルでの接続は不要です。

OSのインストール

NOOBSをSDカードに書き込んだ場合は、起動後にここで解説するOSのインストール作業が必要です。

1 OSのインストーラが表示されます。画面下の「Language」で「日本語」を選択すると、インストーラが日本語表示になり、「Keyboard」が「jp」（日本語配列）に自動的に切り替わります。

2 一覧からインストールするOSをチェックして選択します。本書では「Raspbian」を選択した場合を解説します。選択したら「インストール」をクリックします。

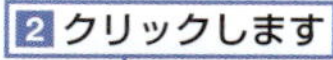

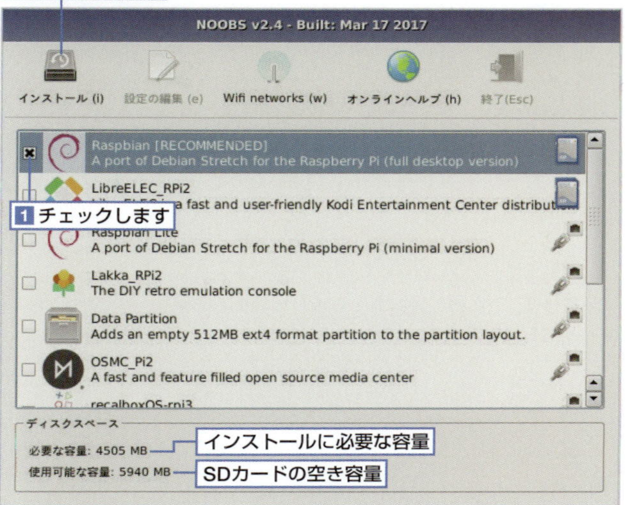

3 確認メッセージが表示されます。インストールを続行する場合は、「はい」ボタンをクリックします。

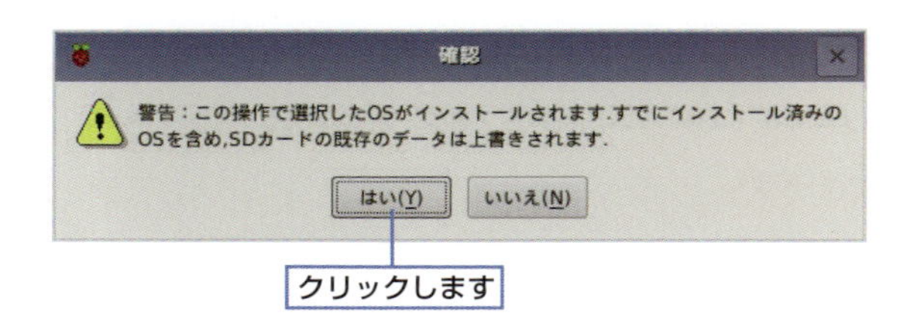

4 インストールが開始されます。

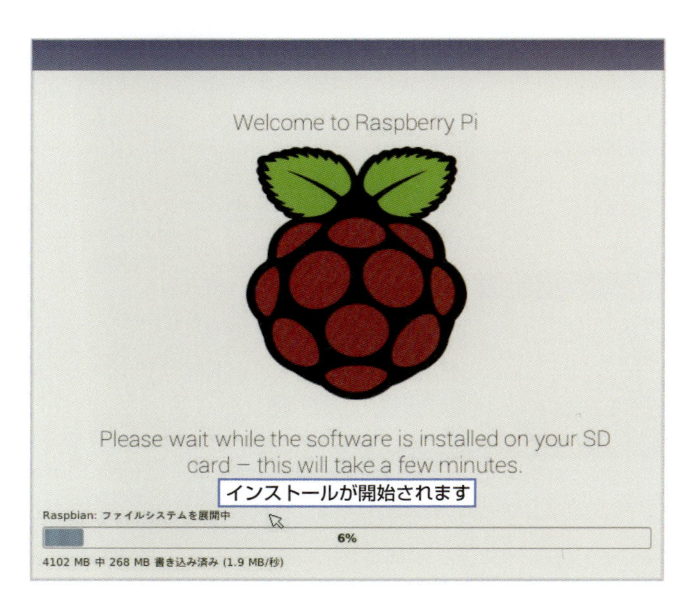

5 インストールが完了したらダイアログが表示されるので、「OK」ボタンをクリックします。Raspberry Pi が再起動します。続いて、初期設定を行います。

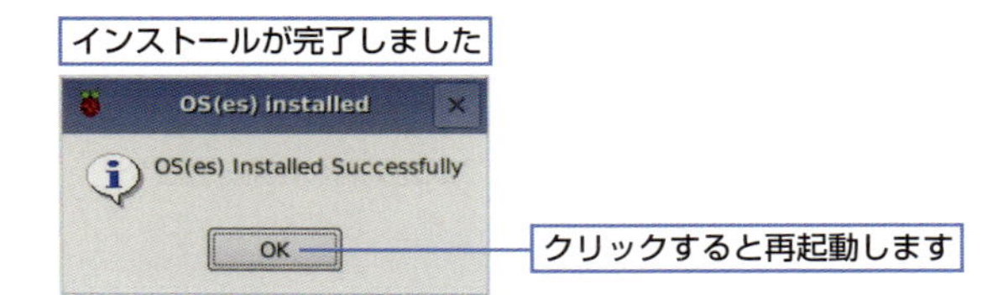

インストール画面を表示する

インストール画面は、OSをインストールした後でも再度表示できます。Raspberry Piを起動すると、Raspberry Piのマークが表示されます。この時にShiftキーを押したままにすると、インストール画面を再度表示できます。ここで、他のOSをインストールすることも可能です。

Raspberry Piの初期設定

インストールが完了して再起動すると、デスクトップ環境が表示されます。しかし、この状態では時計の設定などが正しくないため、Raspberry Piの設定を施しておきます。そのほかに、パスワードなどの設定も行いましょう。画面左上のメニューアイコンをクリックして「設定」➡「Raspberry Pi の設定」を選択すると、設定ツールが起動します。

●設定ツールの起動

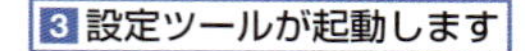

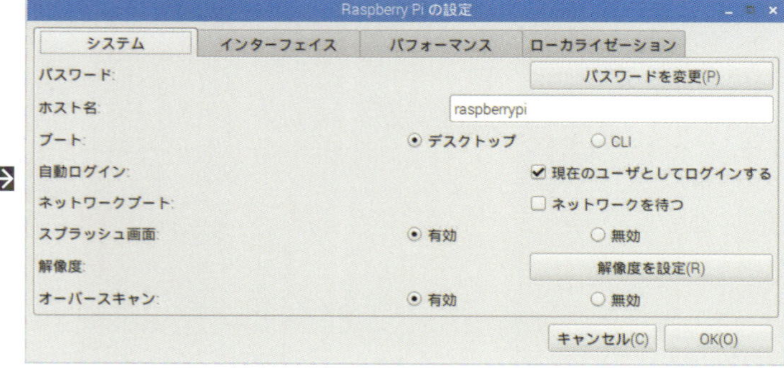

パスワードの変更

Raspberry Piは初期状態で、ユーザー名「pi」、パスワード「raspberry」と設定されています。このパスワードは変更可能です。初期設定のまま使用するのは危険ですので、設定を変更しておきましょう。

1 設定ツールの「パスワードを変更」をクリックします。

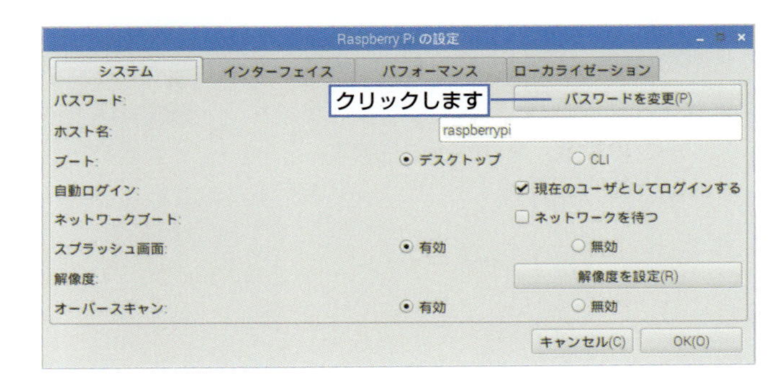

2 続いて新しい任意のパスワードを2ケ所に入力し、「OK」をクリックします。これでパスワードが変更されました。

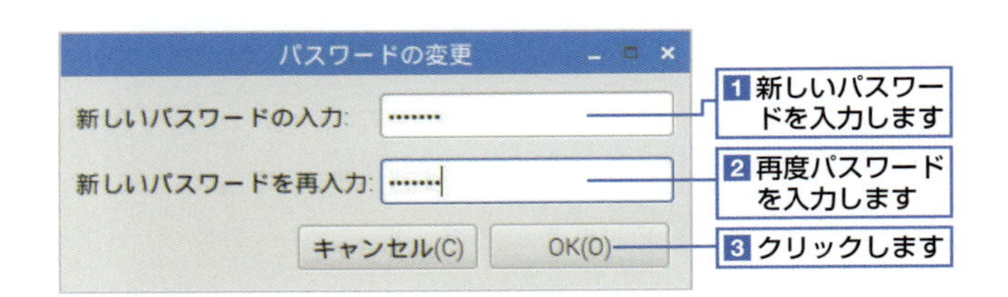

ロケールやタイムゾーン、キーボード配列の変更

Raspberry Piでキーボード入力がおかしかったり（押したキーと入力された文字が違うなど）、時間が合っていない場合は、キーボード配列やロケール、タイムゾーンの設定を行うことで正しく利用できるようになります。

1 ロケールの設定を行います。「ローカライゼーション」タブをクリックし、「ロケールの設定」をクリックします。

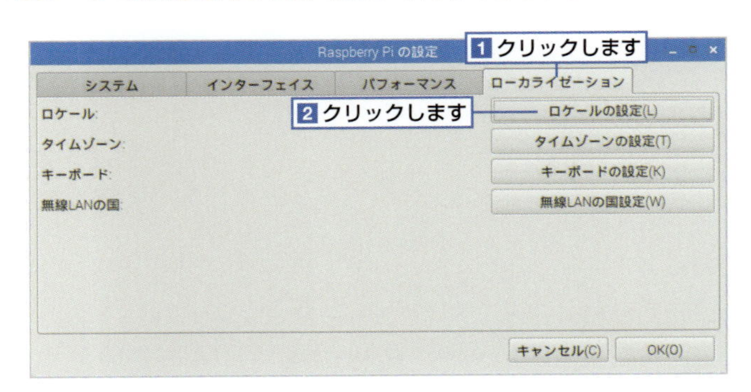

2 ロケールを一覧から選択します。日本語を使用する場合は言語を「ja(Japanese)」、国を「JP(Japan)」、文字セットを「UTF-8」を選択します。

3 タイムゾーンの設定を行います。「タイムゾーンの設定」をクリックします。

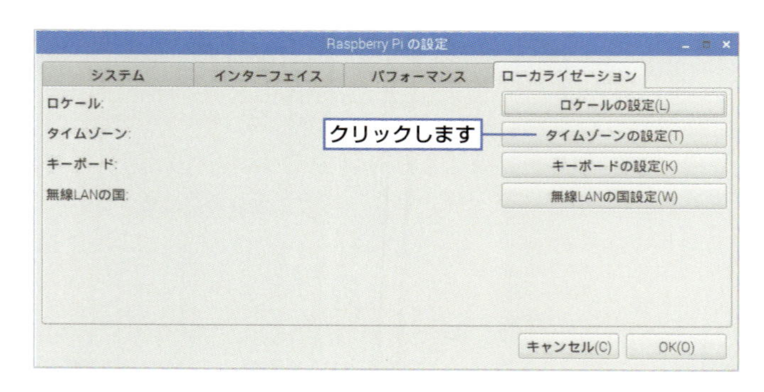

4 地域、都市名の順に選択します。日本で利用する場合は、地域を「Asia」、位置を「Tokyo」を選択します。

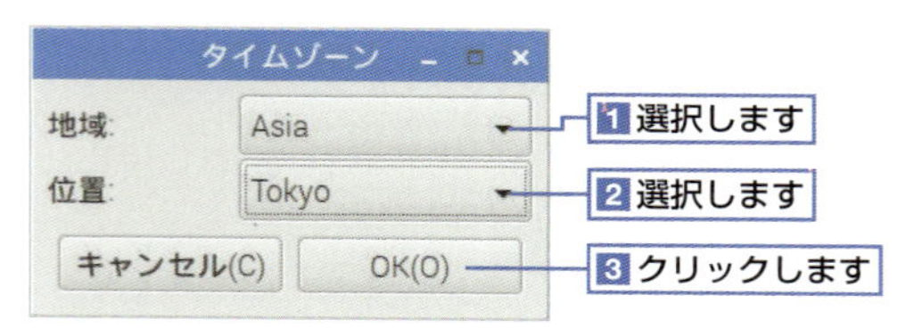

5 キーボード配列を設定します。「キーボードの設定」をクリックします。

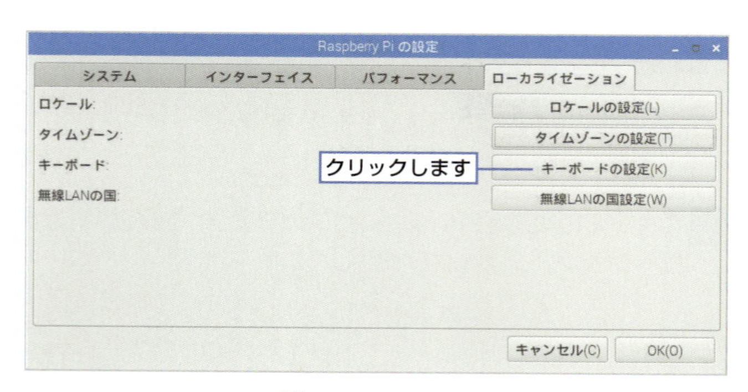

Keyword

ロケールとは

ロケールとは、利用する言語や通貨などといった国ごとに異なる表記規則の集合を意味します。Raspberry Piでのロケール設定では、利用する言語と利用する文字コードを指定します。ロケールは「ja_JP.UTF-8」のように、「国_言語.文字コード」といった具合に表記します。

Keyword

タイムゾーンとは

タイムゾーンとは、利用する場所の時間帯を表します。このタイムゾーンを設定しておくことで、日本での時間、イギリスでの時間、アメリカでの時間などを適切に表示されるようになります。

6 キーボード配列を選択します。日本語キーボードを利用している場合は、Countryを「日本」、Variantを「日本語」を選択します。

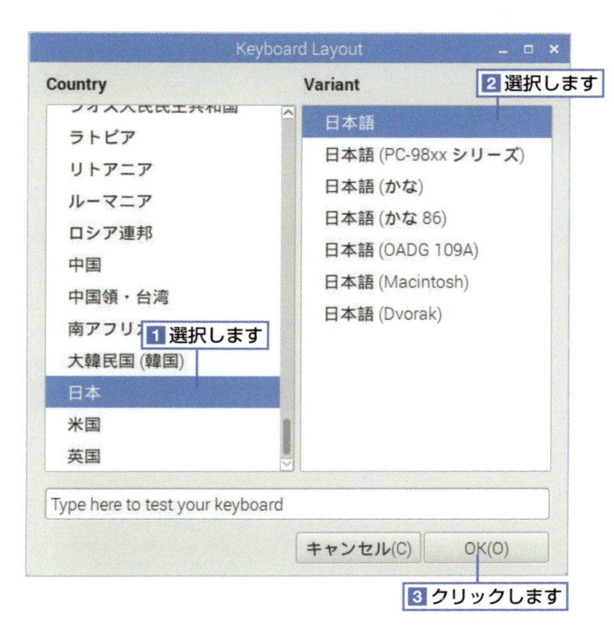

無線LANの利用場所（国）の指定（Raspberry Pi 3、Raspberry Pi Zero W）

Raspberry Pi 3、Raspberry Pi Zero Wで無線LANを使うには、利用する国を設定する必要があります。「ローカライゼーション」タブの「無線LANの国設定」をクリックし、「JP Japan」を選択します。

●無線LANアクセスポイントへの接続

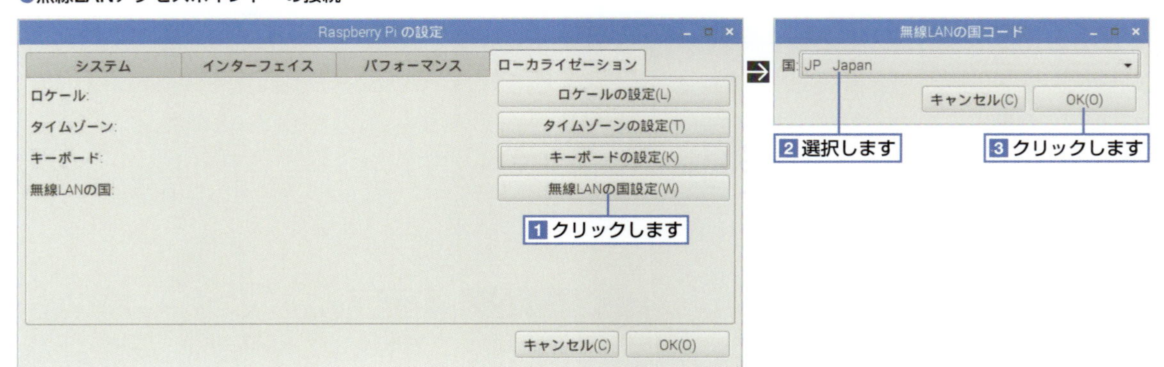

Raspberry Piの再起動

設定が完了したら「OK」をクリックします。すると、再起動を求められるので、「はい」をクリックします。再起動が完了するまで待ちます。

●設定完了と再起動

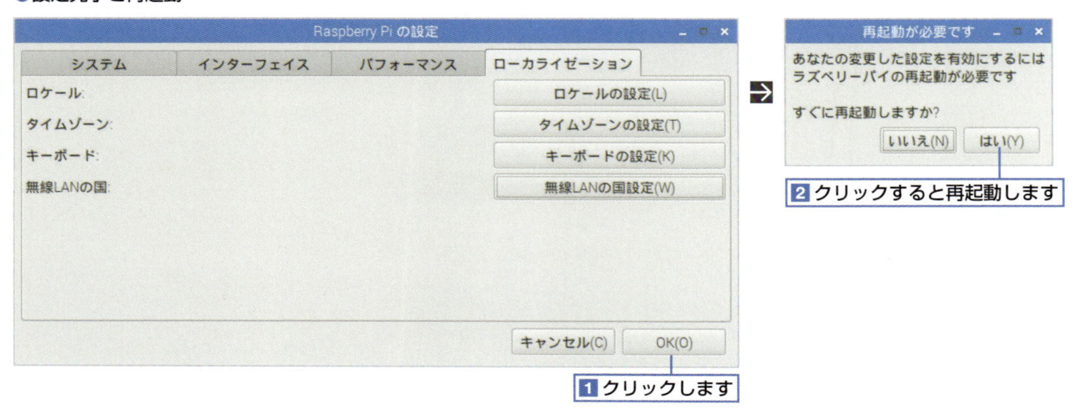

Raspberry Piの終了（シャットダウン）

Raspberry Piを終了したい場合は、画面左上にあるメニューアイコンをクリックして表示されたメニューから「Shutdown」を選択します。表示されたダイアログで「Shutdown」を選択すると直接電源を切れる状態になります。

●シャットダウンを行う

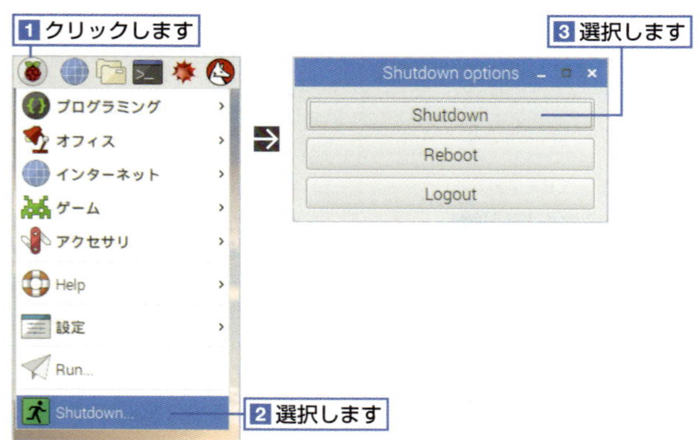

Section
1-3

Raspbianの基本設定

Raspberry Piには、有線や無線LANを利用したネットワーク接続が可能です。この設定はユーザーが変更することも可能です。また、ディスプレイが正常に表示されない場合は、ディスプレイの設定を変更することで正しく表示できるようになります。また、かなや漢字を入力できるよう設定も施します。

ネットワーク情報の確認

ネットに接続するには、Raspberry Pi（Model B、B+およびPi 2 Model B、Pi 3 Model B）にネットワークケーブルを差し込み、ブロードバンドルーターなどに接続します。RaspbianではDHCPクライアントが起動しているため、ブロードバンドルーターなどでDHCPサーバーが稼働しているネットワーク環境であれば、自動的にネットワーク設定されます。

Raspberry Piに自動設定されたネットワーク情報を確認する場合は、画面左上の⇅や📶アイコンにマウスポインタを載せることで、表示されます。

●ネットワーク情報の表示

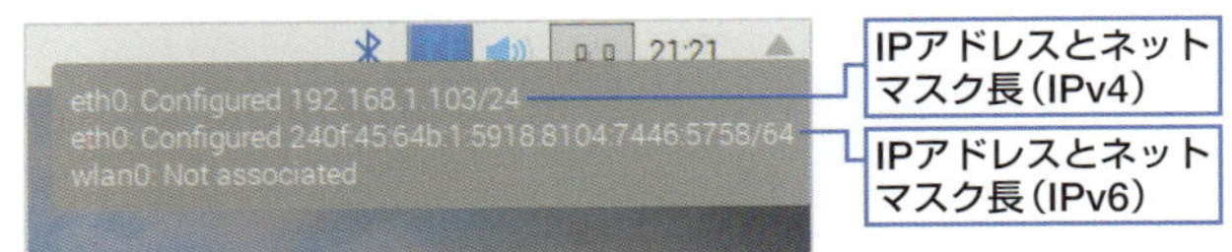

ネットワーク設定は、コマンドで調べることもできます。デスクトップ画面左上のメニューアイコンをクリックして「アクセサリ」➡「LXTerminal」を選択して端末アプリを起動して、「ifconfig」コマンドを実行します。デバイス名「eth0」に表示される情報が有線接続のLAN情報です。IPアドレスやネットマスク（サブネットマスク）などの情報が表示されます。

●ネットワーク情報の表示

pi@raspberrypi: ~

ファイル(F)　編集(E)　タブ(T)　ヘルプ(H)

```
pi@raspberrypi:~ $ ifconfig
eth0: flags=4163<UP,BROADCAST,RUNNING,MULTICAST>  mtu 1500
        inet 192.168.1.103  netmask 255.255.255.0  broadcast 192.168.1.255
        inet6 fe80::f2a1:f592:4287:ffa2  prefixlen 64  scopeid 0x20<link>
        inet6 24 IPアドレス 1:5918:8104 ネットマスク prefixl ブロードキャストアドレス ba
l>
        ether b8:27:eb:50:f4:68  txqueuelen 1000  (イーサネット)
        RX packets 17  bytes 2508 (2.4 KiB)
        RX error MACアドレス 0  overruns 0  frame 0
        TX packets 48  bytes 7359 (7.1 KiB)
        TX errors 0  dropped 0 overruns 0  carrier 0  collisions 0

lo: flags=73<UP,LOOPBACK,RUNNING>  mtu 65536
        inet 127.0.0.1  netmask 255.0.0.0
        inet6 ::1  prefixlen 128  scopeid 0x10<host>
        loop  txqueuelen 1  (ローカルループバック)
        RX packets 12  bytes 680 (680.0 B)
        RX errors 0  dropped 0  overruns 0  frame 0
        TX packets 12  bytes 680 (680.0 B)
        TX errors 0  dropped 0 overruns 0  carrier 0  collisions 0

wlan0: flags=4099<UP,BROADCAST,MULTICAST>  mtu 1500
        ether b8:27:eb:05:a1:3d  txqueuelen 1000  (イーサネット)
        RX packets 0  bytes 0 (0.0 B)
```

NOTE

ネットワークアダプタのデバイス名

Linuxでは、マシンに搭載した各デバイスを区別する「デバイス名」が設定されています。有線LANアダプタには「eth0」が割り当てられています。追加でUSBポートに有線LANアダプタを接続した場合は、「eth1」「eth2」といった具合に末尾の数字を変えたデバイス名が割り当てられます。

また、2017年8月にリリースされたRaspbianでは、ネットワークアダプタのデバイス名が変更されることがあります。この場合は、「enp1s1」などといった形式のデバイス名が割り当てられます。割り当てられているデバイス名については次のページで説明したifconfigで確認してください。なお、本書では「eth0」が割り当てられたものとして説明します。

固定IPアドレスで設定する

DHCPクライアントで自動的にネットワーク情報を設定して接続する運用では、リモートでRaspberry Piを管理したい場合や、Raspberry Piでサーバー機能を利用する場合に不都合です。そのような場合は、Raspberry PiのIPアドレスを固定して運用します。

デスクトップ環境を使っている場合は、Network Preferencesツールを使って設定ができます。

1 画面右上の⇅アイコン上で右クリックして「Wireless & Wired Netowrk Settings」を選択します。

2 「Configure」の右の項目で「eth0」を選択し、「Automatically configure empty options」のチェックを外します。「Address」に設定したIPアドレスとネットマスク長を「/」で区切って入力します。「Router」にデフォルトゲートウェイ、「DNS Servers」にDNSサーバーのIPアドレスを入力します。

入力したら「適用」をクリックし、その後Raspberry Piを再起動します。これで、指定したIPアドレスが設定されます。

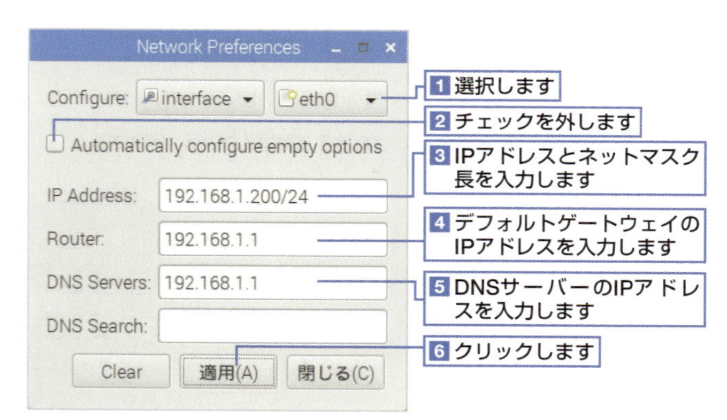

設定ファイルに直接設定する

グラフィカルな設定ツールを使わず、ネットワークの設定ファイルに直接設定することも可能です。デスクトップ環境が必要ないため、CUI環境で設定できます。

設定ファイル「/etc/dhcpcd.conf」に次表のネットワーク設定を施します。「値の例」は執筆環境での設定例ですので、実際の設定は自分の環境に読み替えて設定してください。

●ネットワークの設定項目と対象ファイル

項目	値の例	設定項目
対象のネットワークインタフェース	eth0	interface
IPアドレス	192.168.1.200	ip_address
ネットマスク	24	ip_address
デフォルトゲートウェイ	192.168.1.1	routers
DNSサーバー	192.168.1.1	domain_name_servers

1 端末アプリを起動し、管理者権限で/etc/dhcpcd.confファイルをテキストエディタで開きます。

●GUIの場合

```
$ sudo leafpad /etc/dhcpcd.conf Enter
```

●CUIの場合

```
$ sudo nano /etc/dhcpcd.conf Enter
```

NOTE

管理者権限での実行

システム設定ファイルの編集には管理者権限が必要です。管理者権限での実行（sudoコマンド）についてはp.269を参照してください

NOTE

nanoの利用方法

nanoの利用方法についてはp.267を参照してください。

2 「interface」項目に、設定対象のネットワークアダプタ「eth0」を指定します。各設定項目の行頭には、固定を表す「static」を記述します。
「ip_address」にIPアドレスとネットマスク長を、「routers」にデフォルトゲートウェイの値を、「domain_name_servers」にネームサーバーの値を、それぞれ指定します。

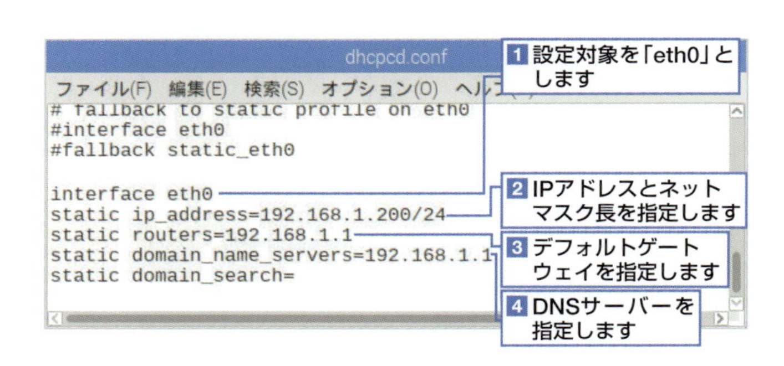

3 ファイルを保存してテキストエディタを終了します。

4 設定が完了したら、修正したネットワーク設定を適用します。端末アプリで右のようにコマンドを実行します。

```
$ sudo /etc/init.d/dhcpcd restart [Enter]
```

これで、固定IPアドレスが設定されました。もしネットワーク接続が上手くいかない場合は、設定内容を再確認してください。

無線LANに接続する

Raspberry Pi 3 Model BとRaspberry Pi Zero Wでは無線LAN機能を搭載しているので、単体で無線LANネットワークに接続できます。またRaspberry Pi 3、Zero W以外でも、USBポートに無線LANアダプタを装着することで無線LAN接続が可能になります。

なお、Raspberry Pi Model AおよびA+、Raspberry Pi ZeroにはUSBポートが1つしかないので、USB無線LANアダプタを装着するためには別途USBハブを利用する必要があります。USBハブを利用する場合は、Raspberry Piの電力消費を抑えるため、電源供給が可能なUSBハブを選択すると良いでしょう。

POINT

利用可能な無線LANアダプタ

Linuxは多くの無線LANアダプタに対応しており、ほとんどのケースではRaspberry Piに装着するだけで利用できます。しかし、比較的新しい無線LANアダプタの一部では、Linux用ドライバが用意されておらず利用できないこともあります。IEEE 802.11 acなど最新規格の無線LANアダプタではなく、IEEE 802.11 b/g/nなど広く普及している無線LANアダプタを選択するとトラブルが少ないはずです。本書ではLogitec社の「LAN-W150NU2A」で動作を確認しています。

NOTE

ネットワークの利用地域の選択

無線LANを使う場合には、利用地域を設定しておく必要があります。設定は「Raspberry Piの設定」ツールを起動し、「ローカライゼーション」タブの「無線LANの国設定」で「JP Japan」を選択しておきます（詳しくはp.25を参照）。

USB無線LANアダプタをRaspberry Piに接続すると、自動認識して必要なドライバを読み込みます。接続する無線LANアクセスポイントを選択してパスフレーズを設定することで、無線LAN通信ができるようになります。

1 画面右上の⇅アイコンをクリックします。すると、近くにあるアクセスポイントが一覧されます。接続するアクセスポイントを選択します。

2 アクセスポイントで設定されているパスフレーズを入力して、「OK」をクリックします。

hikanet
Pre Shared Key: password
キャンセル(C)　OK(O)
1 入力します
2 クリックします

3 これで無線LANアクセスポイントへ接続されます。接続が成功すると、右上のアイコンがに変わります。

POINT

無線LANに固定IPアドレスを設定する

無線LANも、有線LAN同様に固定IPアドレスを設定します。p.28同様に、アイコンを右クリックして「Wireless & Wired Netowrk Settings」を選択します。Configure項目で「wlan0」を選択し、無線LANに設定するIPアドレスやゲートウェイ、DNSサーバーなどの情報を入力します。設定が終わったら「適用」をクリックします。

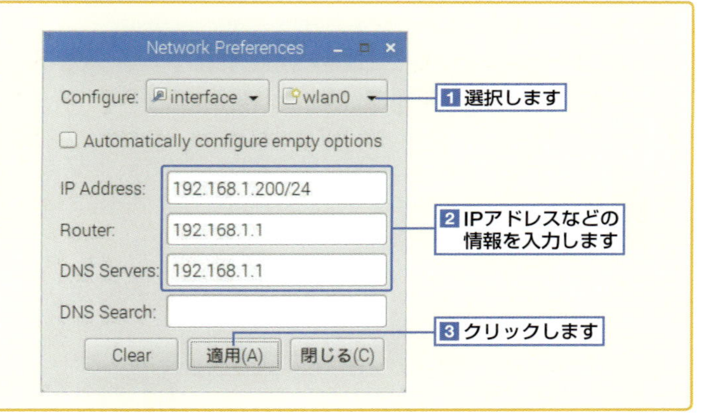

設定ファイルを編集して無線LANを設定する

設定ツールを利用しなくても、設定ファイルをテキストエディタで編集することで無線LAN接続を設定できます。設定には次の情報が必要です。各情報は「/etc/wpa_supplicant/wpa_supplicant.conf」ファイルに記述します。

●無線LAN接続の設定項目と対象ファイル

項目	値の例	設定項目
SSID	hikanet	ssid
パスフレーズ	password	psk
鍵交換方式	WPA-PSK	key_mgmt

1 端末アプリを起動し、管理者権限で/etc/wpa_supplicant/wpa_supplicant.confファイルをテキストエディタで開きます。

●GUIの場合

```
$ sudo leafpad /etc/wpa_supplicant/wpa_supplicant.conf Enter
```

●CUIの場合

```
$ sudo nano /etc/wpa_supplicant/wpa_supplicant.conf Enter
```

2 設定は「network={」と「}」の間に記述します。接続するアクセスポイントのSSIDを「ssid」項目に記述します。次に、アクセスポイントに設定されたパスフレーズを「psk」に記述します。さらに、鍵交換方式を「key_mgmt」に記述します。一般的に利用されている家庭用無線LANアクセスポイントの場合は、鍵交換方式を「WPA-PSK」とします。

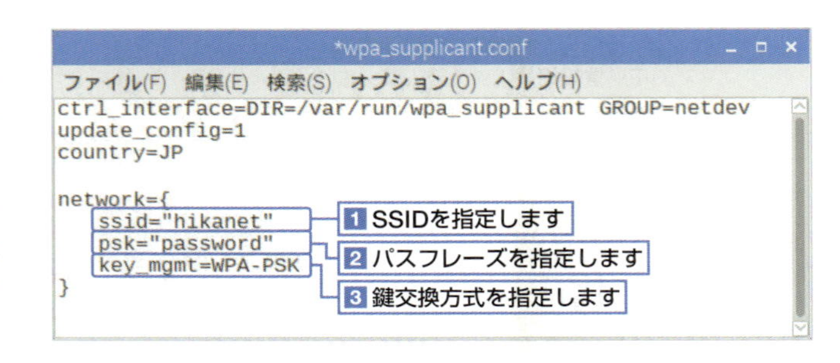

3 ファイルを保存してテキストエディタを終了します。

4 設定が完了したらネットワークの設定を適用します。端末アプリで右のように実行します。これで、無線LANアクセスポイントに接続できました。p.27で説明した「ifconfig」コマンドを実行すると、正常に動作しているかを確認できます。

●GUIの場合

```
$ sudo ifdown wlan0 Enter
```

●CUIの場合

```
$ sudo ifup wlan0 Enter
```

NOTE

nanoの利用方法

nanoの利用方法についてはp.267を参照してください。

NOTE

デバイス名は「wlan0」

有線LAN接続を行う場合は、デバイス名に「eth0」が割り当てられます。無線LANアダプタの場合はデバイス名が「wlan0」となります。また、複数の無線LANアダプタを接続している場合は、「wlan1」、「wlan2」のように最後の数字が増えていきます。

また、2017年8月にリリースされたRaspbianでは、ネットワークアダプタのデバイス名が変更されることがあります。この場合は、「wlp10s1」などといった形式のデバイス名が割り当てられます。割り当てられているデバイス名については次のページで説明したifconfigで確認してください。なお、本書では「wlan0」が割り当てられたものとして説明します。

POINT

固定IPアドレスで設定する

無線LANアダプタで接続した場合、DHCPサーバーから取得したIPアドレスやネットワーク情報を利用してネットワークの設定が行われます。もし、無線LAN接続でIPアドレスを固定したい場合は、p.29の説明同様に「/etc/network/interfaces」ファイルの設定を変更します。この際、無線LANアダプタは「eth0」ではなく「wlan0」項目に設定を記述します。

無線LANアダプタの状態を確認する

「ifconfig」コマンドを用いれば、先にも説明した通り、無線LANアダプタに割り当てられたIPアドレスやネットマスクなどのネットワーク情報を確認できます。無線LAN接続についての情報を知りたい場合は「iwconfig」コマンドを実行します。接続しているSSIDや通信速度、利用周波数、電波の強さなどの情報が表示されます。

●無線LAN接続情報の表示

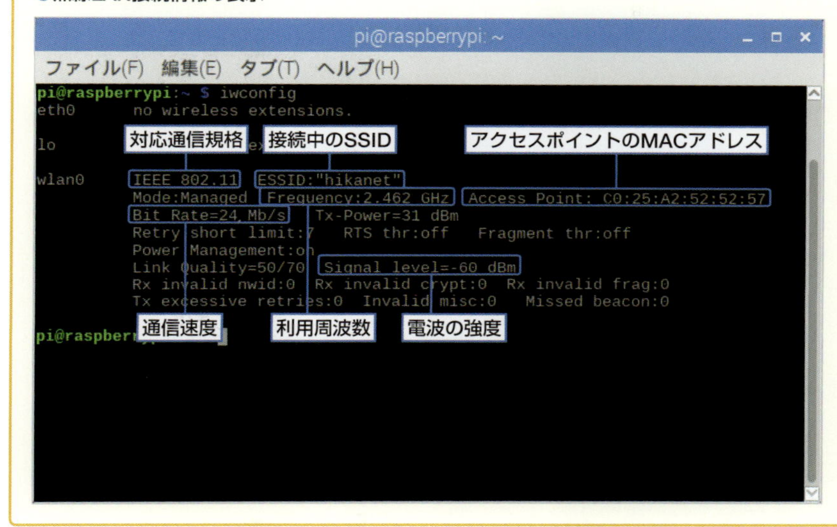

ディスプレイの手動設定

Raspberry Piにディスプレイを接続すると、ディスプレイからの信号を認識し、自動的に表示可能解像度が設定されます。しかし接続するディスプレイによっては正常に認識されず、表示可能解像度より低い解像度で表示されてしまうことがあります。

この場合はディスプレイの設定を変更することで、正しい解像度で表示できるようになります。

設定を変更するには、画面左上のメニューアイコンをクリックして「設定」➡「Raspberry Piの設定」を選択します。

「システム」タブにある「解像度を設定」をクリックします。

●解像度の設定

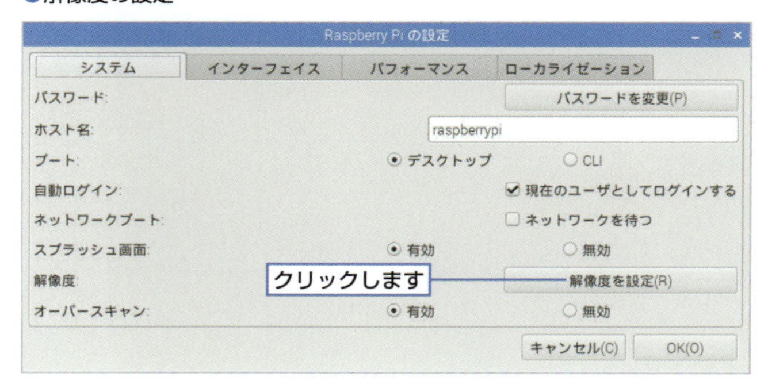

「解像度の設定」ダイアログが表示されたら、解像度を選択して「OK」をクリックします。「OK」をクリックすると、再起動するかを尋ねられます。「はい」をクリックすると、Raspberry Piが再起動し、解像度の表示が切り替わります。

●「解像度の設定」ダイアログ

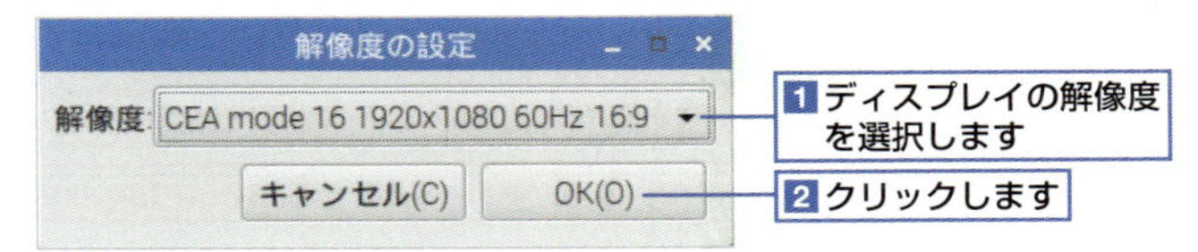

●設定完了と再起動

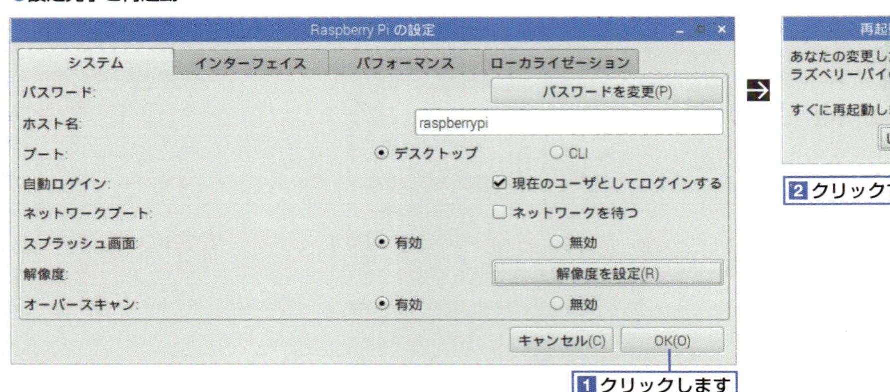

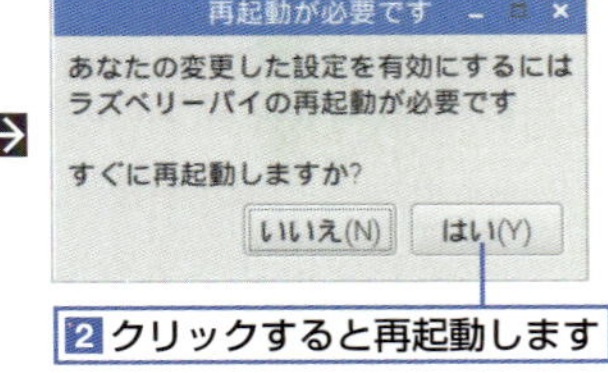

NOTE

黒い枠が出る、ウィンドウ枠がずれる場合

利用するディスプレイによっては、画面の端に黒い枠が表示されることがあります。また、マインクラフトなどのアプリでは、ウインドウ枠とずれて表示されることがあります。この場合は、「オーバースキャン」を無効化することで正しく表示できるようになります。

オーバースキャンを無効化するには、画面左上のメニューアイコンをクリックして「設定」➡「Raspberry Piの設定」を選択します。「システム」タブにある「オーバースキャン」で「無効」を選択します。「OK」ボタンをクリックしてRaspberry Piを再起動すると、正しく表示されるようになります。

●オーバースキャンを無効にする

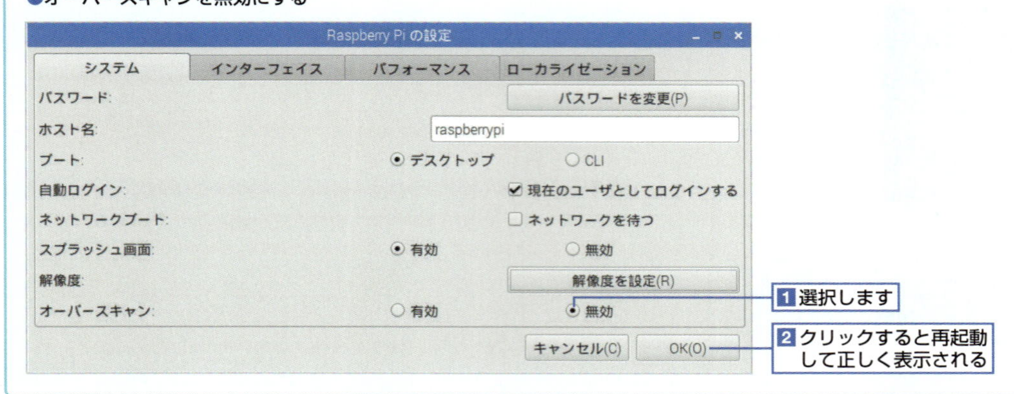

Chapter 2

Raspberry Piのインタフェースと入出力

Raspberry Piで電子部品を制御するには、電子部品へ出力したり、電子部品の状態を読み取る必要があります。Raspberry Piに搭載するGPIOというインタフェースを使うと入出力が可能です。また、I^2C、SPI、UARTといったシリアル通信方式にも対応しており、電子部品と通信してデータのやりとりが可能です。
さらに、Raspberry Piに接続した電子部品への給電についても、ここで解説します。

Section 2-1

Raspberry Piのインタフェース

Raspberry PiのGPIOを利用すれば、電子回路を制御できます。電子回路を制御するために、Raspberry PiでGPIOを利用する準備します。

Raspberry Piで電子回路を制御できる

Raspberry Piに電子部品やセンサーなどを接続して制御したり、センサーの状態を取得したりできます。センサーから取得した情報を元に他の電子部品を動作させたり、情報を表示したりもできます。ユーザーが作成したプログラムで電子回路を制御できます。

GPIOで電子回路を制御

Raspberry Piで電子回路を制御するには、「**GPIO**（General Purpose Input/Output）」と呼ばれるインタフェースを利用します。Raspberry Piの左上に付いているピン上の端子がGPIOです。40本のピンが装備されています。ここから導線（**ジャンパー線**）で電子回路に接続して、Raspberry Piから制御したり、センサーの情報をRaspberry Piで取得したりします。

端子は左下が1番、その上が2番、右隣の下が3番、その上が4番といったように番号が付けられています。それぞれの端子は利用用途が決まっており、電子回路の用途に応じて必要な端子に接続します。

Raspberry Pi Zero/Zero Wは、本体のサイズが小さいですが、Pi 3と同様に40本のピンが装備されており、同じように使えます。

●ボードの左上に搭載するGPIOに電子回路を接続します

RP1 A+ | RP1 B+ | RP2 B | RP3 B | RP Zero | RP Zero W

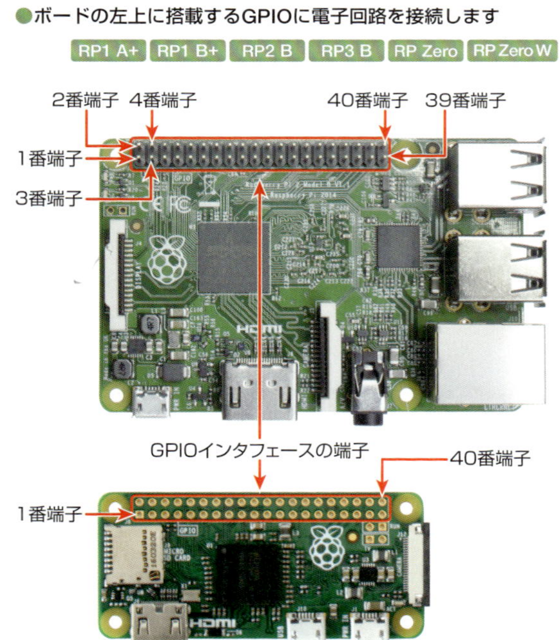

GPIO端子を縦にした場合の、各端子の用途を右の図に示しました。それぞれの端子は次のような機能となっています。

●電源

「+3.3V」(1、17番端子)は3.3Vの電圧を、「+5V」(2、4番端子)は5Vの電圧を取り出せる端子で、電池の+側に当たります。接続した電子部品を動作させるための電源を供給したり、Raspberry Piへの入力をHIGHにしたりする場合に接続します。

●GND

「GND」(6、9、11、20、25、30、34、39番端子)は電圧が0Vになる端子です。電子回路は、電源から部品を介して0VになるGND端子に接続することで動作します。そのため、センサーなどの部品に接続したり、Raspberry Piへの入力をLOWにしたりする場合などで接続します。

●GPIO

「GPIOXX」(XXは数字)と表記されている端子は、デジタル入出力ができる端子です。LEDを点灯させるかを制御したり、スイッチなどの状態を読み取ったりする場合に用います。
GPIOの後の数字は、SoCに割り当てられたGPIOの番号で、プログラムで制御したい端子を指定する際に利用します。例えば11番端子のGPIO17を制御する場合は、11ではなく「17」を指定します。

> **NOTE**
>
> **端子番号で指定することも可能**
>
> プログラムやライブラリによっては、GPIOの指定に端子番号を利用する場合もあります。例えば、グラフィカルなプログラム言語「Scratch」では、制御するGPIOを端子番号で指定します。

●GPIOの各端子の番号と用途

RP1 A+ | RP1 B+ | RP2 B | RP3 B | RP Zero | RP Zero W

		端子番号			
	+3.3V	1	2	+5V	
I2C SDA	GPIO2	3	4	+5V	
I2C SCL	GPIO3	5	6	GND	
GPCLK0	GPIO4	7	8	GPIO14	UART TxD
	GND	9	10	GPIO15	UART RxD
	GPIO17	11	12	GPIO18	PCM_CLK
PCM_DOUT	GPIO27	13	14	GND	
	GPIO22	15	16	GPIO23	
	+3.3V	17	18	GPIO24	
SPI MOSI	GPIO10	19	20	GND	
SPI MISO	GPIO9	21	22	GPIO25	
SPI SCLK	GPIO11	23	24	GPIO8	SPI CE0
	GND	25	26	GPIO7	SPI CE1
EEPROM	ID_SD	27	28	ID_SC	EEPROM
	GPIO5	29	30	GND	
	GPIO6	31	32	GPIO12	
	GPIO13	33	34	GND	
	GPIO19	35	36	GPIO16	
	GPIO26	37	38	GPIO20	
	GND	39	40	GPIO21	

●UART (Universal Asynchronous Receiver Transmitter)

「UART」は、部品やコンピュータなどデータのやりとりを2本の線で通信できる規格です。8番端子の「UART TxD」はデータの送信、10番端子の「UART RxD」はデータの受信が可能です。接続する機器は、UARTでの通信に対応している必要があります(詳しくはp.60を参照)。
UARTで通信をする場合には、あらかじめ設定を変更して、8、10番端子の用途を切り替えておく必要があります。切り替え方についてはp.61を参照してください。

●I²C (Inter-Integrated Circuit)

「I²C」は、電子部品と通信するための規格です。センサーから計測した値を取得したり、モーターなどを制御するなどできます。データの送受信をする「SDA」(3番端子)と機器同士を同期をとる「SCL」(5番端子)の2つの線を接続して通信します(詳しくはp.49を参照)。
I²Cで通信をする場合には、あらかじめ設定を変更して、3、5番端子の用途を切り替えておく必要があります。切り替え方についてはp.51を参照してください。

●SPI (Serial Peripheral Interface)

「SPI」は、I²C同様に電子部品と通信するための規格です。I²Cとは異なり、データの送信をする「MOSI」(19番端子)、データの受信をする「MISO」(21番端子)、機器同士を同期する「SCLK」(23番端子)で通信します。また、SPIでは複数の機器を接続できるため、対象の機器を選択するための端子「CE0」「CE1」(24、26番端子)が用意されています(詳しくはp.56を参照)。

SPIで通信をする場合には、あらかじめ設定を変更して19、21、23、24、26番端子の用途を切り替えておく必要があります。切り替え方についてはp.58を参照してください。

POINT

切り替えるとデジタル入出力はできない

UARTやI²C、SPIを使うために、GPIOの用途を切り替えると、対象の端子でのデジタル入出力ができなくなります。例えば、I²Cを有効にすれば、GPIO2、GPIO3をデジタル入出力に使うことはできません。

Raspberry PiのGPIOを操作する準備

プログラムでGPIOを操作するには、あらかじめGPIO関連のライブラリを用意するなどといった準備が必要です。Python向けでは、標準でインストールされている「raspberry-gpio-python」(「RPi.GPIO」と呼ばれています)や、高機能な「WiringPi」などが使えます。

本書では、I²CやSPIなどの通信規格にも対応している「**WiringPi**」を用いる方法を解説します。RaspianにはWiringPiもあらかじめ導入されています。プログラムでWiringPiを利用するには、プログラムの先頭に次のように記述してライブラリを読み込みます。

```
import wiringpi as pi
```

最後の「as」の後の名称は、WiringPiのライブラリを利用するためのインスタンス名になります。wiringpiのような長い名称を短くする場合に指定します。この場合は「pi」と指定すればWiringPiライブラリを使えます。

Pythonのライブラリを導入する

Raspberry PiへPythonライブラリを新規に導入するのには「pip3」コマンドを使います。pip3は、ネットワーク上で公開されているPython用ライブラリを検索し、必要なライブラリーを自動的にインストールするコマンドです。必要なパッケージを検索する場合は、pip3コマンドの「search」サブコマンドを利用してキーワードを指定します。

例えば「GPIO」に関連するライブラリを探す場合は、検索キーワードを「gpio」として、右のように実行します。

```
pip3 search gpio Enter
```

ライブラリを導入する場合は「install」サブコマンドを利用します。例えば「smbus2」ライブラリを導入する場合は右のように実行します。

```
pip3 install smbus2 Enter
```

導入したライブラリを削除する場合は「uninstall」サブコマンドを利用します。例えば、「smbus」ライブラリを削除する場合は右のように実行します。

```
pip3 uninstall smbus2 Enter
```

独自ライブラリを利用する方法

独自に作成したライブラリや、本書で提供するライブラリをRaspberry Piで使う場合は、ライブラリのファイルをプログラムファイルと同じフォルダ内に保存して、「import」でライブラリのファイル名を指定して読み込んで利用します。

例えば「mylib.py」というライブラリファイルを読み込む場合は、ファイル名から「.py」（拡張子）を取り外した名称「mylib」を指定して読み込みます。

```
import mylib
```

なお、もしサブフォルダ（実行フォルダ内にあるフォルダ）内にあるライブラリを読み込ませる場合は、サブフォルダ内に「__init__.py」ファイルが存在する必要があります。__init__.pyファイルは、内容が何もない空のファイルで構いません。

Section 2-2

Raspberry Piの入出力について

電子部品の制御やボタン・スイッチなどの状態の読み取り、各種センサーの状態の取得などは、部品に応じた方式でRaspberry Piへ入力します。Raspberry Piでの代表的な入出力方式の概要と、初期設定について説明します。

Raspberry Piと電子部品との入出力

Raspberry Piから電子部品を制御したり、スイッチやセンサーの状態を読み込んだりするのは「**GPIO**」を介して行います。GPIOの各端子はデジタル入出力に対応しており、オン・オフの入出力が可能です。さらに高速でオン・オフを切り替えることで、擬似的なアナログ出力やデジタル通信に対応します。Raspberry Piは、大きく分けて「**デジタル出力**」「**デジタル入力**」「**PWM出力**」「**シリアル通信での入出力**」に対応しています。

シリアル通信では「**UART**」「**I²C**」「**SPI**」が電子部品との通信によく利用されます。どの方式も1～4本と少ない配線でセンサーで、計測した値の取得や制御信号の送信などが可能です。

Raspberry PiのGPIOで対応していない「アナログ信号の入力」は、「**A/Dコンバータ**」と呼ばれるアナログからデジタルに変換する電子部品を使うことで可能です。

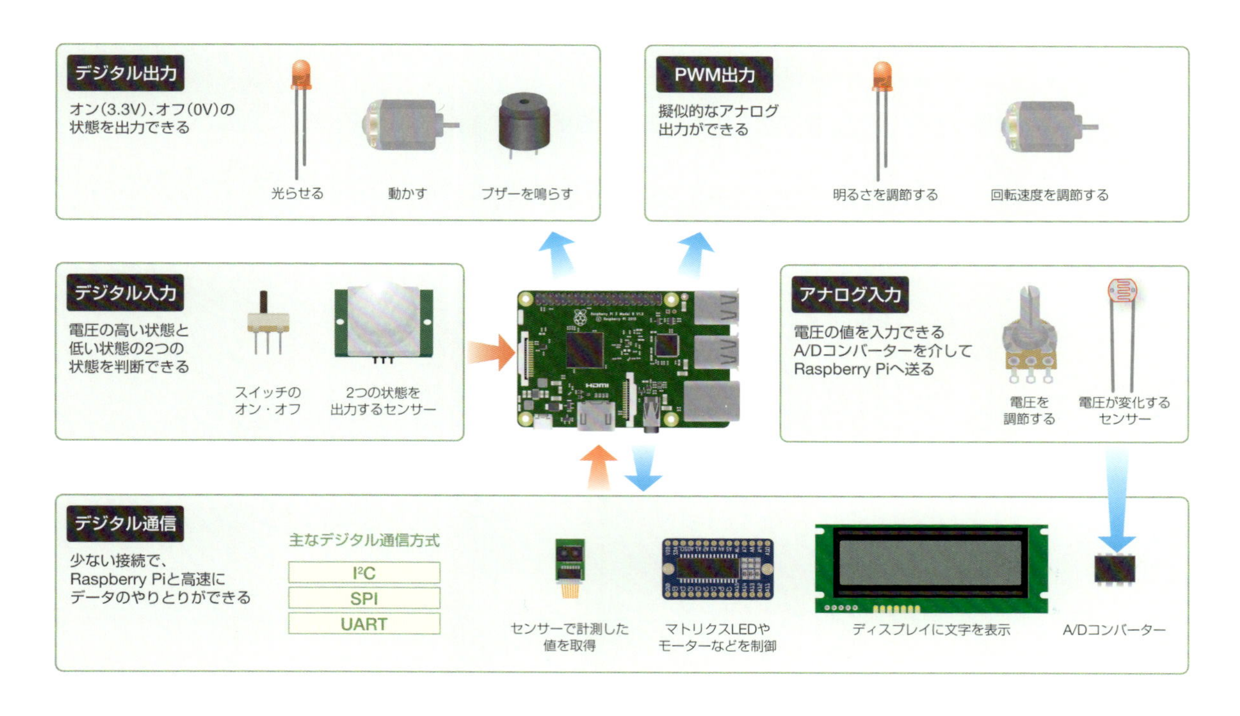

デジタル出力

デジタル出力は、GPIOの端子を3.3V、0Vの2つの状態を切り替える方式です。LEDの点灯、消灯を切り替えるなどの2つの状態を切り替えて制御できます。LEDの点灯制御だけでなく、モーターの回転・停止など様々な制御に活用できます。

電圧の高い3.3Vの状態を「1」や「HIGH」「ON」などで、電圧の低い0Vの状態を「0」や「LOW」「OFF」などで表記することがあります。プログラムでデジタル制御する場合にも「1」「0」、「HIGH」「LOW」などを表記するのに利用するので覚えておきましょう。

●デジタルは2つの状態で表せる

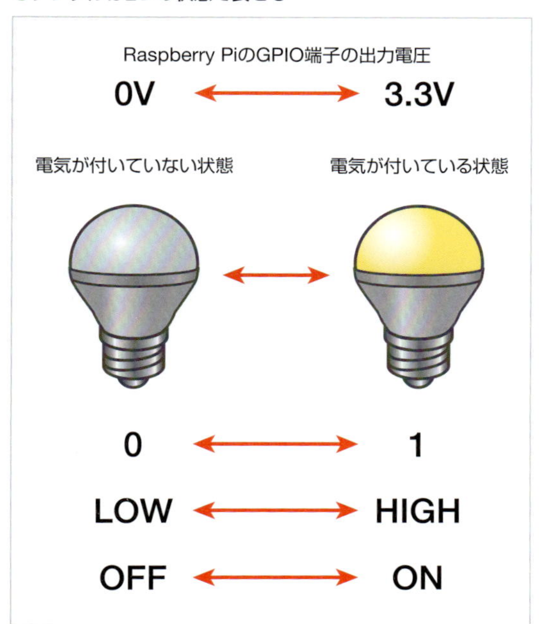

デジタル出力を行う

デジタル出力は、GPIO2からGPIO27までの26端子が対応しています。それぞれの端子に動作させたい電子部品を接続します。

デジタル出力をするには、WiringPiのライブラリを読み込んだ後に、GPIOの初期化、対象の端子を出力の状態に切り替えます。

①WiringPiのライブラリを読み込みます。

②デジタル出力するGPIO番号を変数に格納しておきます。ここでは、23番の端子をデジタル出力するようにします。

③GPIOを初期化します。

④対象のGPIOを出力モードに設定します。出力にするには「pi.OUTPUT」と指定します。

raspi_parts/2-2/output.py

```
import wiringpi as pi  ①

OUTPUT_PIN = 23  ②

pi.wiringPiSetupGpio()  ③
pi.pinMode( OUTPUT_PIN, pi.OUTPUT )  ④
```

デジタル出力するには「pi.digitalWrite()」を使います。出力の対象のGPIO番号を指定し、3.3Vか0Vかどちらかを出力するように指定します。3.3Vの場合は「pi.HIGH」、0Vの場合は「pi.LOW」と指定します。

実際のデジタル出力を使ったLEDの点灯については、p.72を参照してください。

```
pi.digitalWrite( OUTPUT_PIN, pi.HIGH)   3.3Vで出力する
pi.digitalWrite( OUTPUT_PIN, pi.LOW)    0Vで出力する
```

NOTE

I^2CやSPIなどが有効の場合

I^2CやSPI、UARTなどのデジタル通信を有効にしている場合には、それぞれに対応したGPIOではデジタル出力できません。もし、I^2Cなどを利用せず、I^2Cに割り当てられている端子をデジタル出力で使いたい場合は、p.51、58、61を参照してそれぞれのデジタル通信を無効化しておく必要があります。

デジタル入力

GPIOにかかっている電圧によって、電圧の高い状態と低い状態の2つの状態でRaspberry Piへ入力できる方式です。スイッチやボタンがオン・オフのどちらの状態にあるかや、2つの状態を出力するセンサーの状態を取得するなどに利用できます。

Raspberry PiのGPIOをデジタル入力に切り替えると、GPIOにかかった電圧の状態を確認し、高い状態（3.3V）であれば「HIGH」、低い状態（0V）であれば「LOW」として判断します。この入力した状態で条件分岐することで、異なる処理を施すことができます。

●GPIOにかかる電圧の状態によってHIGHかLOWを判断できる

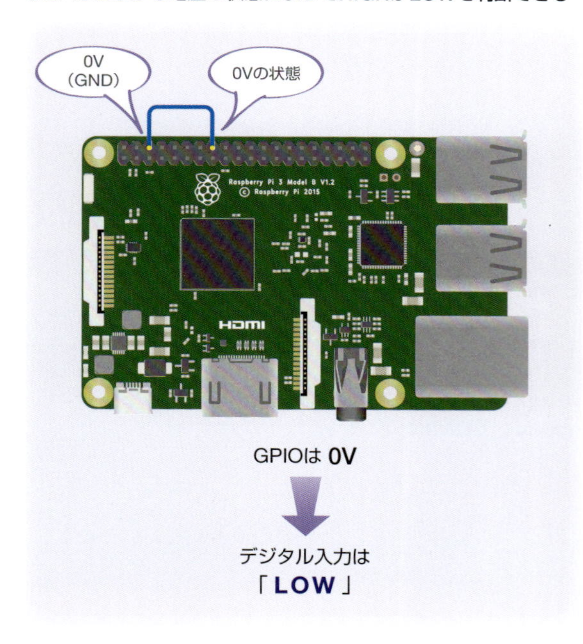

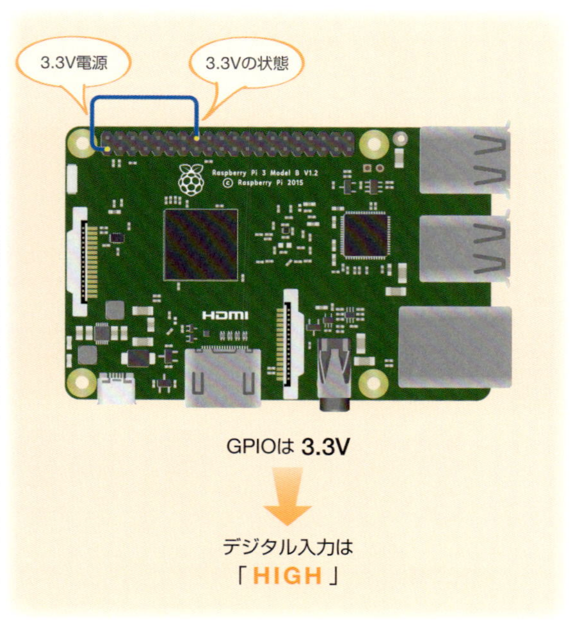

デジタル入力を行う

デジタル入力は、GPIO2からGPIO27までの26端子が対応しています。それぞれの端子に動作させたい電子部品を接続します。また、単体では電圧を出力しない電子部品については、分圧などをして電圧が変化するように工夫が必要となります（分圧についてはp.128を参照）。

デジタル入力をするには、WiringPiのライブラリを読み込んだ後に、GPIOの初期化、対象の端子を入力の状態に切り替えます。

①WiringPiのライブラリを読み込みます。

②デジタル出力するGPIO番号を変数に格納しておきます。ここでは、24番の端子をデジタル入力するようにします。

③GPIOを初期化します。

④対象のGPIOを入力モードに設定します。入力は「pi.INPUT」と指定します。

⑤GPIOの状態は「pi.digitalRead()」を使って調べます。読み込み対象のGPIO番号を指定することで電圧の状態を確認して、HIGHまたはLOWを取得できます。取得した値は次のように変数などに格納します。

raspi_parts/2-2/input.py

```
import wiringpi as pi  ①

INPUT_PIN = 24  ②

pi.wiringPiSetupGpio()  ③
pi.pinMode( INPUT_PIN, pi.INPUT )  ④


value = pi.digitalRead( INPUT_PIN )  ⑤

print( value )  ⑥
```

⑥取得した値をprint()で出力すれば、端子の状態を確認できます。HIGHの状態の場合は「1」、LOWの状態の場合は「0」と表示されます。

また、if()を使って条件分岐すれば、デジタル入力によって処理を分けられます。

変数に取得した値を入れなくても、直接if()にデジタル入力を指定できます。

```
if ( value == pi.HIGH ):
    HIGHの状態の場合に処理する内容
else:
    LOWの状態の場合に処理する内容

if ( pi.digitalRead( INPUT_PIN ) == pi.HIGH ):
    HIGHの状態の場合に処理する内容
else:
    LOWの状態の場合に処理する内容
```

NOTE

I²CやSPIなどが有効の場合

I²CやSPI、UARTなどのデジタル通信を有効にしている場合には、それぞれに対応したGPIOをデジタル入力できません。もし、I²Cなどを利用せず、I²Cに割り当てられている端子をデジタル入力で使いたい場合は、p.51、58、61を参照してそれぞれのデジタル通信を無効化しておく必要があります。

POINT

HIGH、LOWの判断はスレッショルドで決まる

GPIOのデジタル入力は3.3Vと0Vの状態でHIGH、LOWと判断すると説明しましたが、実際は3.3Vよりも低い電圧や0Vより高い電圧でもHIGHやLOWと判断します。
ICなどのデジタル信号を扱う電子部品では、「スレッショルド」という電圧のしきい地が設けられており、スレッショルドよりも電圧が高いか低いかで入力が変化します。
HIGHを判断するスレッショルドとLOWを判断するスレッショルドがあります。Raspberry Piの場合は、HIGHを判断するスレッショルドレベルは「約1.25V」、LOWを判断するスレッショルドレベルが「約1.0V」となっています。
HIGHを判断するスレッショルドレベルは、それよりも低い電圧からスレッショルドレベルを超えて高くなるとHIGHに切り替わります。逆にLOWを判断するスレッショルドレベルは、それよりも高い電圧からスレッショルドレベルを超えて低くなるとLOWに切り替わります。
もし、LOWの状態でHIGHを判断するスレッショルドを超えない場合は、LOWの状態を保つことになります。

●デジタル入力を判断するスレッショルド

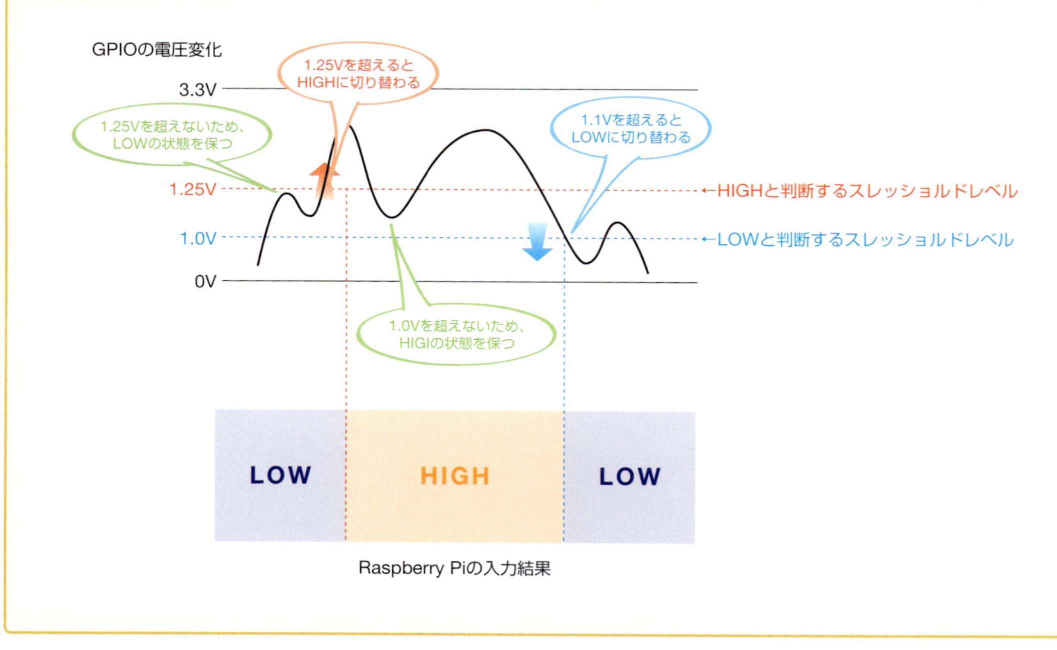

Section
2-3

PWM（疑似的アナログ出力）

Raspberry Piはデジタル出力しか行えませんが、PWM（パルス変調）という出力方式を利用することで、擬似的にアナログ出力を行うことが可能です。ここではPWM出力の方法について解説します。

擬似的にアナログ出力を行う

Raspberry Piのデジタル出力は、点灯・消灯の2通りしか出力できません。これに対し「アナログ」出力では無段階に電圧を変化させられます。アナログ出力を利用できれば、例えばLEDの明るさを自由に調節する、といったことが可能です。3.3Vの出力をすればLEDを最大限明るくでき、1.5Vで出力すれば3.3Vで点灯するよりも明るさを抑えて点灯できます。

しかし、Raspberry PiのGPIOはデジタル出力のみ可能で、アナログ出力はできません。しかし、「**パルス変調**」（**PWM**：Pulse Width Modulation）という出力方式を利用することで、擬似的にアナログ出力ができます。

PWMは、0Vと3.3Vを高速で切り替えながら、擬似的に0Vと3.3V間の電圧を作り出す方式です。3.3Vになっている時間が長ければ、LEDは明るく点灯し、0Vになっている時間が長ければ暗く点灯できます。いわば、それぞれの時間の割合によって擬似的な電圧で出力できます。例えば、2.2Vの電圧を得たい場合、3.3Vの時間を2、0Vの時間を1の割合で出力するようにします。

なお、LEDなどの実際の電子部品の動作は0Vと3.3Vを高速しているので、高速に点滅をしている状態となります。人間の目では高速点滅が判断できないので暗めに光っているように見えます。

●パルス変調での疑似アナログ出力

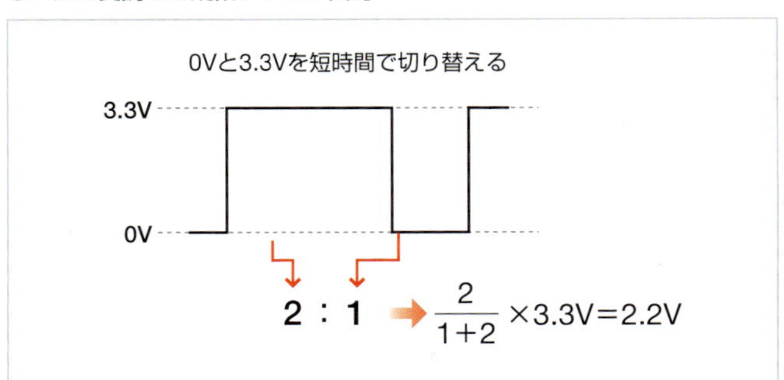

POINT

PWMのアナログ電圧は実効値

PWM信号は、短い時間で見ると0Vと3.3Vのいずれかの電圧でしか出力されていません。しかし「実効値」と呼ばれる電圧の表現方法を使うと、擬似的にアナログ電圧で表現が可能です。本文で説明したように、1周期の電圧を平均化した電圧として求められます。

PWMで出力する

PWM出力はデジタル出力同様に、GPIO2からGPIO27までの26端子で出力が可能です。各端子にPWMで動作させたい電子部品を接続しておきます。

PWMで出力するには、プログラム上で対象のGPIOをデジタル出力に設定した後、PWMで出力するように設定します。プログラムは次ページのように作成します。

①PWM出力するGPIO番号を変数に格納しておきます。ここでは、23番の端子をPWMで出力するようにします。

②対象のGPIOを出力モードに設定します。

③「pi.softPwmCreate()」でGPIOをPWMで出力するように設定します。対象のGPIOの番号の後に出力を指定する範囲を指定します。0から100までの範囲で指定する場合は「0,100」のように指定します。

raspi_parts/2-3/pwm_output.py

```
import wiringpi as pi

OUTPUT_PIN = 23 ①

pi.wiringPiSetupGpio()
pi.pinMode( OUTPUT_PIN, pi.OUTPUT ) ②

pi.softPwmCreate( OUTPUT_PIN, 0, 100) ③

pi.softPwmWrite( OUTPUT_PIN, 50 ) ④
```

④実際の出力は「pi.softPwmWrite()」で指定します。対象のGPIOの番号の後に、出力する度合いを指定します。③のPWMの初期設定で指定した範囲の数値を記述します。例えば、「0,100」と指定していた場合は、0と出力すれば、ずっと0Vを、100と指定すればずっと3.3Vで出力されます。50と指定すれば、1対1の割合で0V、3.3Vを切り替えて出力します。いわば、実行値で1.65Vで出力されたと同じ状態になります。

NOTE

I²CやSPIなどが有効の場合

I²CやSPI、UARTなどのデジタル通信を有効にしている場合には、それぞれに対応したGPIOをPWM出力できません。もし、I²Cなどを利用せず、I²Cに割り当てられている端子をPWM出力で使いたい場合は、p.51、58、61を参照してそれぞれのデジタル通信を無効化しておく必要があります。

NOTE

より正確な出力が可能なハードウェアPWM

本文で説明したPWMの出力方式では、0Vと3.3Vを切り替えるようにプログラムで切り替えています。この方式を「ソフトウェアPWM」といいます。ソフトウェアPWMはすべてのGPIOで出力できる利点があります。しかし、プログラムで出力しているため、正確な割合でPWM出力できません。実効値2.2Vで出力しようとしても、実際は2.1Vなど出力値がずれたり、出力が安定しない欠点があります。制御したい電子部品によってはソフトウェアPWMでは正常に動作しないことがあります。

一方、「ハードウェアPWM」を利用すると、正確なPWMを出力できます。ハードウェアPWMはハードウェアの機能でPWM信号を作成して出力するため、比較的正しい割合でPWMを出力できます。このため、正確なPWMが必要な電子パーツでも制御できるようになります。

ただし、ハードウェアPWMは、GPIO18とGPIO13のみ出力に対応しています。このほかのGPIOではハードウェアPWMでの出力はできません。

ハードウェアPWMについてはp.157で説明します。

NOTE

アナログ出力をする

PWMは擬似的なアナログ出力する方式です。もし、擬似的でないアナログ出力したい場合は、「D/Aコンバータ」という電子部品を使うことでアナログ出力が可能です。

Section 2-4 アナログ入力（A/Dコンバータ）

Raspberry Piへの入力はデジタル入力のみ可能で、アナログ入力を行う場合はコンバータ（変換器）を介する必要があります。ここでは、Raspberry Piにおけるアナログ入力の概要について説明します。

アナログ入力とは

電子回路では、電池などの出力であっても、電池に記載された電圧がぴったりその数値で出力されているわけではありません。例えば1.5Vの電池だと、実際には1.49586……Vのように「おおよそ1.5V」の電圧が出力されています。このように、電子回路上の電圧はアナログ信号です。

●電子回路はアナログ値

電子回路の電圧は「3.6753644………V」と小数点以下が無限に続く無理数です。しかし、コンピュータではこのような無理数は扱えず、必ず小数点以下が有限である有理数である必要があります。そこで、アナログ信号をコンピュータで扱う場合は、特定の小数点以下を切り捨てた値を利用します。

また、コンピュータはデジタルデータを扱っていますが、デジタルデータはp.41で説明したように「1」または「0」の2通りの状態しか表せません。これだけでは一般的な数値は扱えないため、1と0のデータをいくつかまとめて数値で表せるようにしています。一般的には8ビット（0～255）、16ビット（0～65,535）などが利用されます。

アナログ電圧をデジタルデータに変換するには「**A/Dコンバータ**」(Analog-to-Digital Converter：アナログ―デジタル変換回路）を使います。A/Dコンバータは電源の電圧を等間隔で分割します。分割する数は、A/Dコンバータの分解能によって異なります。例えば分解能が10ビットであれば1023段階、16ビットであれば65,535段階に分割します。

電源に3.3Vを入力した10ビットのA/Dコンバータであれば、3.3Vを1023分割します。つまり約3.2mVごとに値が1ずつ増えていきます。そして、入力したアナログ電圧に最も近い、分割した値に変換します。例えば10

ビットのA/Dコンバータに約2.5Vの電圧が入力されると、「775」に変換されます。この値をRaspberry Piへ転送することでアナログ電圧を扱えるようになります。

●アナログ電圧をデジタル信号に変換するA/Dコンバータの仕組み

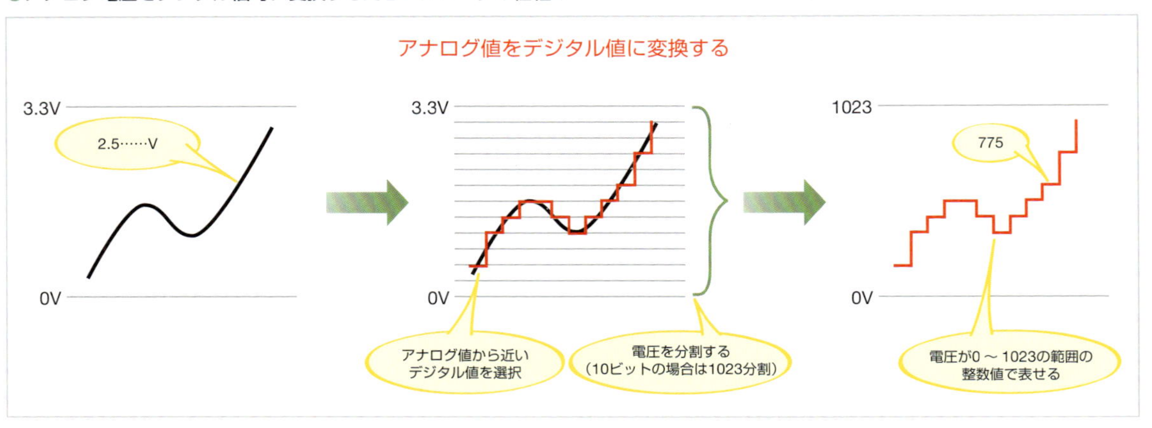

先にも説明しましたが、Raspberry PiのGPIOではデジタル入力のみでアナログ入力はできません。そこでRaspberry PiにA/Dコンバータを接続して、アナログ値をデジタル変換した値をRaspberry Piへ転送することで、アナログ入力を可能としています。変換した値をRaspberry Piへ転送するには「**I²C**」（Section 2-5参照）や「**SPI**」（Section 2-6参照）といったデジタル通信方式を利用します。

A/Dコンバータは多くの製品が販売されています。商品によって、分解能や同時入力できるアナログ入力端子の数が違ったり、I²CやSPI、UARTなどA/Dコンバータで変換した値をRaspberry Piへ転送する方式が違ったりするなど、様々です。利用するA/Dコンバータに従って、配線や利用するライブラリの導入、プログラムの作成方法なども異なります。主なA/Dコンバータの利用方法についてはp.116で説明します。

Section 2-5 デジタル通信方式（1）―I²C通信方式

I²CはIC間での通信を行うために開発された、シリアル通信方式です。Raspberry PiでもI²C通信を用いて電子部品の制御が可能です。ここではI²Cの概要と、Raspberry PiでI²Cを利用するための準備について解説します。

I²C通信方式

センサーなどのデバイスを利用するには、それぞれの素子を駆動するための回路を作成し、データをコンピューター（Raspberry Pi）などに送ったり、逆に命令を与えたりするような回路の作成が必要です。また、作成した回路に合ったプログラムを用意する必要もあります。デバイスが複数あれば、デバイスごとにこれらの作業が必要で、多くの手間がかかります。

このような処理を簡略化するのに、「**I²C**」（Inter Integrated Circuit：アイ・スクエアド・シー）を利用する方法があります。I²Cは、IC間で通信を行うことを目的に、フィリップス社が開発したシリアル通信方式です。

I²Cの大きな特徴は、データのやりとりを行う「**SDA**」（シリアルデータ）と、IC間でタイミングを合わせるのに利用する「**SCL**」（シリアルクロック）の2本の線を繋げるだけで、お互いにデータのやりとりができるようになっていることです。実際には、デバイスを動作させるための電源とGNDを接続する必要があるため、それぞれのデバイスに4本の線を接続することになります。

●2本の信号線で動作するI²Cデバイス

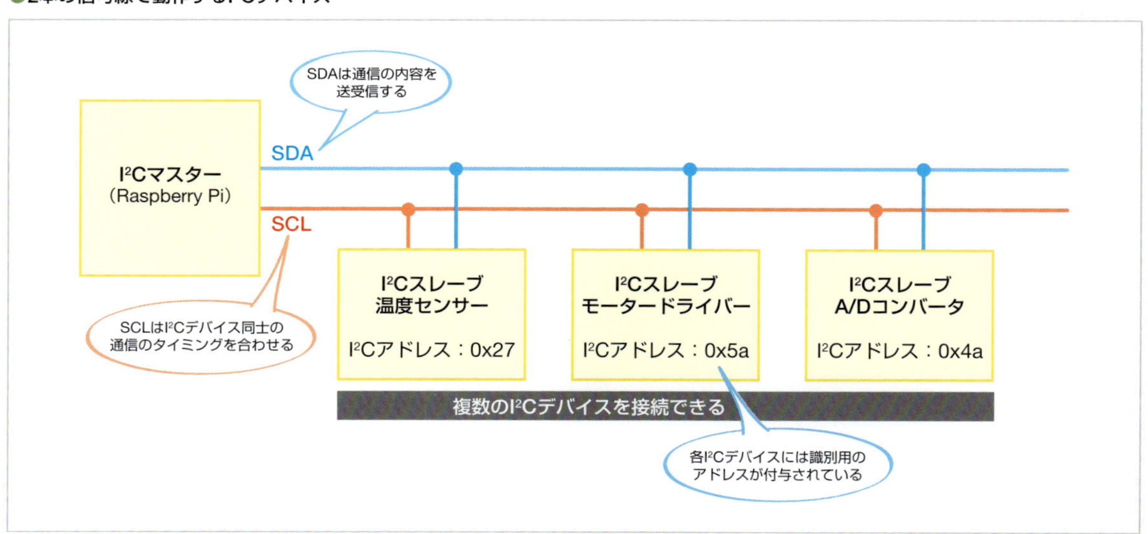

表示デバイス、温度・湿度・気圧・圧力・光などの各種センサー、モーター駆動デバイスなど、豊富なI^2Cデバイスが販売されており、電子回路を作成する上で非常に役立ちます。

また、I^2Cには様々なプログラム言語用のライブラリや操作用のプログラムが用意されているのも特徴です。Raspberry Piでも、利用する言語用のライブラリを導入しておけば、I^2Cデバイスを比較的簡単に操作できます。

I^2Cは、各種デバイスを制御するマスターと、マスターからの命令によって制御されるスレーブに分かれます。マスターはRaspberry Piにあたり、それ以外のI^2Cデバイスがスレーブにあたります。

複数のI^2Cデバイスを接続できるため、通信対象のデバイスを明確にする必要があります。そこで、それぞれのI^2Cデバイスには「**I^2Cアドレス**」という番号が割り振られており、対象のI^2Cデバイスに割り当てられているI^2Cアドレスを指定して通信を開始します。

I^2Cデバイスには、「**レジスタ**」と呼ばれるデータを格納しておく領域が用意されています。センサーなどで計測した値は一時的にレジスタに保存されます。Raspberry Piでセンサーの計測した値を取得するには、レジスタからデータを取り出すことでセンサーの計測値を取得できるようになります。逆にRaspberry PiからI^2Cを介してレジスタへ書き込むことにも対応しています。例えば、レジスタへ書き込んでディスプレイに文字を表示させるなどが可能です。

レジスタは、いくつかのデータ保存領域があり、レジスタアドレスを指定することで特定のレジスタのデータを読み込んだり書き込むことが可能となっています。

●I^2Cはレジスタに保管されているデータを転送する

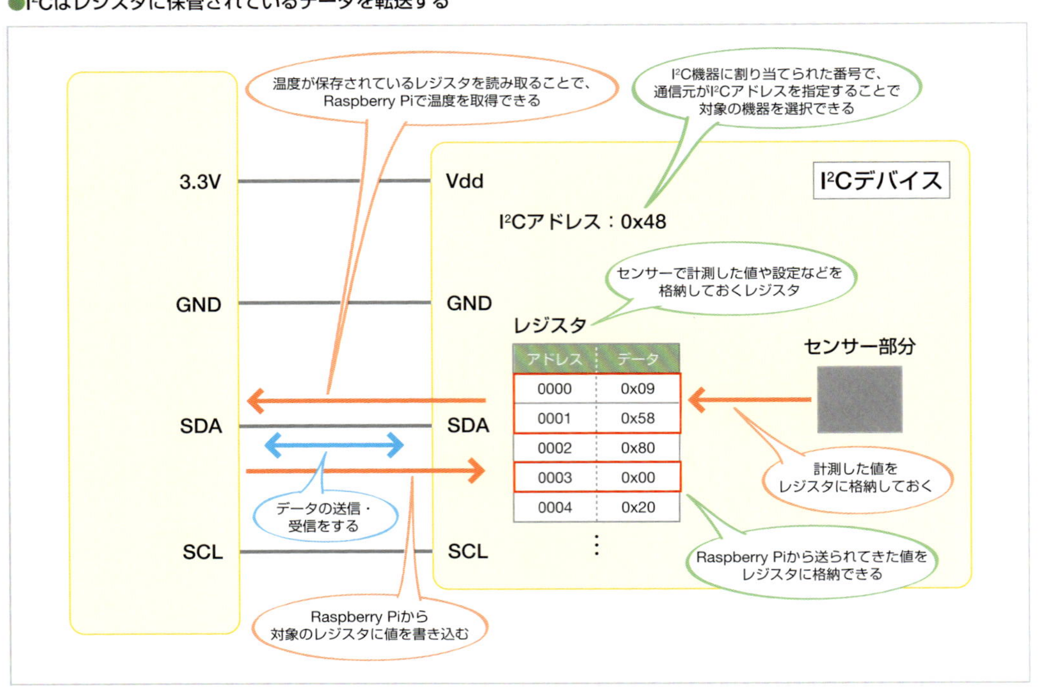

Raspberry PiのI²C端子

I²CデバイスをRaspberry Piに接続するには、GPIOと同じ端子を利用します。データの送受信を行う「SDA」は端子番号3番、クロックの「SCL」は端子番号5番に接続します。I²Cデバイスの電源とGNDを接続するのを忘れないようにします。

複数のI²Cデバイスを接続する場合は、それぞれの端子を枝分かれさせて接続する必要があります。しかし、Raspberry Piには各端子が1つしかありません。そこで、右図のようにまずRaspberry Piからブレッドボードに接続し、その後それぞれのI²Cデバイスに分けて接続します。

●Raspberry PiとI²Cデバイスを接続する

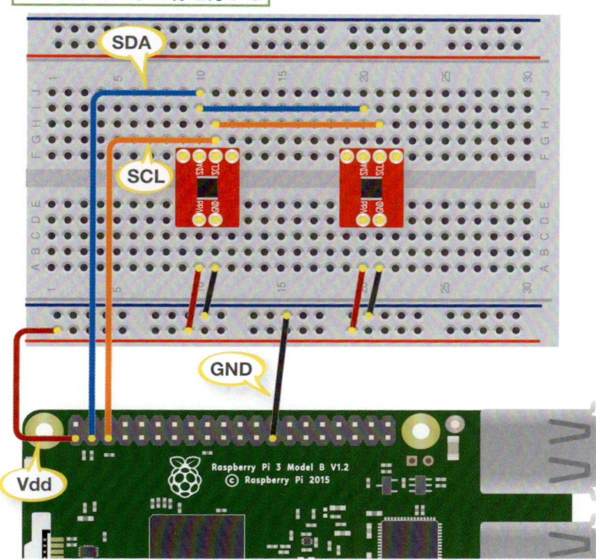

Raspberry PiでI²Cを利用する準備

Raspberry PiでI²Cデバイスを利用するには、いくつかの準備が必要です。次の設定をしましょう。

1 I²Cを利用したプログラムなどに必要となる「i2c-tools」パッケージをインストールします。

```
$ sudo apt-get install i2c-tools Enter
```

なお、WiringPiには標準でI²C関連のライブラリが用意されているので、別途ライブラリの導入は不要です。

2 「Raspberry Piの設定」を利用してI²Cを有効にします。画面左上のメニューアイコンをクリックして「設定」➡「Raspberry Piの設定」を選択します。

3 「インターフェイス」タブの「I2C」を「有効」に切り替えます。「OK」をクリックするとI²Cが有効化されます。設定後にRaspberry Piを再起動する必要はありません。

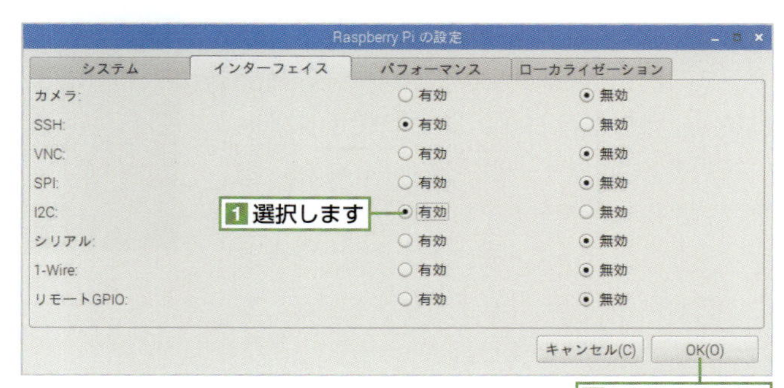

NOTE

動作クロックは変更が可能

I^2Cの動作クロックは、一般的に「100KHz」を利用します。この100KHz程度の転送スピードは「標準モード」と呼ばれます。このほか10KHz程度で動作を行う「低速モード」や、400KHz程度で動作できる「ファーストモード」、3.4MHzで動作する「高速モード」があります。
I^2Cの動作クロックを変更する場合は、/boot/config.txtファイルを編集します。管理者権限でテキストエディタを起動し、/boot/config.txtファイルを編集状態にします。ファイルの末尾に次のような1行を追記します。

```
dtparam=i2c_baudrate=動作クロック
```

例えば、50kHzで動作させるには「dtparam=i2c_baudrate=50000」と記述します。編集内容を保存して、Raspberry Piを再起動するとI^2C動作クロックが変更されます。
なお、電子部品によっては対応する動作クロックが規定されている場合があります。その場合、規定範囲外の動作クロックで動かそうとしても正常に動作しないので注意しましょう。

I^2CスレーブのI^2Cアドレスを調べる

前述したように、I^2Cは複数のデバイスを接続し、I^2Cアドレスを指定することで通信対象のデバイスを選択できます。そのI^2Cアドレスは、16進数表記で0x03から0x77までの117個のアドレスが利用できます。そしてほとんどのI^2Cデバイスには、製品出荷時にI^2Cアドレスがあらかじめ割り当てられています。製品に割り当てられているI^2Cアドレスは、デバイスのデータシートなどに記載されています。I^2Cデバイスによっては、アドレス選択用の端子が用意されているものもあり、VddやGNDなどに接続したりジャンパーピンを導通することで、I^2Cアドレスを変更できるものがあります。

I^2CデバイスのI^2Cアドレスが分からない場合は、Raspberry Pi上で「i2cdetect」コマンドを実行することで調べられます。I^2CデバイスをRaspberry Piに接続して右のようにコマンドを実行します。コマンドの後の数字はI^2Cのチャンネル番号です。「1」と指定します。実行するか尋ねられるので「y Enter」と入力します。

コマンドを実行すると、Raspberry Piに接続されているI^2Cデバイスのアドレスが一覧表示されます。右の例では「0x48」にI^2Cデバイスが接続されていることが分かります。

複数のI^2Cデバイスを接続していると、接続されたデバイス分のアドレスがすべて表示されます。アドレスとデバイスが紐付けられない場合は、1つずつI^2Cデバイスを接続して調べるようにしましょう。

●接続されたI^2Cデバイスのアドレスを調べるコマンド

```
$ i2cdetect 1 Enter
```

●I^2Cデバイスのアドレスが判明した

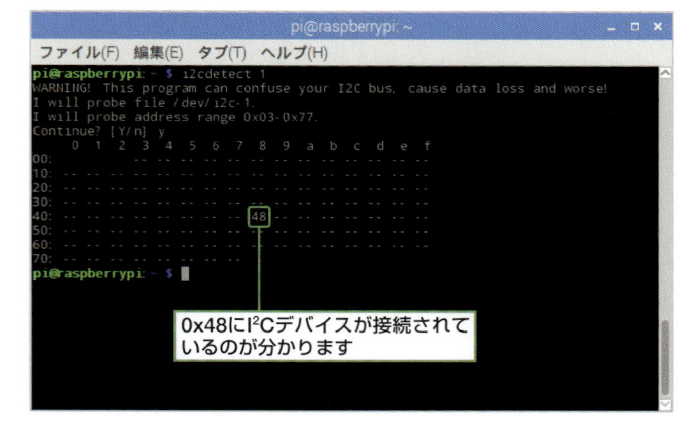

NOTE

旧板のRaspberry Piはチャンネル番号が「0」

記事執筆時点（2017年11月）販売中のRaspberry PiはI^2Cのチャンネルが「1」となっています。しかし、すでに販売終了した初代のRaspberry Pi Model A、Model B（Rev1）はI^2Cチャンネルが「0」となっているので注意してください。

NOTE

10進数、16進数、2進数

一般生活では、0～9の10個の数字を利用して数を表しています。この表記方法を「10進数」といいます。しかし、コンピュータでは10進数での数字表記では扱いが面倒になる場合があります。
コンピュータではデジタル信号を利用しているため、0か1の2つの状態しかありません。それ以上の数字を表す場合は、10進数同様に桁を上げて表記します。つまり1の次は桁が上がり、10となります。この0と1のみで数を表記する方法を「2進数」といいます。
しかし、2進数は0と1しか無いため桁が多くなればなるほど、どの程度の値かが分からなくなってしまいます。例えば、「10111001」と表記してもすぐに値がどの程度が分かりません。
そこで、コンピュータでは2進数の4桁をまとめて1桁で表記する「16進数」をよく利用します。2進数を4桁で表すと、表のように16の数字が必要です。数字には0から9の10文字しか無いため、残り6個をa～fまでのアルファベットを使って表記します。先述した「10111001」は16進数で表すと、「b9」と表記できます。ちなみに、16進数のアルファベットは大文字を使用して表記する場合もあります。

●10進数、16進数、2進数の表記

10進数	16進数	2進数
0	0	0
1	1	1
2	2	10
3	3	11
4	4	100
5	5	101
6	6	110
7	7	111
8	8	1000
9	9	1001
10	a	1010
11	b	1011
12	c	1100
13	d	1101
14	e	1110
15	f	1111

NOTE

Raspberry Pi上での16進数、2進数の表記方法

「a4」のようにアルファベットが数字表記に入っていれば16進数だと分かります。しかし、「36」と表記した場合、10進数であるか16進数であるか分かりません。そこで、Raspberry Piのコマンドやプログラム上で16進数を表記する際は、数字の前に「0x」を表記します。つまり、「0x36」と記載されていれば16進数だと分かります。
同様に2進数で表記する場合は「0b」を付けます。一般的に10進数の場合は何も付けずそのまま数値を表記します。

レジスタの内容を確認する

I^2Cデバイスのレジスタにどのような値が格納されているかは、「i2cdump」コマンドを使って一度に確認できます。I^2Cアドレスが0x48のデバイスのレジスタを確認するには右のように実行します。「1」はI^2Cのチャンネル番号を表します。通常は「1」で問題ありません。

●レジスタの内容を一覧表示する

```
$ i2cdump 1 0x48 Enter
```

コマンドを実行すると、右のように各レジスタの値が、16進数で表示されます。

各レジスタは、左端の2桁の値（00、10、20...など）に、上部の1桁の値（0、1、2...など）を足し合わせたアドレスとなります。例えば、レジスタアドレス「12」（左10、上2）の値は「4b」だと分かります。

●I²Cデバイスのレジスタの内容を表示

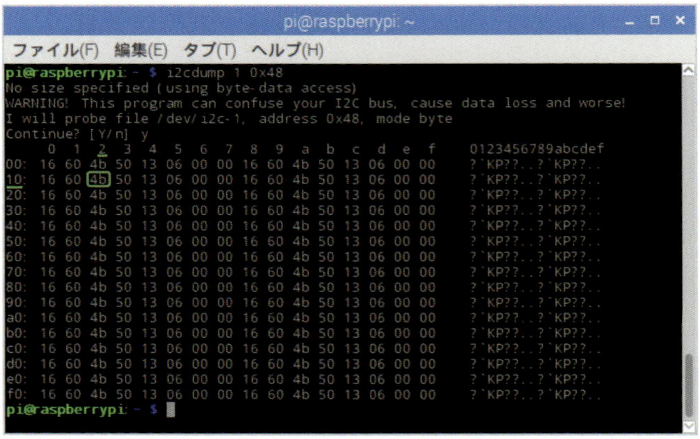

```
pi@raspberrypi: ~
ファイル(F) 編集(E) タブ(T) ヘルプ(H)
pi@raspberrypi: ~ $ i2cdump 1 0x48
No size specified (using byte-data access)
WARNING! This program can confuse your I2C bus, cause data loss and worse!
I will probe file /dev/i2c-1, address 0x48, mode byte
Continue? [Y/n] y
     0  1  2  3  4  5  6  7  8  9  a  b  c  d  e  f    0123456789abcdef
00: 16 60 4b 50 13 06 00 00 16 60 4b 50 13 06 00 00    ?`KP??..?`KP??..
10: 16 60 4b 50 13 06 00 00 16 60 4b 50 13 06 00 00    ?`KP??..?`KP??..
20: 16 60 4b 50 13 06 00 00 16 60 4b 50 13 06 00 00    ?`KP??..?`KP??..
30: 16 60 4b 50 13 06 00 00 16 60 4b 50 13 06 00 00    ?`KP??..?`KP??..
40: 16 60 4b 50 13 06 00 00 16 60 4b 50 13 06 00 00    ?`KP??..?`KP??..
50: 16 60 4b 50 13 06 00 00 16 60 4b 50 13 06 00 00    ?`KP??..?`KP??..
60: 16 60 4b 50 13 06 00 00 16 60 4b 50 13 06 00 00    ?`KP??..?`KP??..
70: 16 60 4b 50 13 06 00 00 16 60 4b 50 13 06 00 00    ?`KP??..?`KP??..
80: 16 60 4b 50 13 06 00 00 16 60 4b 50 13 06 00 00    ?`KP??..?`KP??..
90: 16 60 4b 50 13 06 00 00 16 60 4b 50 13 06 00 00    ?`KP??..?`KP??..
a0: 16 60 4b 50 13 06 00 00 16 60 4b 50 13 06 00 00    ?`KP??..?`KP??..
b0: 16 60 4b 50 13 06 00 00 16 60 4b 50 13 06 00 00    ?`KP??..?`KP??..
c0: 16 60 4b 50 13 06 00 00 16 60 4b 50 13 06 00 00    ?`KP??..?`KP??..
d0: 16 60 4b 50 13 06 00 00 16 60 4b 50 13 06 00 00    ?`KP??..?`KP??..
e0: 16 60 4b 50 13 06 00 00 16 60 4b 50 13 06 00 00    ?`KP??..?`KP??..
f0: 16 60 4b 50 13 06 00 00 16 60 4b 50 13 06 00 00    ?`KP??..?`KP??..
pi@raspberrypi: ~ $
```

PythonでのI²C通信

PythonでI²C通信をする場合には、右のようにI²C通信用のインスタンスを作成しておきます。I²Cデバイスの設定などI²Cに関わる操作をする場合には、作成したインスタンスを指定します。この例では「i2c」がインスタンスとなっています。

```
i2c = pi.I2C()
```

次に通信対象のI²Cデバイスを操作するためのインスタンスを作成します。I²Cのインスタンスの後に「setup()」と記述します。また、setupの中には通信対象のI²CデバイスのI²Cアドレスを指定します。

例えば、I²Cアドレスが「0x48」のI²Cデバイスに「temp_sensor」というインスタンス名にするには右のように記述します。

```
temp_sensor = i2c.setup( 0x48 )
```

これで、作成したインスタンスを利用することで、I²Cデバイスのレジスタに保存されている値を取得したり、書き込むことが可能です。

レジスタの値を取得するには、「i2c.readReg8()」を使います。通信対象のI²Cデバイスのインスタンス名と、取得したいレジスタのアドレスを順に指定します。

```
i2c.readReg8( I2Cデバイスのインスタンス名, 読み出すレジスタ )
```

例えば、先ほど作成したtemp_sensorの0x12を読み出すには、右のように記述します。取得した値がdata変数に格納され、格納した値はprint()で表示すれば確認できます。

```
data = i2c.readReg8( temp_sensor, 0x12 )
print( data )
```

なお、取得したレジスタ値は10進数で表示され、i2cdumpで取得した値とは表示が異なるため、注意しましょう。

I²Cデバイスのレジスタへの書き込みには、「i2c.writeReg8()」を使います。通信対象のI²Cデバイスの「インスタンス名」「書き込むレジスタのアドレス」「書き込む値」の順に指定します。

```
i2c.writeReg8( I²Cデバイスのインスタンス名, 書き込むレジスタ, 値 )
```

例えば、先ほど作成したtemp_sensorの0x02に「0x01」を書き込むには、右のように記述します。

```
i2c.writeReg8( temp_sensor, 0x02, 0x01 )
```

これで、i2c.readReg8()で書き込んだレジスタを確認すると、値が変更されていることが分かります。ただし、レジスタには書き込みが禁止されているものもあるので注意してください。

Section 2-6

デジタル通信方式(2)—SPI通信方式

前節で解説したI^2Cと同じく、SPIは電子部品の通信のために開発された規格で、Raspberry PiではSPI通信方式も利用できます。SPIは最大通信速度が速く、ストレージなど大量のデータ通信が必要なデバイスでの利用に適しています。

SPI通信方式

I^2Cと同様に、ICなどの電子部品との通信のために開発された通信方式に「**SPI**」(Serial Peripheral Interface)があります。旧モトローラが提唱した通信規格で、ICがデバイスとの通信が可能となります。

SPIの特徴は高速通信に対応していることです。前述したI^2Cは標準モードで100Kbpsと低速で、高速モードに対応したデバイスでも3.4Mbpsでしか通信できません。そのため、ストレージやディスプレイなどの大量のデータ転送が必要がデバイスには向きません。SPIは、デバイスによって最大通信速度が異なりますが、最大数十Mbpsでの通信も可能です。

SPIは、I^2C同様に複数のデバイスを接続して個別に制御します。制御するデバイスを「**マスター**」、制御されるデバイスを「**スレーブ**」と呼びます。Raspberry Piからデバイスを操作する場合は、Raspberry Piがマスターになります。

●4本の信号線で動作するSPIデバイス

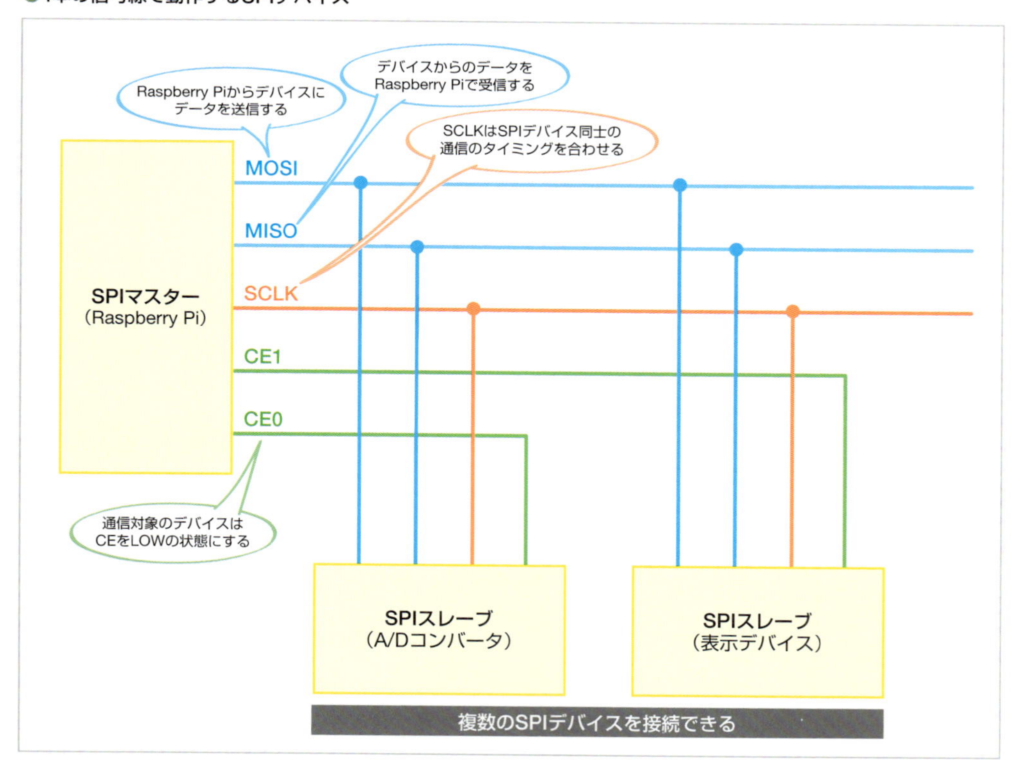

SPIは4本の通信線で制御を行います。通信データは2本の線を利用して転送します。「MOSI」（Master Out Slave In）はマスターからスレーブ方向にデータを転送し、「MISO」（Master In Slave Out）はスレーブからマスター方向にデータを転送します。

「**SCLK**」（Serial Clock。機器によっては「**SCL**」とも）は、通信するデバイス同士のタイミングを合わせるのに利用します。「**CE**」（Chip Enable）では、制御対象のデバイスを選択します。対象のデバイスのCEを0V（LOW）にすることで制御可能になります。もし、1つのデバイスに限定して操作する場合は、CEをGNDに接続しておいてもかまいません。なおCEのことを、「SS」（Slave Select）や「CS」（Chip Select）と呼ぶ場合もあります。

Raspberry Piには「CE0」と「CE1」の2つのCEが用意されており、2つのSPIスレーブを接続できます。WiringPiをはじめとしたRaspberry Piのライブラリでは、CE0とCE1の2つを切り替えて通信ができるようになっています。なお、3つ以上のSPIスレーブを接続した場合は、他のGPIOにCEを接続し、独自に通信対象のCEを切り替える工夫が必要です。

SPIのデータ通信方法

SPIでは、データのやりとりが送信（MOSI）と受信（MISO）に分かれています。それぞれのデバイスには送信データを格納するシフトレジスタが用意されており、1ビットごと送信、受信を交互に繰り返して同時に送受信します。データ送信の際は、命令を送信した後に続いて、送信内容を送ります。データ受信時は、まずマスターから受信命令を送り、スレーブはそれに従ってシフトレジスタ内にデータをセットしてマスターに送り返します。送信や受信の方法はデバイスごとに異なるため、データシートなどを確認する必要があります。

●それぞれのシフトレジスタに格納されたデータを送受信する

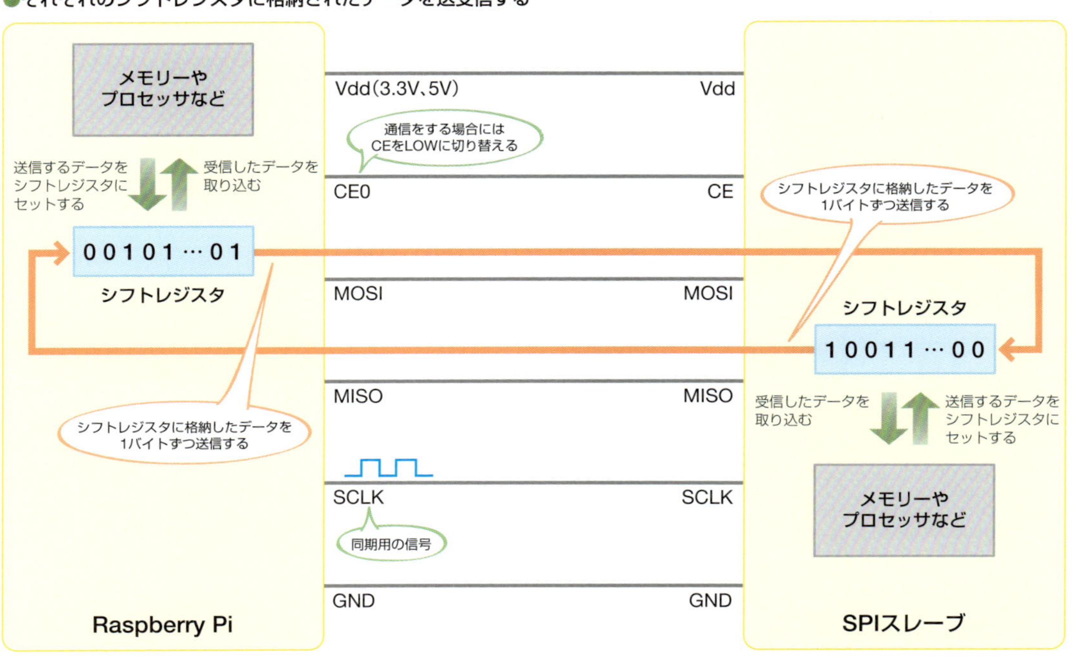

Raspberry PiのSPI端子

SPIデバイスをRaspberry Piに接続するには、GPIOと同じ端子を利用します。データ送信用「MOSI」は端子番号19番、受信用「MISO」は端子番号21番、「SCLK」は端子番号23番に接続します。CEは「CE0」(端子番号24番)と「CE1」(端子番号26番)のいずれかに接続します。SPIデバイスの電源とGNDを接続するのも忘れないようにしてください。

なお、複数のSPIデバイスを接続する場合はMISO、MOSI、SCLKを枝分かれして接続します。しかし、Raspberry Piには各端子が1つずつしかありません。そこで、Raspberry Piからブレッドボードに接続してから、それぞれのSPIデバイスに分けて接続します。

また、CEはデバイスごとにRaspberry Piへ接続する必要があります。

●Raspberry PiとSPIデバイスを接続する

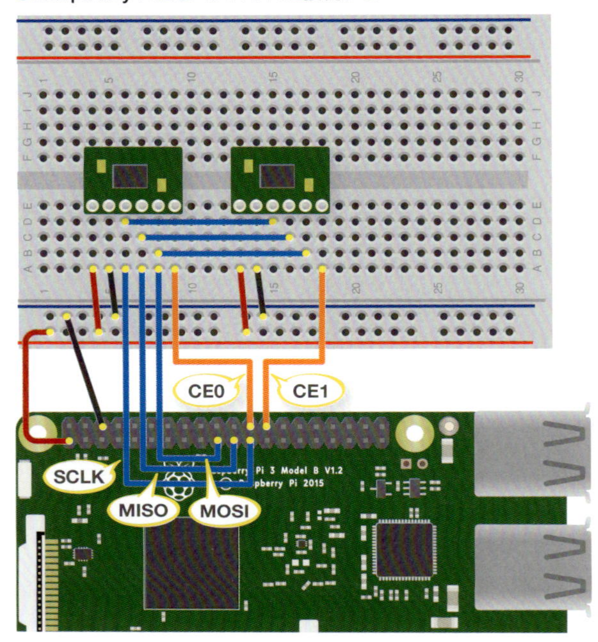

Raspberry PiでSPIを利用する準備

Raspberry PiでSPIデバイスを利用するには、Raspberry PiのOS(Raspbian)上で設定を有効にする必要があります。なお、WiringPiには標準でSPI関連のライブラリが用意されているので、別途ライブラリの導入は不要です。

「Raspberry Piの設定」を利用してSPIを有効にします。画面左上のメニューアイコンをクリックして「設定」➡「Raspberry Piの設定」を選択します。

「インターフェイス」タブにある「SPI」項目の「有効」選択し、「OK」をクリックするとSPIが有効化されます。なお、設定後にRaspberry Piを再起動する必要はありません。

●SPIを有効にする

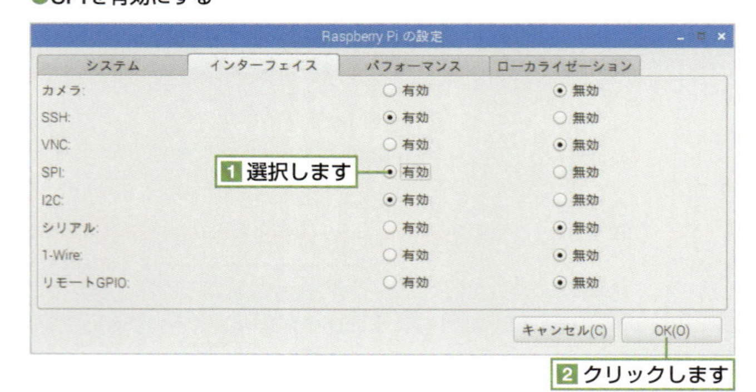

PythonでのSPI通信

Pythonで SPI 通信を行う場合、「wiringpi」ライブラリのほか、転送データの変換に利用する「strct」ライブラリも同時に読み込んでおきます。右のようにimportします。

```
import wiringpi as pi
import struct
```

次に「pi.wiringPiSPISetup()」でSPIを初期化します。SPIスレーブを接続したCEの番号と転送速度を指定します。

```
pi.wiringPiSPISetup(CEの番号,転送速度)
```

例えば、CE0に接続し、1MHzで通信する場合は、右のように指定します。

```
pi.wiringPiSPISetup( 0, 1000000 )
```

通信は、転送データを変数（send_value）に格納し、転送のためバイト形式のデータに変換しておこないます。

```
send_value = 転送するデータ
send_value = struct.pack( '>h', send_value )
```

例えば、転送データが「0x6800」であれば、右のように記述します。

```
send_value = 0x6800
value = struct.pack( '>h', send_value )
```

右のように、valueを「pi.wiringPiSPIDataRW()」で転送します。

```
pi.wiringPiSPIDataRW( CEの番号, value )
```

「CEの番号」にはSPIスレーブに接続したCEの番号を指定します。CE0に接続している場合は右のように0と記述します。

```
pi.wiringPiSPIDataRW( 0, value )
```

これでデータがSPIスレーブに転送されました。読み込みをする場合には、valueにSPIから送られてきたデータが保管されます。1バイト目はvalue[0]に、2バイト目はvalue[1]に保存されています。

転送するデータや取得したデータの形式は、利用するSPIデバイスによって異なります。詳しくはデータシートを参照してください。

Section 2-7

デジタル通信方式(3)─UART通信方式

本書では対応機器の紹介はしませんが、I²CやSPIと同様に、Raspberry Piで利用可能な電子部品とのデータ通信規格に「UART」があります。ここではUARTの概要の解説と、Raspberry PiでのUARTの利用方法について解説します。

UART通信方式

I²CやSPIと同様に、電子部品とデータ通信を行う方式に「**UART**」(Universal Asynchronous Receiver Transmitter)があります。ICなどの電子部品との通信だけでなく、コンピュータ同士やコンピュータ周辺機器との通信のために用意された通信方式です。かつて、インターネット接続する際などに利用したアナログモデムとパソコン間でデータ転送するために、UARTの一種である「RS-232C」が利用されていました。UARTでの通信を「**シリアル通信**」と呼ぶこともあります。

UARTでは、データ送信用の「TxD」と、データ受信用の「RxD」の2本を接続します。I²CやSPIのように、同期用の信号線は用いず、送信側デバイスと受信側デバイスがあらかじめ通信速度などを同じにしておくことで通信のタイミングを合わせ、正しくデータをやりとりできるようにしています。

UARTの通信速度は、一般的に最大115.2kbpsとなっています。ただし、デバイスによっては16Mbpsでの通信が可能なものもあります。デバイス同士の通信速度が同じであれば通信が可能で、最大通信速度が異なる場合でも、遅いデバイスに速度を合わせることで通信できます。

●2本の信号線でやりとりするUART通信

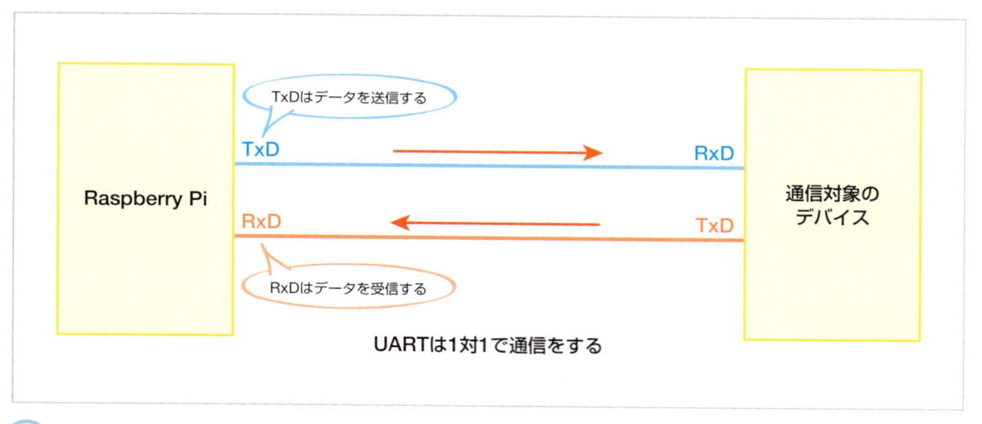

NOTE

同期機能を備えた「USART」方式

UARTはデバイス同士が同期をとらない「非同期」方式です。このため、通信速度の設定が異なると正しく通信できません。そこで、UARTに同期機能を実装した「USART」(Universal Synchronous Asynchronous Receiver Transmitter)という方式があります。USARTでは7または8ビットのデータを転送するごとに同期用の信号を送り、デバイス間で通信のタイミングを取っています。

Raspberry PiのUART端子

Raspberry PiでUARTで通信するにはGPIOを利用します。データ送信用の「TxD」は端子番号8番、データ受信用の「RxD」は端子番号10番に接続します。デバイス間の電圧のレベルを合わせるためにGNDを接続します。

実際の接続は、Raspberry PiのTxD端子を通信対象デバイスの「RxD」に、Raspberry PiのRxD端子を通信対象デバイスの「TxD」に繋ぎます。

●Raspberry PiとデバイスをURATで通信する接続

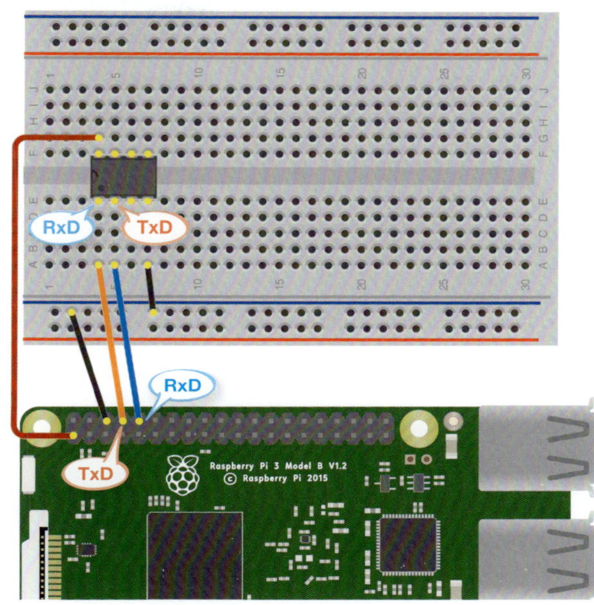

Raspberry PiでUARTを利用する準備

Raspberry PiでUARTを利用するには、Raspberry PiのOS上でシリアル通信の設定を有効にし、さらにコンソールを無効化しておく必要があります。なお、WiringPiには標準でシリアル通信関連のライブラリが用意されているので、ライブラリを導入する作業は必要ありません。

1 「Raspberry Piの設定」を利用してシリアル通信を有効にします。画面左上のメニューアイコンをクリックして「設定」➡「Raspberry Piの設定」を選択します。

2 「インターフェイス」タブの「シリアル」項目の「有効」を選択します。「OK」ボタンをクリックするとUARTが有効化されます。設定後にRaspberry Piを再起動します。

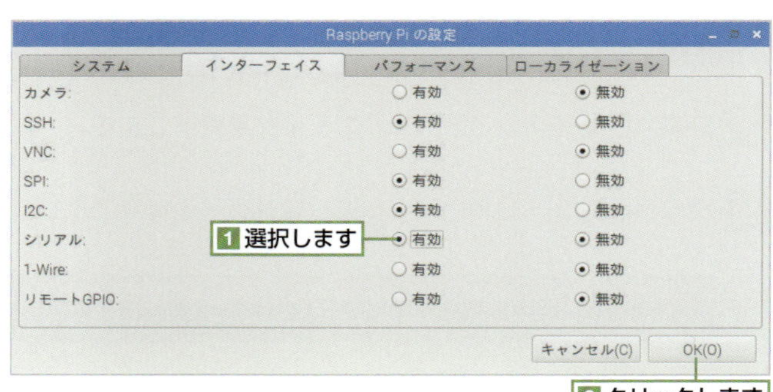

3 設定ファイル「/boot/cmdline.txt」を編集します。右のコマンドを実行して、管理者権限でテキストエディタを起動してファイルを編集状態にします。

●GUIテキストエディタの場合

```
$ sudo leafpad /boot/cmdline.txt Enter
```

●CUIテキストエディタの場合

```
$ sudo nano /boot/cmdline.txt Enter
```

> **NOTE**
>
> **nanoの利用方法**
>
> nanoの利用方法についてはp.267を参照してください。

4 表示内容から「console=serial0,115200」を削除します。

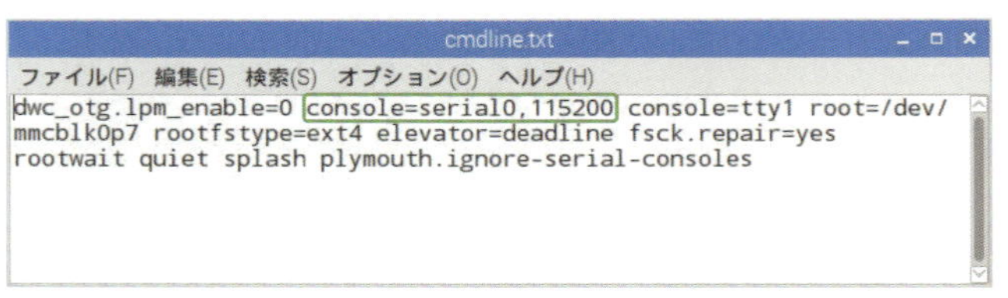

変更

*cmdline.txt
ファイル(F) 編集(E) 検索(S) オプション(O) ヘルプ(H)

```
dwc_otg.lpm_enable=0 console=tty1 root=/dev/mmcblk0p7
rootfstype=ext4 elevator=deadline fsck.repair=yes rootwait quiet
splash plymouth.ignore-serial-consoles
```

5 編集内容を保存してテキストエディタを終了します。

6 使用しているのがRaspberry Pi 3である場合は、Raspberry Pi上のBluetoothを無効化します。右のようにコマンドを実行し、管理者権限で/boot/config.txtファイルを編集状態にします。

●GUIテキストエディタの場合

```
$ sudo leafpad /boot/config.txt Enter
```

●CUIテキストエディタの場合

```
$ sudo nano /boot/config.txt Enter
```

7 設定ファイルの末尾に右の1行を追記します。

```
dtoverlay=pi3-miniuart-bt
```

8 編集内容を保存してテキストエディタを終了します。

9 次のようにコマンドを実行して、コンソールを無効化します。

```
$ sudo systemctl stop serial-getty@ttyAMA0.service Enter
$ sudo systemctl disable serial-getty@ttyAMA0.service Enter
```

NOTE

sudoコマンドの利用方法

「sudo」は、指定したユーザーでコマンドを実行するためのコマンドです（詳しくはp.269を参照）。ユーザーを指定しないとroot権限で実行します。sudoコマンドを実行するとパスワード入力を求められるので、ログイン中のユーザー（通常はpiユーザー）のパスワードを入力します。

10 Raspberry Piを再起動します。これでUARTで通信が可能になりました。

POINT

シリアル通信を有効にすると、コンソール通信が有効になる

Raspberry Piでシリアル通信を有効にすると、コンソール通信が有効になります。コンソール通信は、端末アプリなどで接続し、Raspberry Piをコマンドで操作できるようにするための機能です。

このコンソール機能が有効になっていると、UARTによる通信が自由にできません。そのため、UART接続の電子部品を繋いでも正しく通信ができません。コンソール機能を無効にすることで、UART通信を自由に行うことができるようになります。

PythonでのUART通信

PythonでUART通信をする場合には、次のようにUART通信用のインスタンスを作成しておきます。

```
インスタンス名 = pi.serialOpen( デバイスファイル, 通信速度 )
```

「デバイスファイル」には、UARTのインタフェースに割り当てられているRaspbian上のデバイスファイル（通常は/dev/ttyS0や/dev/ttyAMA0）を指定します。「通信速度」はbps単位で指定します。例えば、インスタンス名を「serial」として、9600bpsで設定するには次のように記述します。

```
serial = wiringpi.serialOpen('/dev/ttyS0',9600)
```

データ送信には右のようにserialPuts()を用います。あらかじめ作成したインスタンス名と、送信したいデータを指定します。

例えば、「Raspberry Pi」と送る場合には右のように記述します。

```
pi.serialPuts( インスタンス名, 送信データ )
```

```
pi.serialPuts( serial, 'Raspberry Pi' )
```

接続したデバイスからデータが送られたかを確認するにはpi.serialDataAvail()を使いします。インスタンス名を指定すると、UARTでデータが受信されているかを確認します。データがある場合は、受信済みのデータのバイト数を返します。0の場合は何もデータがないことが分かります。

```
pi.serialDataAvail( インスタンス名 )
```

受信したデータを取り出す場合には、右のようにserialGetchar()を使います。

```
pi.serialGetchar( インスタンス名 )
```

インスタンス名を指定すると、最初に受信したデータを1バイト取得できます。受信したデータを表示する場合は右のように記述します。

```
while ( pi.serialDataAvail( serial ) ):
    print( pi.serialGetchar( serial ) )
```

通信が完了したら右のように記述してUART通信を終了しておきます。

```
pi.serialClose( serial )
```

Chapter 3

LED（発光ダイオード）

LED（発光ダイオード）は、電圧を加えると発光する電子部品です。照明のように明るく照らしたり、イルミネーションとして利用したりするだけでなく、電子工作の状態表示などにも利用できます。
ここでは、LEDの正しい点灯方法やフルカラーLEDの制御方法などを解説します。

Section 3-1

LEDを点灯・制御する

LEDは電気を加えると点灯する電子部品です。Raspberry Piに接続すれば、点灯や消灯を制御でき、照明として自動点灯させたり、ユーザーに動作の状況を知らせるなど幅広い用途で利用できます。

光を発する「LED」

LED（Light Emitting Diode）は、電源に接続してLEDに電流を流すと発光する電子部品です。電化製品などのオン・オフの状態を示すランプ、電光掲示板などに利用されています。最近では、省電力電球としてLED電球が販売されていることもあり、知名度も高くなってきました。

●明かりを点灯できる「LED」

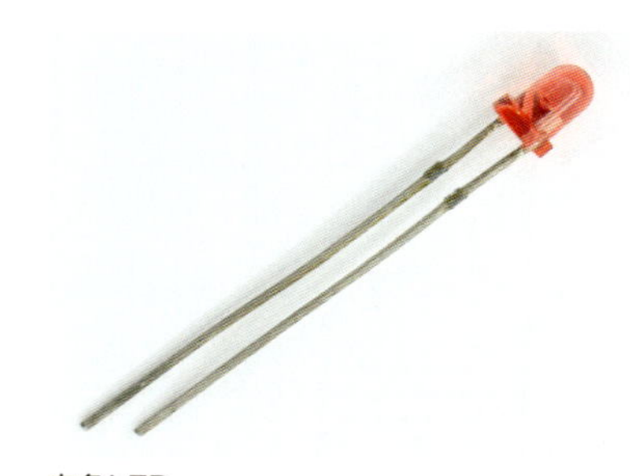

赤色LED

様々な形状のLEDが販売されています。先端が丸まっている砲弾型、四角い形状の角型、チップ状の表面実装型などがあります。利用する形状は、配置する場所などを考慮して選択します。まず、LEDの点灯を試したい場合には、砲弾型のLEDが扱いやすくおすすめです。

●LED形状は様々

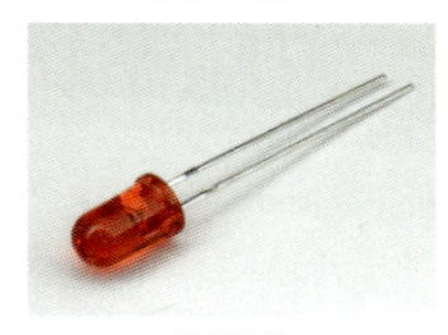

砲弾型

角型

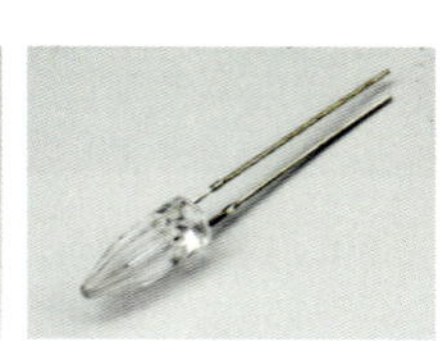

円錐型

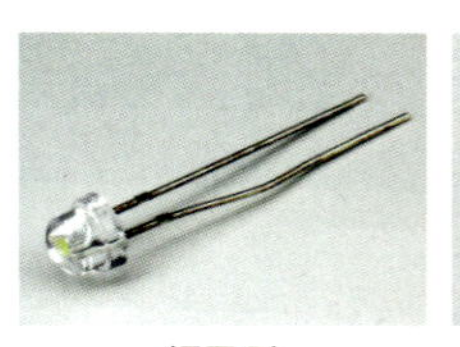

帽子型

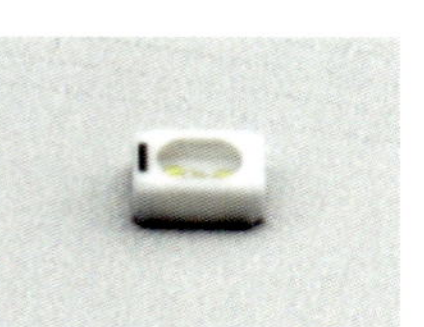

表面実装型

赤や緑、青、黄色、白、ピンクなど様々な色で点灯するLEDが販売されています。他にも、赤、緑、青のLEDがパッケージ化され、様々な色で点灯できるフルカラーLEDや、虹色に色が変化するLEDなどがあります。

LEDの素子自体が対象の色で発光する場合と、パッケージしている樹脂の色で変える場合の2種類があります。一般的に素子自体が発光する方が明るい傾向にあります。

●様々な色で点灯するLED

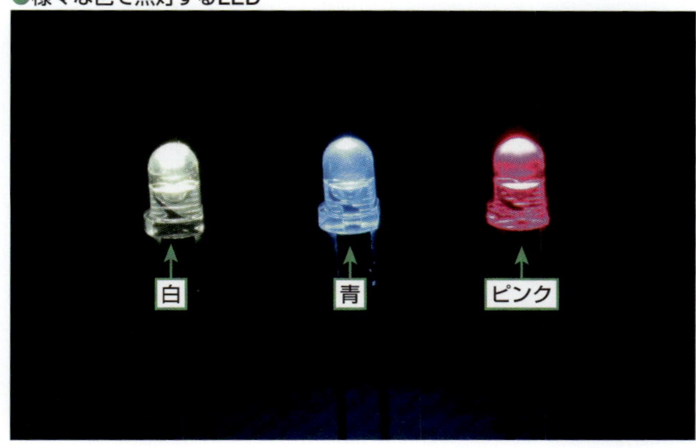

フルカラー LEDの点灯

フルカラー LEDの点灯方法については、p.87を参照してください。

LEDを選択する

LEDを選択する際は、形状や点灯色以外にもLEDの個々の特性を確認しておきましょう。

初めに確認するのが「明るさ」です。通知用としてLEDを利用するケースと、照明として周囲を照らすケースでは、求める明るさが違います。

各商品には、LEDがどの程度の明るさで点灯するかを示す「**光度**」が記載されています。光度とは光の強さを表す値です。値が高いほど明るく点灯し、小さいほど暗く点灯します。単位はcd（Candela カンデラ）で表します。例えば、太陽の光度は3150𥝱cd（𥝱は数字の後に0が24個付加される）、月は6400兆cd、100Wの白熱電球が120cd、40Wの蛍光灯ランプが370cd、ろうそくの光が0.9cd程度となっています。

例えば、20cd（20000mcd）と表記があるLEDの場合は、100Wの白熱電球の6分1程度の明るさだとわかります。

暗いLEDを複数組み合わせれば明るくなります。20cdのLEDでも6個のLEDをまとめて点灯すれば100Wの白熱電球程度の明るさを得られることになります。

次に電気的特性を確認します。LEDには、点灯のために必要な情報として「**順電圧（Vf）**」と「**順電流（If）**」が記載されています。順電流に記載された電流をLEDに流したい場合には、順電圧に記載された電圧をかけることを表します。このLEDを点灯するのに推奨する電圧、電流が記載されているのが一般的です。

Raspberry PiのGPIOに直接接続してLEDの点灯、消灯を制御する場合には、順電圧が3V以下の部品を選択するようにします。また、順電流は50mA以下を選択するようにします。なお、実際に流す電流は、Raspberry PiのGPIOに流せる電流の制限を考慮する必要があります。

●商品ごとの順電圧と順電流

パッケージ表記

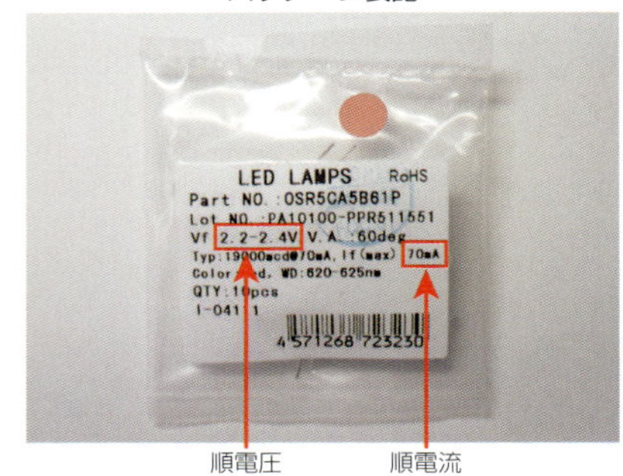

販売サイト

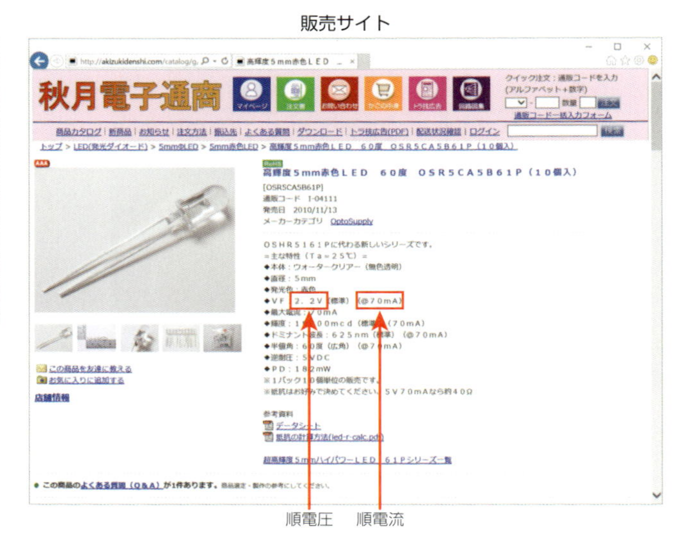

> **NOTE**
>
> **順電圧、順電流が高いLEDの点灯**
>
> 順電圧が3V以上であったり、順電流が30mA以上であるLEDは、GPIOに直接接続して点灯制御するのは推奨されません。この場合は、p.78で紹介する方法を利用して点灯するようにします。

LEDの点灯原理

LEDは「**p型半導体**」と「**n型半導体**」と呼ばれる2種類の半導体が繋がり合っています。p型半導体では「**正孔**」と呼ばれる正の電荷を運ぶことができ、n型半導体では負の電荷である「**電子**」を運ぶことができます。

p型半導体に電源の＋極を、n型半導体に－極をつなぐと、正孔と電子がp型半導体とn型半導体の繋がった部分（p-n接合部）に向かって動きます。すると、p-n接合部では、正孔と電子が合わさる「**再結合**」が発生します。この再結合時に発生したエネルギーが光となって放出します。

●LEDの動作原理

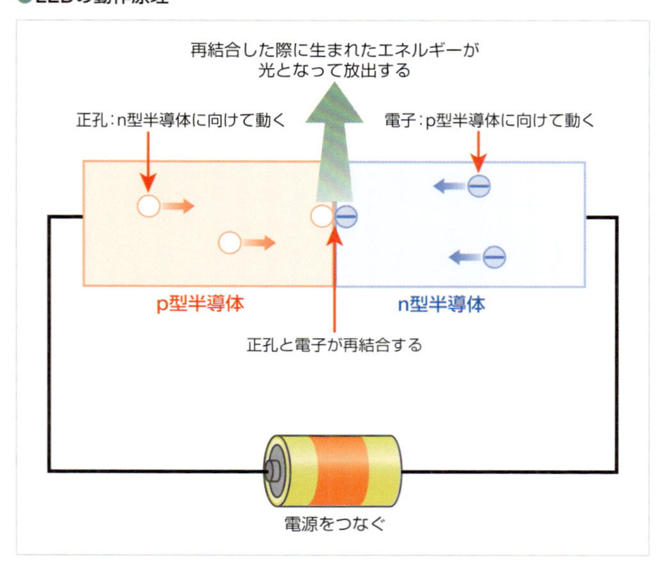

LEDは、正孔や電子が再結合する数が多ければ多いほど明るく光ります。つまり、LEDに流れる電流が大きければ明るく光ることになります。しかし電流量が多くなり製品の限界を超えると、LEDが壊れてしまいます。壊れたLEDは、再度電気をかけても光ることはありません。また、LEDが壊れる際には、発熱や発煙を伴うことがあります。LEDには正しい電流を流すことが重要です。

●流す電流が多いと明るく発光する

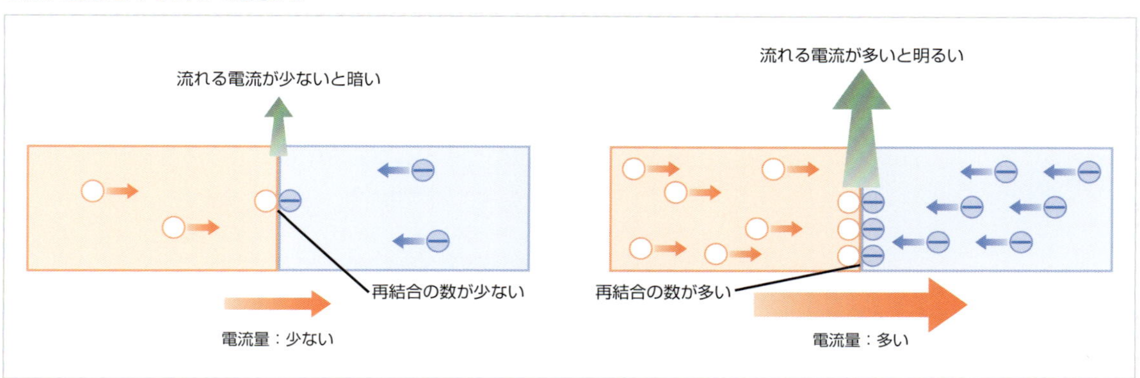

NOTE

LEDに流す電流の調節

LEDに流す電流は抵抗を使って調節できます。詳しくはp.74を参照してください。

電源を逆に接続すると、正孔と電子は、端子側に寄ってしまい、再結合が起きません。そのため、LEDは点灯しません。なお、逆に電源を接続してもLED自体は壊れないので、再度正しくつなぎ合わせればLEDは発光します。

●流す電流が多いと明るく発光する

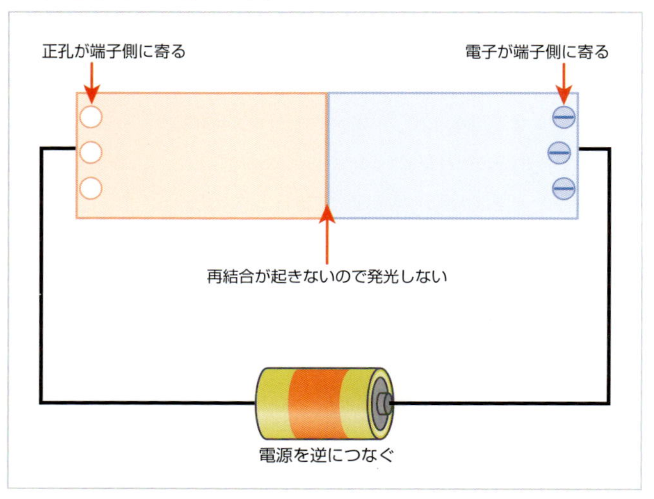

POINT

点灯時の電圧

LEDは、抵抗のように電圧と電流が比例して変化する素子ではありません。LEDにかける電圧を0Vから徐々にあげてゆくと、LEDが点灯するまで電流は流れません。特定の電圧に達すると、LEDが点灯をし、徐々に電流が流れます。
続けて電圧を上げると、急激に流れる電流の量が増え、それに伴いLEDも明るく発光をします。このとき、微量の電圧変化でも大きく電流は変化します。そして、LEDが耐えられなくなると、壊れてLEDが点灯しなくなります。

●LEDにかける電圧と電流の変化

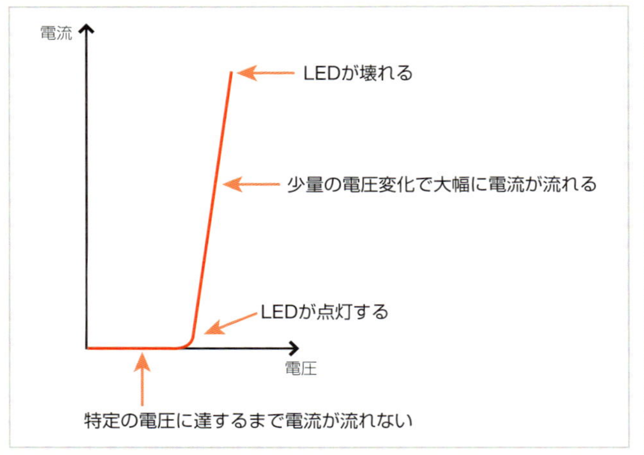

LEDの点灯制御回路

LEDには極性があります。逆に接続すると電流が流れず、LEDを点灯できません。

極性は端子の長い方を「**アノード**」と呼び、電源の＋（プラス）側に接続します。端子の短い方を「**カソード**」と呼び、電源の－（マイナス）側に接続します。

さらに、端子の長さだけでなく、LEDの外殻や内部の形状から極性が判断できます。外殻から判断する場合は、一般的にはカソード側が平たくなっています（ただし、製品によっては平たくない場合もあります）。内部の形状で判断する場合は、三角形の大きな金属板がある方がカソードです。

表面実装型など一部のLEDについては、極性の判断方法が異なります。例えば、アノード側の端子にへこみがある、小さな点が打ってある、角に切りかけがある、裏にマークが記載さ

●LEDの極性は形状で判断できる

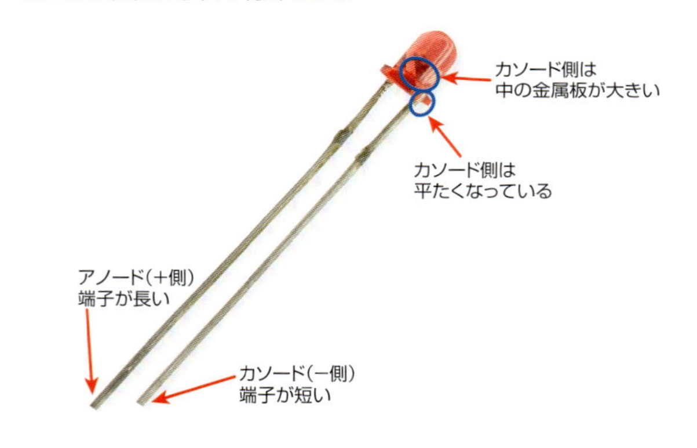

●LEDの電子回路図

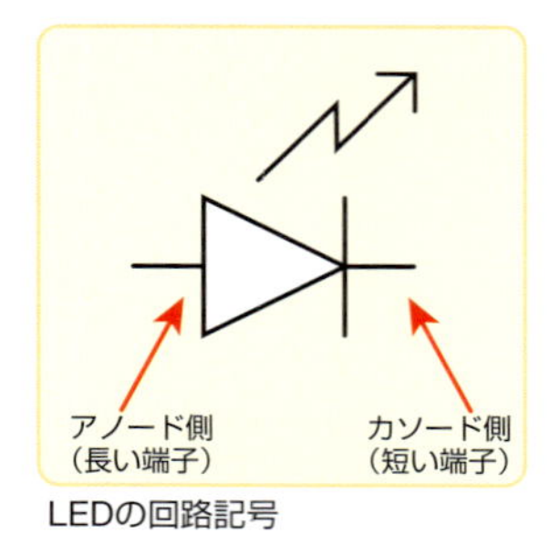

LEDの回路記号

●LEDによっては極性の判断方法が異なる

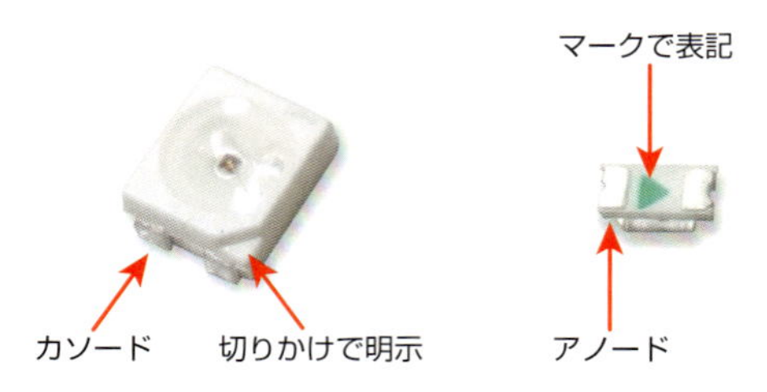

れているなど様々です。判断方法については、各LEDのデータシートなどを参照してください。

LEDを点灯するには、LEDのアノード側に電源の＋となる端子、カソード側に電源の－となる端子を接続します。Raspberry PiからLEDの点灯を制御したい場合には、アノード側に任意のGPIO、カソード側にGNDに接続します。

また、電流制御用抵抗を接続して、LEDへ電流が流れすぎないように調節します。

●Raspberry PiでLEDの点灯制御する回路図

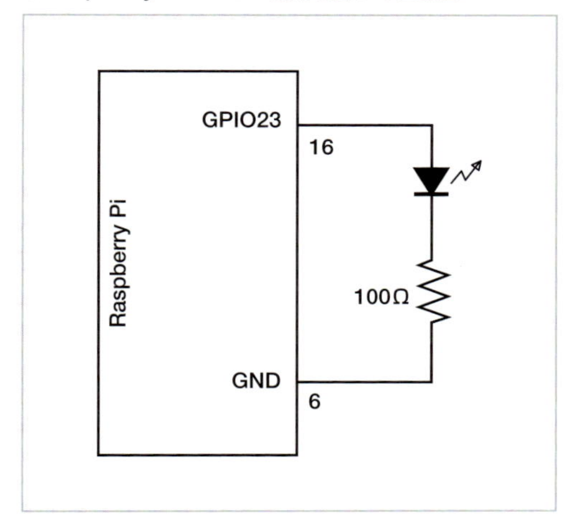

接続する抵抗はかける電圧と、LEDの順電流（If）、順電圧（Vf）で決まります。右の計算式に当てはめると求めることができます。

例えば、かける電圧が3.3V、LEDの順電圧が2V、順電流が20mAの場合は、60Ωと求まります。しかし、求めた抵抗値ちょうどの抵抗が販売されていないこともままあります。そのような場合は、求めた抵抗値に近く、それよりも大きい値の抵抗を選択するようにします。例えば、求めた抵抗値が60Ωであれば、100Ωの抵抗を選択します。

●電流を調節する抵抗値の求める計算式

$$\text{電流制御用抵抗} = \frac{\text{かける電圧}-\text{順電圧}}{\text{順電流}}$$

NOTE

電流制御用の抵抗の求め方

接続する抵抗の値を求める方法はp.74を参照してください。

POINT

カソード側でLEDの点灯制御する

Raspberry PiのGPIOをカソード側に接続して点灯制御することも可能です。この場合は、アノード側には+3.3Vへ接続しておきます。制御は、GPIOの出力をHIGHにすると、LEDのどちらの端子にも3.3Vがかかった状態、つまり電圧は0Vとなるため、LEDは点灯しません。GPIOの出力をLOWにすると、LEDの制御回路にかかる電圧が3.3Vとなり、LEDが点灯します。アノードに接続した場合と逆になるので注意しましょう。

●LEDのカソード側で点灯制御する

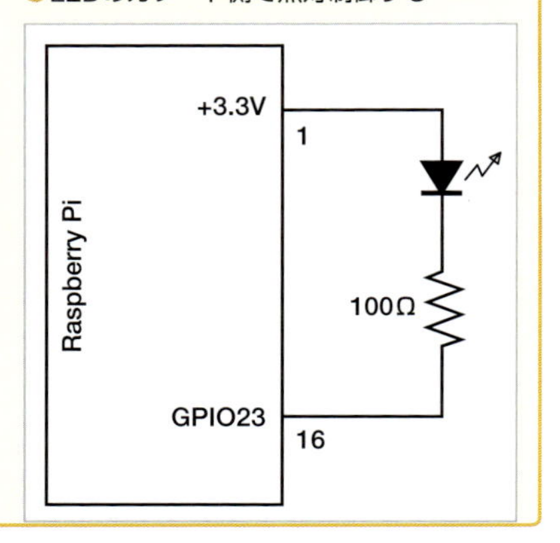

GPIOの制限を考慮する

Raspberry PiのGPIOには流せる電流の最大値が決まっています（p.262参照）。1端子のGPIOでは、最大16mAの電流までで、それ以上の電流を流すと場合によってはRaspberry Piが壊れてしまう恐れがあります。そのため、順電流が20mAのLEDのように、16mAを超える場合には、抵抗を用いてGPIOの動作許容範囲内の電流（例えば15mA程度）に収めます。

商品に表示されている順電流とは異なる電流を流すようにすると、LEDにかかる電圧も変換します。しかし、LEDは電流が変化しても電圧がほとんど変化しない特性を持っています。そのため、電流を20mAから15mAに変更した場合でも、順電圧の値を利用して計算できます。

電流が15mA、電圧が2Vとしてp.71で説明した計算式に当てはめると、電流制御用抵抗は86.7Ωと求まります。86.7Ωの抵抗は販売されていないため、実際販売されている近い値の100Ωを選択するようにします。

NOTE

LEDにかかる電圧を正確に知る

LEDに表示されている順電流の値とは異なる電流を流した場合に、かかる電圧を正確に知りたい場合は、LEDのデータシートを参照します。データシートに記載された「順電圧-順電流特性」（Forward Voltage vs Forward Current）というグラフを参照します（メーカーによっては順電圧-順電流特性のグラフを公開していない場合もあります。）。縦軸が流す電流の値、横軸がかかる電圧の値となっています。縦軸は対数で表記されていることが多いので注意しましょう。縦軸で流す電流の値を探し、そのときの電圧が調べられます。

調べた値を用いれば、より正確な電流制御用抵抗の値を導き出せます。ただし、LEDや抵抗には多少の誤差があるため、正確な電圧を求めても、その通りに電流が流れるとは限りません。

Raspberry PiにLEDを接続

実際にRaspberry PiでLEDの点灯制御をしてみましょう。今回は順電圧が2V、順電流が20mAのオプトサプライ製の赤色LED「OSDR5113A」を使った場合を説明します。他のLEDを利用する場合は、電流制御用抵抗を計算して、抵抗を選択するようにします。

利用部品

- LED「OSDR5113A」…………1個
- 抵抗（330Ω）…………1個
- ブレッドボード…………1個
- ジャンパー線（オス―メス）…………2本

ここでは、GPIO23（端子番号16）に接続して制御してみます。接続図は右のようにします。

●LEDの点灯を制御する接続図

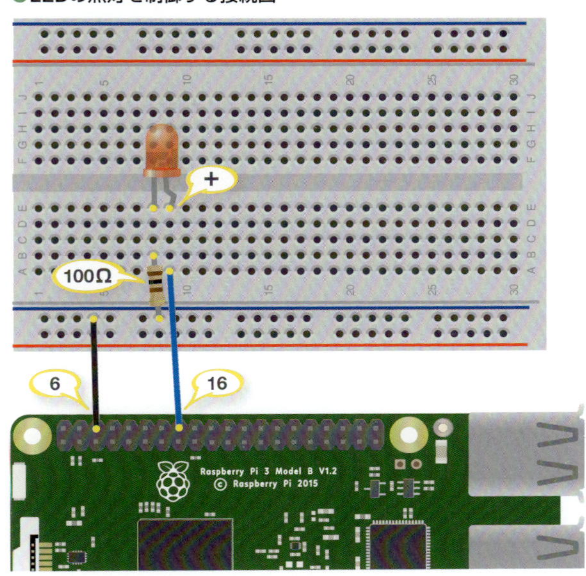

接続できたらプログラムを次のように作成します。

①LEDを接続したGPIOの番号をLED_PIN変数に指定しておきます。こうすることで、他のGPIOに接続詞直した場合でも、この1つの値を変更するだけでプログラム内を変更する必要がなくなります。

②接続したGPIOを出力モードに設定します。出力モードにするには「pinMode()」で「pi.OUTPUT」と指定します。

③LEDの制御にはdigitalWrite()でデジタル出力します。「pi.LOW」と指定することでLEDを消灯できます。

④LEDを点灯するには「pi.HIGH」を指定します。また、1秒ごとに出力をLOW、HIGHを切り替えることで、LEDを点滅できます。

●LEDの点灯を制御するプログラム

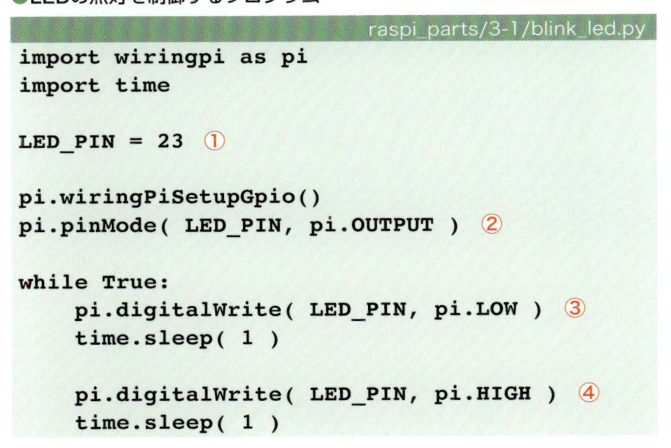

raspi_parts/3-1/blink_led.py

```
import wiringpi as pi
import time

LED_PIN = 23  ①

pi.wiringPiSetupGpio()
pi.pinMode( LED_PIN, pi.OUTPUT )  ②

while True:
    pi.digitalWrite( LED_PIN, pi.LOW )  ③
    time.sleep( 1 )

    pi.digitalWrite( LED_PIN, pi.HIGH )  ④
    time.sleep( 1 )
```

プログラムが作成できたら、右のようにコマンドでプログラムを実行します。

```
$ sudo python3 blink_led.py Enter
```

実行すると、1秒間隔でLEDが点灯、消灯を繰り返します。

点滅だけでなく、センサーなどで状態を取得し、その状態をif文で条件分岐して、状況によってLEDを点灯、消灯させるといった使い方も可能です。

NOTE

LEDに接続する抵抗の選択

LEDを使った電子回路を作成する場合は、順電流に則ってLEDに流れる電流を制御します。LEDに流れる電流は、直列に抵抗を接続することで制限できます。接続する抵抗は次のように求められます。

1 抵抗にかかる電圧を求めます。LEDにかかる電圧は「順電圧」の値を用います。LEDに流れる電流が変化してもかかる電圧は大きな変化がないため、順電圧（Vf）の値をそのまま用いてかまいません。
抵抗にかかる電圧は、「電源電圧」から「LEDの順電圧」を引いた値です。例えば、電源電圧が3.3V、LEDの順電圧が2Vの場合は、抵抗にかかる電圧が1.3Vだと分かります。

2 LEDに流す電流値を決めます。通常はLEDの順電流（If）の値を利用します。しかし、Raspberry PiのGPIOを使う場合は、各GPIO入出力端子に流れる電流が16mAまでと決まっています。そのため、順電流がこれ以上の値であった場合は、Raspberry Piの許容範囲を考慮するようにします。ここでは、「10mA」（0.01A）にすることにします（多少暗くなります）。

3 オームの法則を用いて抵抗値を求めます。オームの法則は「電圧＝電流×抵抗」なので、「抵抗＝電圧÷電流」で求められます。つまり「1.3÷0.01＝130Ω」と求められます。
しかし、このために130Ωの抵抗を別途用意するのは手間がかかります。そこで、130Ωに近い「100Ω」を利用すると良いでしょう。その際、流れる電流値を求めて安全に利用できるかを確認します。「電流＝電圧÷抵抗」で求めらるので、「1.3÷100＝13mA」と求められます。この値はRaspberry Piの許容範囲なので問題ありません。

●LEDに接続する抵抗値の求め方

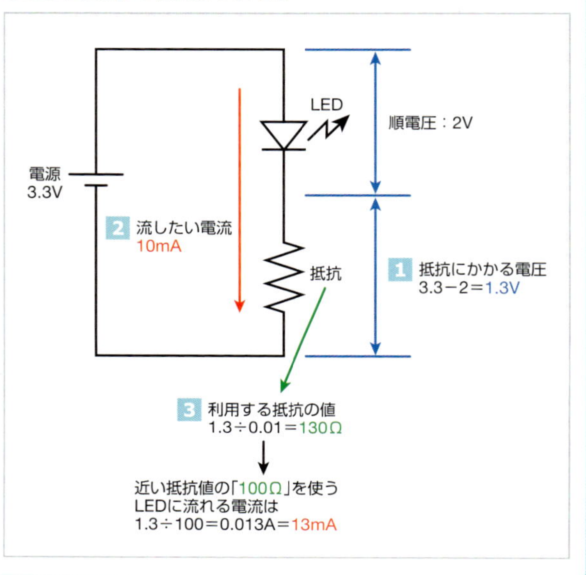

Section 3-2 LEDの明るさを調節する

LEDは点灯・消灯を切り替えるだけで無く、Raspberry PiのPWM出力を利用することで明るさを調節して光らすことができます。

LEDの光量を調節する

LEDは、Section3-1で説明したようにLED内に流す電流の量で明るさを調節できます。電流の量は、回路にかける電圧によって変化するので、かける電圧を変化させれば明るさが変わります。

例えば、右のような回路を組むと、半固定抵抗を回すことで明るさが変化します。

●電圧の変化でLEDの明るさを変化させる接続図

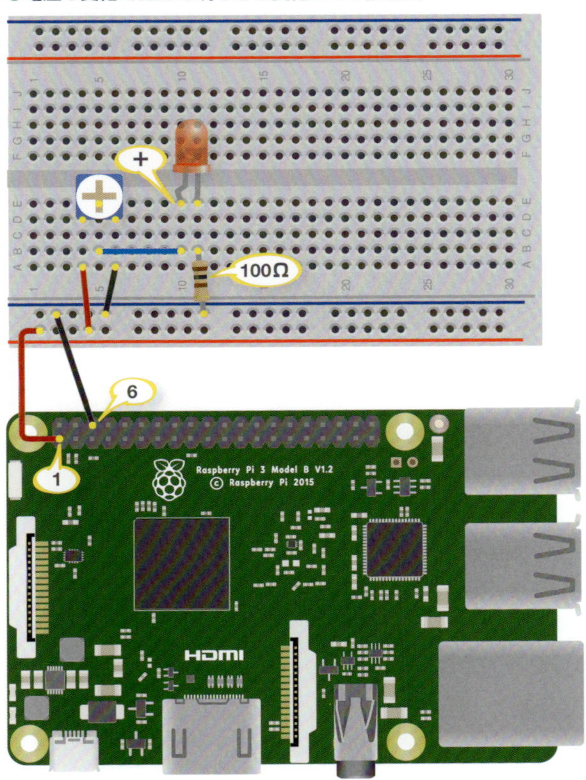

> **NOTE**
> **半固定抵抗での電圧の変化**
> 半固定抵抗を利用して電圧を変化させる方法についてはp.124を参照してください。

利用部品

- LED……1個
- 半固定抵抗（1kΩ）……1個
- 抵抗（100Ω）……1個
- ブレッドボード……1個
- ジャンパー線（オス―メス）……2本
- ジャンパー線（オス―オス）……3本

Raspberry Piから制御する際も、出力する電圧が自由に変化できるアナログ出力が可能であれば、半固定抵抗を使うケースと同様にLEDを調光できます。しかしp.45で説明したように、Raspberry PiのGPIOはデジタル出力にのみ対応しており、アナログ出力はできません。

そこで、擬似的なアナログ出力ができる「PWM」を用いてLEDを調光しましょう。PWMは、LOWとHIGHを高速に切り替えながら出力する方式です。HIGHとLOWの割合を調整することで、擬似的なアナログ出力ができます。

LEDの調光はLEDを高速点滅させて行います。PWM出力で、HIGHの場合はLEDが点灯し、LOWの場合は消灯します。HIGHとLOWを高速に切り替えることで、LEDは高速に点滅を繰り返し、人の目には連続した光に見えます。HIGHの割合が長ければ明るく見え、LOWの割合が長ければ暗く見えます。

Raspberry PiでPWM出力してLEDの明るさを調節してみましょう。

●PWMでLEDを高速点滅させて調光する

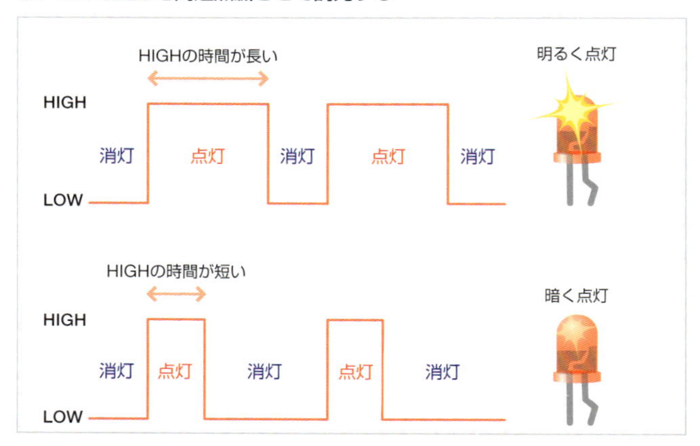

LEDの調光制御回路

LEDを調光するには、Section3-1で説明したのと同じように回路を作ります。利用するLEDによって、適切な電流制御用抵抗を選択します。今回はp.72で説明した接続図と同じように、GPIO23に接続します。

接続できたら、GPIO23からPWM出力してLEDの明るさを調節します。右のようにプログラムを作成します。

●LEDの明るさを調整するプログラム

raspi_parts/3-2/pwm_led.py

```
import wiringpi as pi
import time

LED_PIN = 23

pi.wiringPiSetupGpio()
pi.pinMode( LED_PIN, pi.OUTPUT ) ①

pi.softPwmCreate( LED_PIN, 0, 100) ②
pi.softPwmWrite( LED_PIN, 50) ③
time.sleep(100)
```

①PWMで出力する場合でも、LEDを接続したGPIOを出力モードに切り替えます。

②PWMで出力するよう「softPwmCreate()」で設定します。PWMで出力するGPIOの番号を指定した後に、PWMの割合の指定する数値の範囲を指定します。例えば、「0,100」と指定すれば、0から100の範囲でPWMの割合を決められます。

③実際にPWMで出力するには、「softPwmWrite()」で指定します。出力する対象のGPIOの番号と出力の割合を②で指定した数値の範囲で指定します。例えば、「50」と指定すれば、半分の割合でHIGHとLOWを切り替えて出力するようになります。

プログラムが作成できたら、右のように実行します。

```
$ sudo python3 pwm_led.py Enter
```

実行すると、指定した割合の明るさでLEDが点灯します。

徐々に明るく変化するプログラム

PWMで出力する値を徐々に変化させれば、点灯する明るさを徐々に変化させることができます。ここでは、徐々に明るく点灯し、その後徐々に暗くなるようにしてみます。次のようにプログラムを作成します。

①LEDの明るさの強弱を数値として「value」変数に格納するようにします。初めは0に指定しておきます。

②valueの値が100に達するまで繰り返すようにします。繰り替では、valueを1ずつ増やして徐々に明るくします。

③valueの格納されている値をPWMの割合として出力します。

④0.1秒間待機します。この値を変更することで、明るさを変化する速さを変えられます。

⑤valueの値を1増やします。

⑥明るさが最大になったら、徐々に暗くするように繰り返します。

●LEDの明るさを変化させるプログラム

raspi_parts/3-2/grad_led.py

```
import wiringpi as pi
import time

LED_PIN = 23

pi.wiringPiSetupGpio()
pi.pinMode( LED_PIN, pi.OUTPUT )
pi.softPwmCreate( LED_PIN, 0, 100 )

while True:
    value = 0 ①
    while ( value < 100 ): ②
        pi.softPwmWrite( LED_PIN, value ) ③
        time.sleep( 0.1 ) ④
        value = value + 1 ⑤

    while ( value > 0 ):
        pi.softPwmWrite( LED_PIN, value ) ⑥
        time.sleep( 0.1 )
        value = value - 1
```

プログラムが作成できたら、右のようにコマンドでプログラムを実行します。

```
$ sudo python3 grad_led.py Enter
```

徐々にLEDが明るくなり、最大まで明るくなった後は、徐々にLEDが暗くなります。

Section 3-3 GPIOの制限を超える高輝度LEDを点灯・制御する(トランジスタ制御)

GPIOで出力可能な電圧や、使用可能電流を超えるLEDを点灯する場合は、LED点灯用の回路を別に作成し、トランジスタで制御することで点灯を制御できます。多数のLEDを点灯する際などでも、トランジスタによって制御可能です。

Raspberry PiのGPIOの制限を超えるLEDを使うには

Raspberry PiのGPIOは、3.3Vの電圧のみ出力できるほか、p.72で説明したように許容電流に上限があります(詳しくはp.262を参照)。GPIOは1端子あたり16mAまで、全GPIOの電流の総和の上限は50mAです。

そのため、順電圧が3.3Vを超えたり、順電流が16mAを超えるLEDを点灯させたい場合は、Raspberry PiのGPIOに直接LEDを接続して制御できません。仮に直接接続して制御しようとしても、電流が足りず点灯しなかったり、想定よりも暗く点灯したりします。

Raspberry PiのGPIOの上限を超えるLEDを点灯させる場合は、電圧の異なる回路を別途作成してその回路にLEDを接続し、この回路内にスイッチを取り付けて、Raspberry Piから点灯・消灯を制御します。Raspberry Piから制御するには、LEDの点灯回路内に電気で制御できるスイッチのような電子部品を使えば良いのです。

●LEDによっては3.3Vでは電圧が足りない

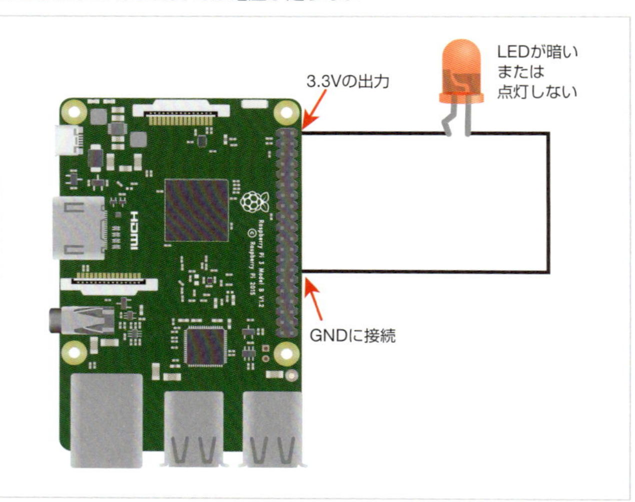

●LED制御用の回路を別に作り、スイッチで点灯を制御する

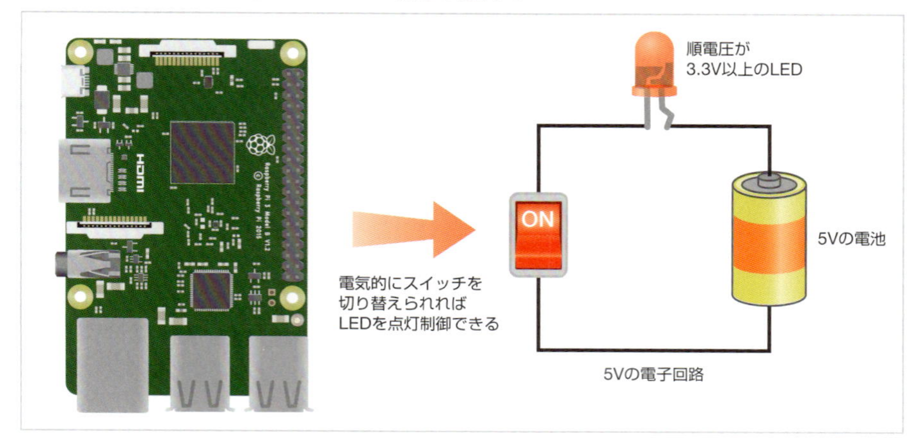

トランジスタの利用

「トランジスタ」は、スイッチの役割ができる電子部品です。トランジスタをLEDの点灯回路に繋ぎ、制御用の端子をRaspberry PiのGPIOに接続します。GPIOの出力をHIGHにすればLEDの点灯回路に電流が流れてLEDが点灯し、LOWにすれば電流が流れなくなりLEDを消灯できます。

●トランジスタを使ってLEDの回路の制御ができる

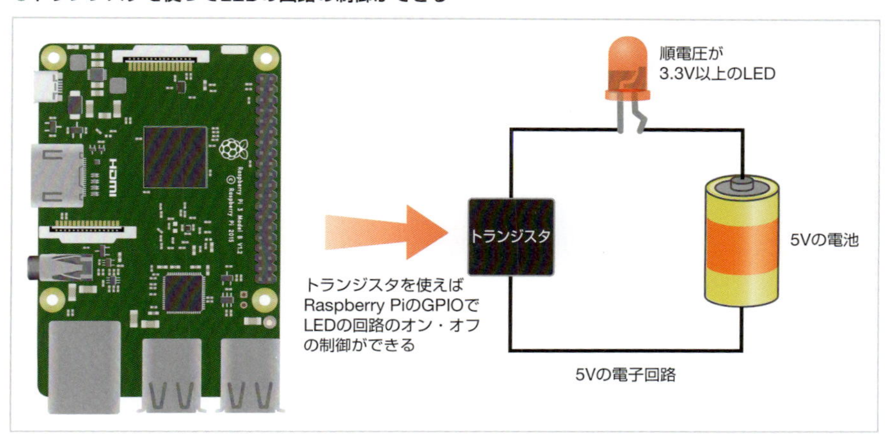

別の回路を制御できる「トランジスタ」

トランジスタは別回路を制御できる電子部品で、小さな制御信号で大きな電流が流れる回路を制御できます。例えば制御側の回路が1mAの電流しか扱えない場合でも、トランジスタを使うことで1Aのような大電流を流す回路を制御できます。制御側の回路と制御される側の回路は別回路なので、大電流が制御側の回路に流れ込むことがありません。

●小さな電流で大きな電流の回路を制御できる

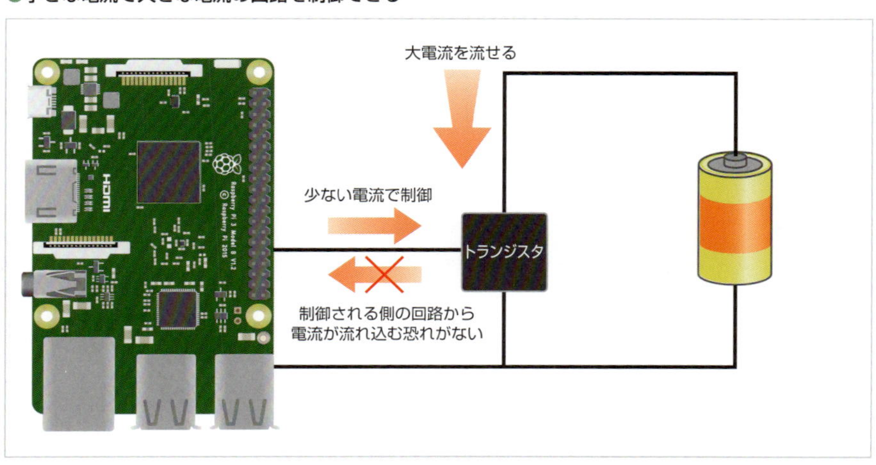

NOTE

トランジスタで信号の増幅が可能

トランジスタは今回のようなスイッチのような利用方法だけでなく、小さな信号を大きな信号に変換することも可能です。例えば、オーディオ出力でスピーカーから出す音を、トランジスタで増幅して信号を大きくして、大音量にしたりできます。

トランジスタの種類（バイポーラトランジスタとFET）

トランジスタには、内部の構造によっていくつかの種類があります。

多く利用されるのが「**バイポーラトランジスタ**」と「**電界効果トランジスタ**（**FET**：Filed Effect Transistor）」です。バイポーラトランジスタは、単にトランジスタとも呼ばれます。

バイポーラトランジスタは、スイッチのように別回路のオン・オフを切り替える「スイッチング」と、小さな電気信号を大きな電気信号に変化する「増幅」に利用できます。

一方FETは、バイポーラトランジスタと同じように利用できますが、特にスイッチングで威力を発揮します。大きな電圧がかかる回路でも対応できる利点があります。

ここでは、バイポーラトランジスタを使ったLEDの点灯制御について説明します。

NOTE

トランジスタの表記

本書では「トランジスタ」と表記する場合、特に断りが無い限り「バイポーラトランジスタ」を表すこととします。また、電界効果トランジスタは「FET」と表記します。

NOTE

FET

FETについてはp.135で説明します。

トランジスタの原理

トランジスタは「**p型半導体**」と「**n型半導体**」を3つの半導体をつなぎ合わせた作りになっています。「p型」「n型」「p型」の順に繋がったものを「**PNP型トランジスタ**」と呼び、「n型」「p型」「n型」の順に繋がったものを「**NPN型トランジスタ**」といいます。それぞれの半導体に端子が繋がっており、「**コレクタ**（C）」「**エミッタ**（E）」「**ベース**（B）」と名称がついています。

●トランジスタの構造

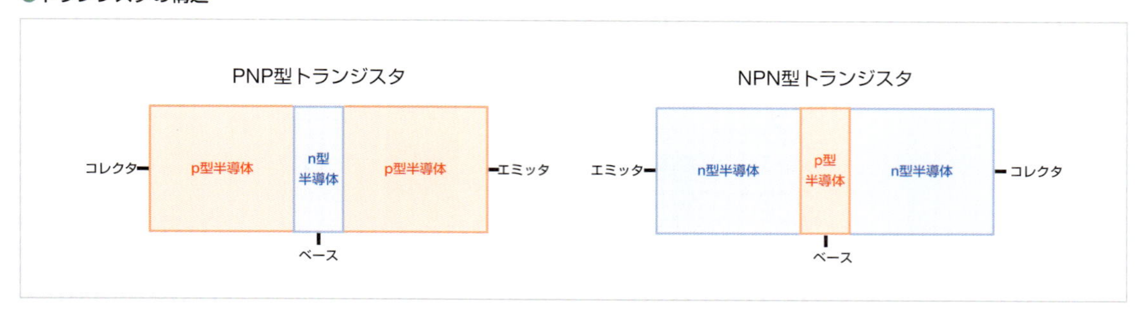

NPN型を例にトランジスタの動作原理を説明します。「コレクタ」と「エミッタ」に制御する回路（本書ではLEDを点灯する回路）を接続し、「ベース」に制御回路（本書ではRaspberry PiのGPIO）を接続します。まず、ベースの電圧が0V（電圧がかかっていない状態）の場合、エミッタ側のn型半導体とp型半導体の境界に正孔（＋電荷）と電子（－電荷）が集まります。すると、p型半導体とコレクタ側のN型半導体の境界には電荷が無い状態となり、電気が通りません。つまり、コレクタとエミッタ間では電荷の動きがないため、電流が流れない状態になります。

●ベースが0Vの場合（電流が流れない）

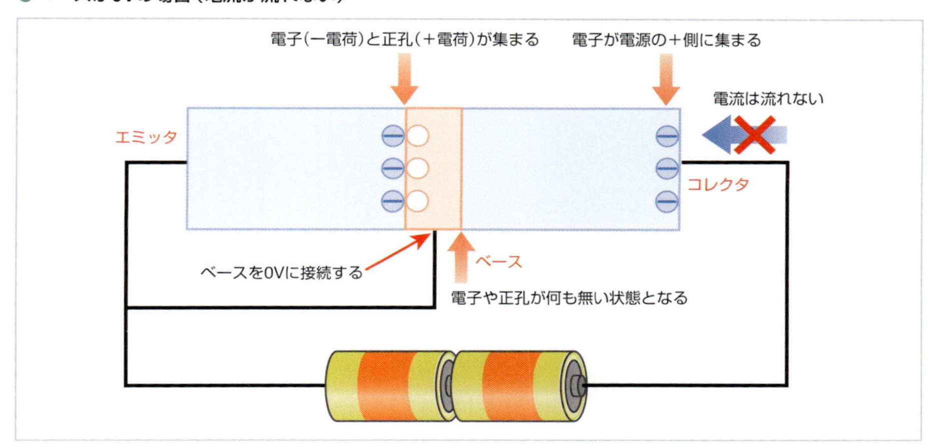

次に、ベースに電圧をかけると、ベースから正孔（＋電荷）、エミッタから電子（－電荷）が半導体内に供給され、ベースとエミッタの間が、電気が流れる状態になります。これはLEDと同じ原理です。また、ベースの半導体は非常に薄くなっているため、エミッタから流れた電子がp型半導体を飛び越えてコレクタ側のn型半導体に流れ込むようになります。つまり、電池から電子がエミッタに流れ、そこからベースのp型半導体を超え、コレクタに流れ、電池に戻るようになるため、電流が流れる状態になります。

●ベースに電圧をかけた場合（電流が流れる）

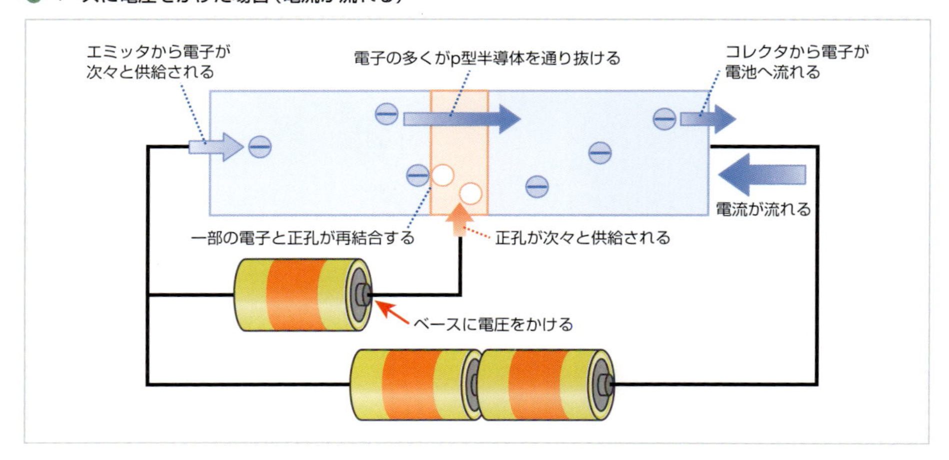

また、ベースから流れ込む正孔が少なければ、コレクタに流れる電子も少なくなり、ベースに流れる正孔が多くなればコレクタに流れる電子も多くなります。

PNP型は半導体の並び型が異なるだけで、同様の原理で動作します。

なお、電子回路図では、右のような図が使われます。矢印の方向によってPNP型かNPN型かを判別できます。

●トランジスタの回路図

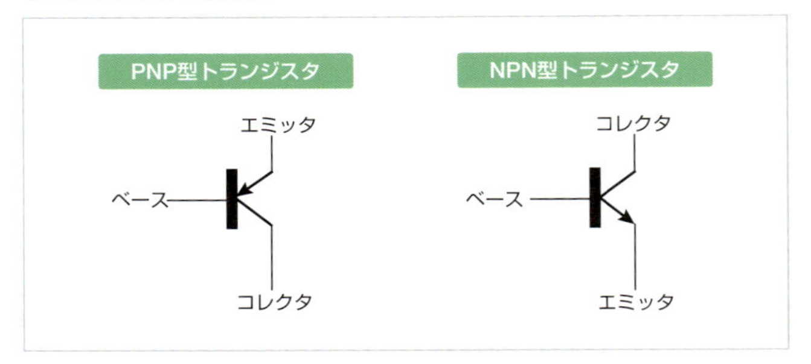

トランジスタの外見

トランジスタには3本の端子があります。トランジスタの素子は黒い樹脂で覆われており、円筒型に平らな面があるような形状になっております。平らな面にはトランジスタの番号が記載されています。

平らな面を前にした場合、各端子は右の図のように配置されています。ただし、トランジスタによって端子の配置が異なるため、必ずデータシートなどを確認するようにしましょう。

●トランジスタの外見

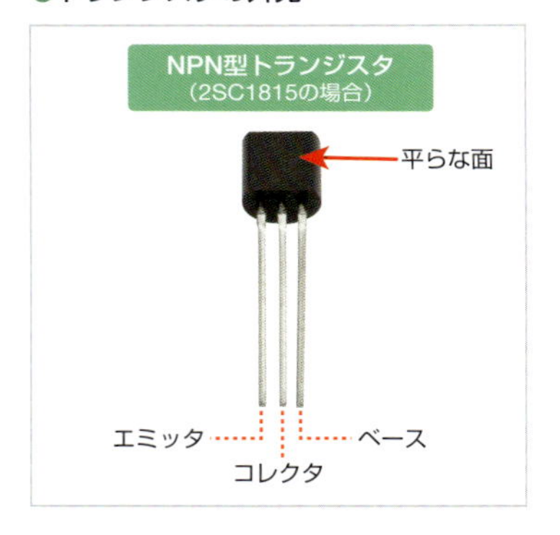

なお、大電流を流せるトランジスタには放熱用の板が取り付けられているなど、形状が異なることがあります。

●他のトランジスタの外見

NOTE

形状が異なるトランジスタ

形状が異なるトランジスタの場合は、端子の配置が一般的なトランジスタと異なることがあります。詳しくは製品のデータシートなどを参照ください。

トランジスタの選択

利用するトランジスタの選択には、電気的な特性を確認する必要があります。電気的な特性は、トランジスタのデータシートなどで確認できます。その中で次の点について確認しておきましょう。

最大電圧

トランジスタの最大電圧（かけることが可能な電圧）は、「**コレクタ―エミッタ間電圧**」（V_{CEO}）を参照します。被制御側（制御される側）の回路には、V_{CEO}以上の電圧をかけてはいけません。さらに、実際に利用する場合は安全を考えてV_{CEO}の半分程度の電圧までにとどめておきます。例えば、V_{CEO}が100Vであれば、50Vまでの回路を接続可能です。

最大電流

トランジスタの最大電流は「**直流コレクタ電流**」（I_C）を参照します。I_Cは被制御側の回路に流れる電流の最大値で、これ以上の電流は流せません。記載されている値は最大値ですので、安全を考慮してI_Cの板文程度の電流にとどめておきます。例えば、I_Cが100mAであれば、50mAまでとします。

最大電力

最大電力は「**コレクタ損失**」（P_C）を参照します。トランジスタは電流を流すと発熱しますが、熱くなりすぎると半導体が壊れて動作しなくなります。コレクタ損失は、発熱がどの程度まで対応できるかを電力で表しています。ただし、十分に放熱している場合の値であるため、放熱板を搭載しなかったり、風通しがわるかったりすると、P_Cよりも低い電力で壊れることもありえます。

P_Cをコレクタ―エミッタ間にかける電圧（V_{CEO}）で割った値が最大電流です。例えば、P_Cが400mWでコレクタ―エミッタ間に5Vの電圧をかける場合には、400mW÷5V=80mAと計算でき、コレクタには80mAまでの電流を流すことができます。さらに安全を考慮し、半分の40mA程度に抑えておきます。

ベース電流によって増幅される割合

トランジスタは、ベースに流れる電流を何倍かに増幅してコレクタに電流を流せます。この際、どの程度増幅されるかを表すのが「**直流電流増幅率**」（h_{FE}）です。例えばh_{FE}が「100」の場合は、100倍の電流に増幅可能です。ベースに1mAを流した場合は100mAの電流に増幅できます。しかし、被制御側の回路が許容する以上には増幅して流すことはできません。例えば、コレクタに接続した回路が100mAまでしか流せない回路であった場合、ベースに10mAをかけても100倍の1000mAが流れることはありません。

対応する信号の周波数

トランジスタでは、切り替えに対応できる周波数を「**トランジション周波数**」（f_T）で表します。トランジスタは、データ通信のようなオン・オフを高速で切り替える信号でも増幅やスイッチングできます。しかし、オン・オフの切り替えが早すぎると、トランジスタ機器の切り替えが間に合いません。f_Tに記載されている値以上の周波数の信号は切り替えが間に合わない恐れがあります。

ベースとエミッタ間の電圧

トランジスタがオン（電流が流れる）の状態でのベースとエミッタ間の電圧は「**ベース—エミッタ間電圧**」（V_{BE}）として表示されています。ベースに流れる電流によって多少の変化はありますが、ほぼ一定の電圧を保ちます。

例えば2SC1815の場合、V_{BE}はおおよそ0.7Vです。この値を利用して、ベースに抵抗を接続し、ベースに流れる電流を調節します（p.86を参照）。

トランジスタの型番

トランジスタには製品ごとに型番がついており、型番でどのような種類のトランジスタかを判断できます。「2SC1815-Y」という型番を例に解説します。

「2S」はトランジスタを表します。その次のアルファベット文字は、右表のような「トランジスタの種類」を示しています。「C」は高周波に対応したNPN型のトランジスタです。次に型番が数字で記載されます。最後のアルファベット文字は「直流電流増幅率」を表します。「Y」は120から240の増幅が可能で、「GR」であれば200から400の増幅が可能です。なお、直流電流増幅率はメーカーによって表記が異なります。

●トランジスタの型番

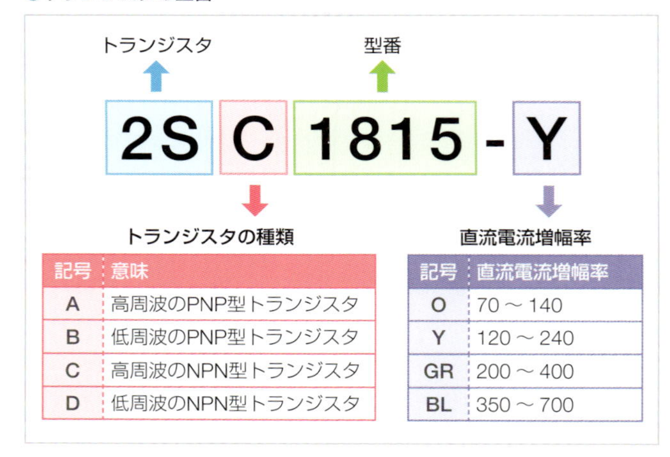

記号	意味
A	高周波のPNP型トランジスタ
B	低周波のPNP型トランジスタ
C	高周波のNPN型トランジスタ
D	低周波のNPN型トランジスタ

記号	直流電流増幅率
O	70 ～ 140
Y	120 ～ 240
GR	200 ～ 400
BL	350 ～ 700

POINT

2Nで始まるトランジスタ

「2S」から始める型番のほか、「2N」から始めるトランジスタも販売されています。これは、トランジスタの登録した団体によって表記の方向が異なるためです。JISやJEITAで登録した場合は「2S」から始める型番を、JEDECで登録した場合は「2N」から始める型番が使われています。このほかに半導体メーカー独自に決めた型番を付けているトランジスタもあります。

POINT

有名なトランジスタの製造を取りやめる

電子工作では通常、本書で紹介しているような3本の端子を搭載する「TO-92」というパッケージサイズのトランジスタがよく利用されます。しかし、電子製品にはゴマ粒よりも小さな表面実装型のトランジスタが利用されるのが一般的です。そのためT-92のようなパッケージの利用は減少しています。
このため電子部品メーカーでは、TO-92パッケージの商品生産を取りやめるケースが増えてきました。例えば、電子工作でよく利用される「2SC1815」は、生産する東芝が2010年に「新規設計非推奨」としました。これは、将来的に生産を終了するため、回路設計では利用しないことを推奨するということを表しています。2SC1815はいずれ東芝から販売されなくなる見込みです。
ただし、生産終了しても、在庫分があることや、2SC1815互換のトランジスタが販売されるなど、すぐに入手できなくなくなることはありません。

高輝度LEDの点灯を制御する

高輝度LEDを点灯させてみましょう。ここでは、高輝度LED「SLP-WB89A-51」を点灯制御します。

SLP-WB89A-51は順電圧が「3.8V」、順電流が「20mA」です。5Vの電圧をかけた場合、接続する抵抗は「60Ω」と求まります。ただし60Ωの抵抗は一般的でないので、「100Ω」の抵抗を接続することにします。この場合、LEDには12mA流れることになります。

右のような回路を作れば高輝度LEDが点灯します。

●高輝度LEDを点灯する回路

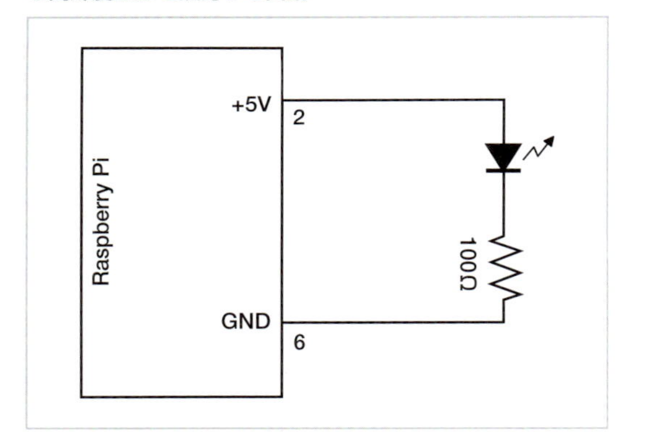

次に、トランジスタを接続してRaspberry Piから制御できるようにします。ここではNPN型トランジスタ「2SC1815-Y」を利用します。

LEDと抵抗の後にトランジスタを取り付けます。電源の＋側をコレクタ、GND側をエミッタに接続します。ベースは抵抗を接続してRaspberry PiのGPIOに接続します。

●NPN型トランジスタを利用したLED制御回路

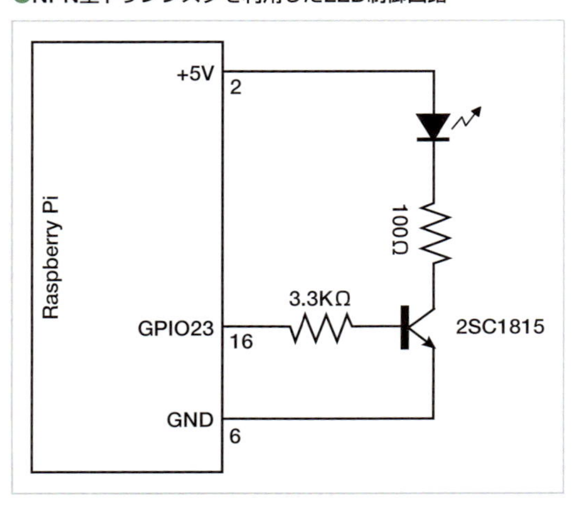

ベースに接続する抵抗は、次の式のように求めます。

トランジスタのh_{FE}は100となっています。LEDには12mAの電流を流しますが、トランジスタには余裕を持って20mAまで流せるように計算しておきます。20mAの電流を流すには、ベース電流（I_B）は100分1の0.2mAの電流を流すことになります。ベース―エミッタ間電圧（V_{BE}）はおおよそ0.7Vになるので、次のように計算できます。

$$V_{BE} \div I_B = 0.7V \div 0.2mA = 3.5k\Omega$$

つまり、3.5kΩの抵抗を接続すれば良いわけです。ただし3.5kΩは一般的な抵抗でないため、近い値の3.3kΩを接続すると良いでしょう。

これで高輝度LEDを点灯制御する回路ができあがりました。実際には右の図のように接続します。

利用部品

- 高輝度LED「SLP-WB89A-51」……1個
- トランジスタ「2SC1815-Y」……1個
- 抵抗100Ω……1個
- 抵抗330Ω……1個
- ブレッドボード……1個
- ジャンパ線（オス―メス）……3本

●高輝度LEDを点灯制御する接続図

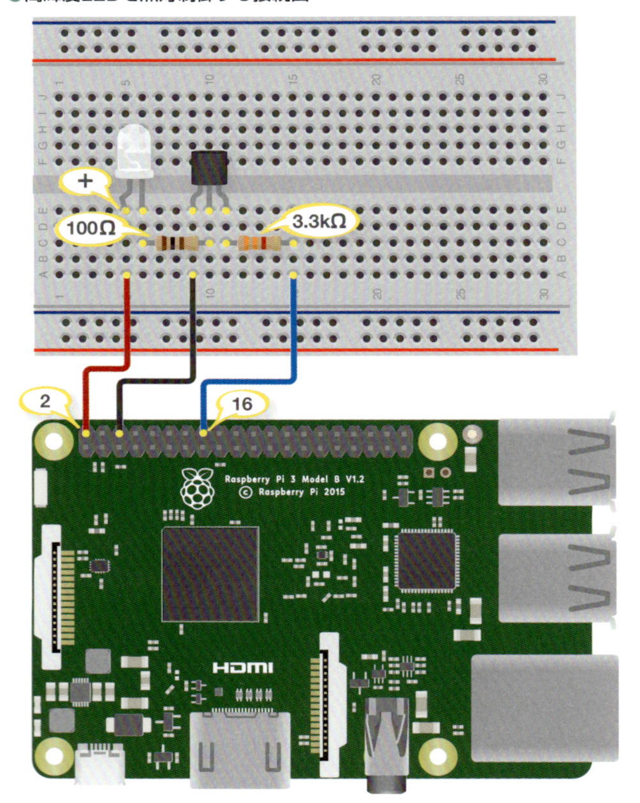

プログラムでLEDを点滅させる

点灯プログラムは、p.73で説明したLEDの点灯プログラムと同じです。トランジスタに接続したGPIOをHIGH、LOWに切り替えることで点灯制御できます。

プログラムを用意したら次のようにコマンドで実行することで、1秒間隔で点滅するようになります。

```
$ sudo python3 blink_led.py Enter
```

Section 3-4

フルカラーLEDを制御する

フルカラーLEDは、「赤」「青」「緑」の3色のLEDが封入されたLEDです。赤、青、緑をそれぞれ調光することで、自由な発色を可能にしています。また、色の表現方式にHSVを使うことで、1つのパラメーターを変更することで様々な色に変化できます。

3色封入された「フルカラーLED」

LEDには、複数の色のLED素子が封入されたものがあります。赤（RED）、青（BLUE）、緑（GREEN）の3色のLEDが封入された「**フルカラーLED**」は各色を調光することで、様々な色で表現できます。赤と緑を点灯すれば黄色に、赤と青を点灯すれば紫に、すべての色を点灯すれば白を発光します。

Raspberry Piで各色のLEDの出力を調整することで、点灯する色を自由に調光できます。

●自由な色で点灯できるフルカラーLED

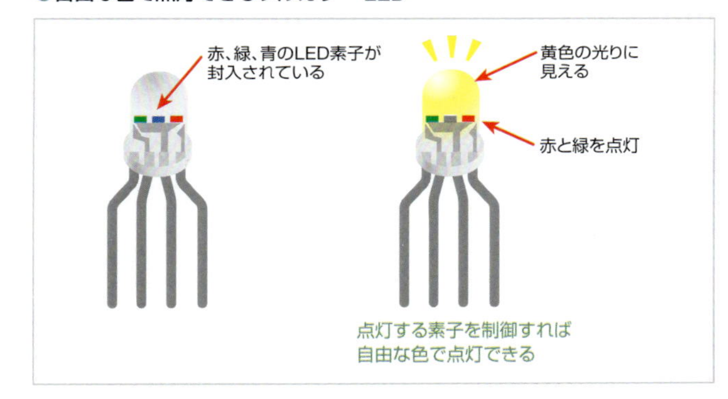

4端子搭載するフルカラーLED

フルカラーLEDの構造は、LED内に3つのLEDが搭載されているのと同じです。そのため、フルカラーLED内に、各LEDを点灯制御する端子が搭載されています。

一般的なフルカラーLEDには4つの端子が搭載されています。LEDには＋側に接続するアノードと、－側に接続するカソードの端子がついています。フルカラーLEDでは各色のアノード端子が1本ずつ、計3本の端子がついています。一方、カソード端子は1つにまとめられています（カソードコモン。次ページ参照）。

●フルカラーLEDに搭載されている端子

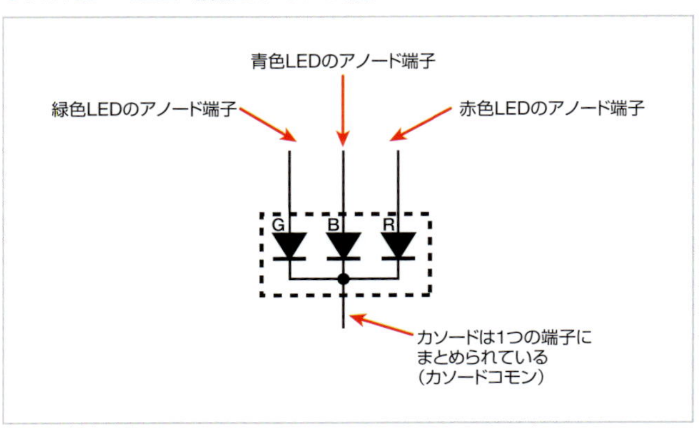

フルカラーLEDを動作させるには、電源の－側をカソードに接続し、点灯する色のアノードを電源の＋側に接続します。例えば、黄色を発光させる場合は、赤と緑のアノードを電源に接続します。

このように、カソードを1つの端子にまとめる方式を「**カソードコモン**」と呼びます。コモンとは「共有」という意味です。カソードコモンのフルカラーLEDは、各色LEDのアノードを電源の＋に接続するか否かで点灯を制御します。

なお、アノード側を共有化した「アノードコモン」の商品もあります。この場合は、カソード側を電源の－に接続するか否かで点灯制御します。

●フルカラーLEDの特定の色を点灯させる

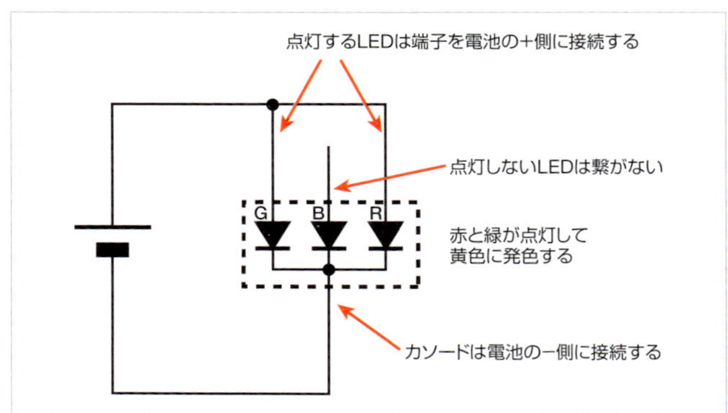

フルカラーLEDの形状

フルカラーLEDの形状は、砲弾型LEDのの形状をしたものや、小さな表面実装の形状のものなど様々です。

砲弾型の形状をしたフルカラーLEDには、端子が4本搭載されています。各端子の長さが異なっていて、長さによって端子の役割を判断できるようになっています。なお、端子の役割は製品ごとに異なります。

OSTA4131Aの場合は、一番長い端子がカソード（カソードコモン）、2番目に長い端子が青のアノード、3番目に長い端子が赤のアノード、一番短い端子が緑のアノードとなっています。

表面実装型のフルカラーLEDは、2つの辺にそれぞれ2つずつ端子がついています。また製品によっては、コモンになっておらず、6端子搭載されているものもあります。角の一つが欠けていたり、裏にマークがついていたりして、端子を判断できるようになっています。

●フルカラーLEDの形状

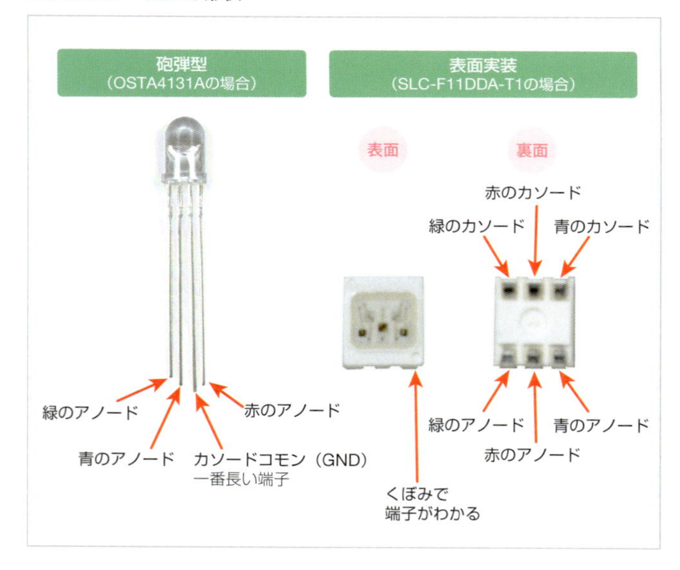

フルカラーLEDを点灯制御する

フルカラーLEDを様々な色で点灯させてみましょう。ここでは、オプトサプライ製のカソードコモンのフルカラーLED「OSTA5131A」を使った点灯方法を解説します。OSTA5131Aは、秋月電子通商で1つ50円で購入可能です。

フルカラーLEDは、右の図のような回路を作成します。

フルカラーLEDは、単色のLED同様に、Vf、Ifを考えて回路を接続します。各色ごとにVf、Ifが異なるため、各色に合った抵抗を接続する必要があります。

なお、今回は5Vの電圧を使ってLEDを動作させます。そのため、Section 3-3で説明したようにトランジスタを利用して制御できるようにします。

LEDには、各色ごとのVf、Ifで接続する抵抗を決定します。しかし、データシートに記載されているVf、Ifで導いたLEDを点灯させると、白を点灯させようとしても赤が強すぎて、赤みがかった白になってしまいます。

そこで、秋月電子通商のサイトで公開されている抵抗値を利用します（http://akizukidenshi.com/catalog/g/gI-02476/）。5Vで動作させた場合は、赤に150Ω、青に120Ω、緑に300Ωを接続します。さらに、カソードをGNDに接続すれば制御回路の完成です。

右の接続図のように、Raspberry Piとフルカラー LEDなどを接続します。

●フルカラーLEDを点灯させる電子回路図

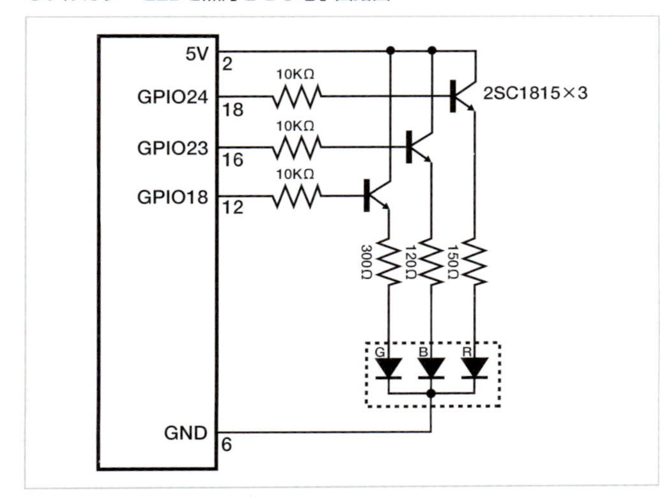

●フルカラーLEDを点灯させる接続図

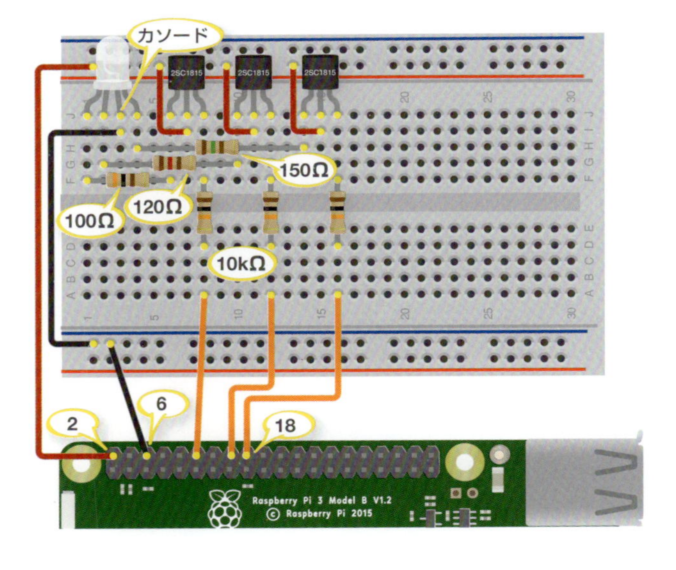

利用部品

- フルカラーLED「OSTA5131A」……1個
- トランジスタ「2SC-1815」……3個
- 抵抗100Ω……1個
- 抵抗120Ω……1個
- 抵抗150Ω……1個
- 抵抗10KΩ……3個
- ブレッドボード……1個
- ジャンパー線（オス―メス）……5本
- ジャンパー線（オス―オス）……4本

プログラムでフルカラーLEDを制御

回路ができたら、プログラムを作成してフルカラーLEDを点灯させてみましょう。プログラムは右のように作成します。

①LEDを接続したGPIOの番号を指定します。各色の端子ごとに指定します。

②LEDを接続したGPIOを出力モードに切り替えます。

③PWM出力に設定し、点灯の強弱を制御できるようにします。

④各色の点灯の度合いを0から100の範囲で指定します。例えば、黄色を点灯した場合は、赤と緑を100にして青を0にします。白を点灯したい場合はすべて100にします。

プログラムが作成できたら、右のようにコマンドでプログラムを実行します。

●フルカラーLEDで自由な色を光らせるプログラム

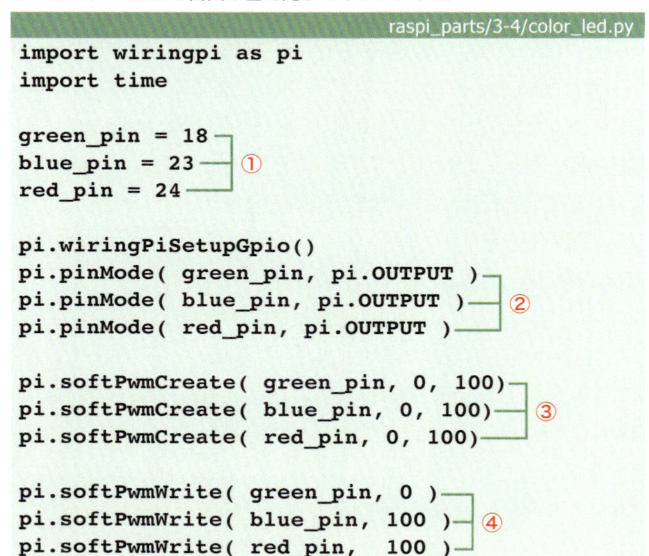

raspi_parts/3-4/color_led.py

```
import wiringpi as pi
import time

green_pin = 18 ─┐
blue_pin = 23 ──┤①
red_pin = 24 ───┘

pi.wiringPiSetupGpio()
pi.pinMode( green_pin, pi.OUTPUT ) ─┐
pi.pinMode( blue_pin, pi.OUTPUT ) ──┤②
pi.pinMode( red_pin, pi.OUTPUT ) ───┘

pi.softPwmCreate( green_pin, 0, 100) ─┐
pi.softPwmCreate( blue_pin, 0, 100) ──┤③
pi.softPwmCreate( red_pin, 0, 100) ───┘

pi.softPwmWrite( green_pin, 0 ) ─┐
pi.softPwmWrite( blue_pin, 100 ) ┤④
pi.softPwmWrite( red_pin, 100 ) ─┘
```

```
$ sudo python3 color_led.py Enter
```

NOTE

PWMでの出力

PWMでの出力はp.45を参照してください。

HSV形式で点灯する色を指定

フルカラーLEDは赤、緑、青の3つの色の強さを調節することで様々な色を点灯できます。この、赤と緑と青の強弱で色を指定する方法を「RGB表色系」といいます。赤、青、緑の3つの軸で表現すると右図のように、立方体のような形になります。

RGB表色系は、各色をどの程度の割合にするかがわかりやすく、フルカラーLEDを点灯するのにも直接利用できる利点があります。しかし、原色の割合で色を表現しているため、RGB各色の配合をあらかじめ知識として持っていないと、人間には直感的に配合が

●RGB表色系の図式化

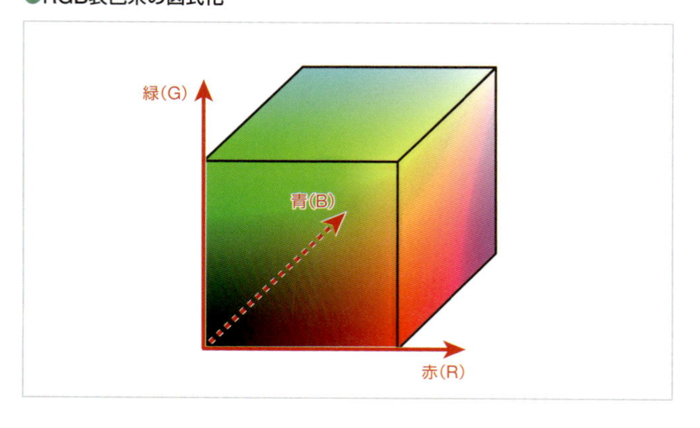

わかりづらい欠点があります。例えば、オレンジで点灯する場合、RGB各色をどの程度の強さにするのかすぐに判断できません。

そこで「**HSV表色系**」を利用すると、直感的に色を選択できます。HSV表色系は、「色合い」を表す「**色相**（**Hue**）」、「色の鮮やかさ」を表す「**彩度**（**Saturation**）」、「色の明るさ」を表す「**明度**（**Value**）」の3つの要素で色を表す方式です。図式化すると、右のような円錐形をしています。

HSV表色系で色を選択するには、色相を変化させます。色相は円状になっており、回転させることで赤→黄→緑→青→紫→赤のように変化していきます。

彩度を変化させると、色の鮮やかさが変化します。値が大きくなれば色合いが強くなり、小さくなれば色あせます。

●HSV表色系の図式化

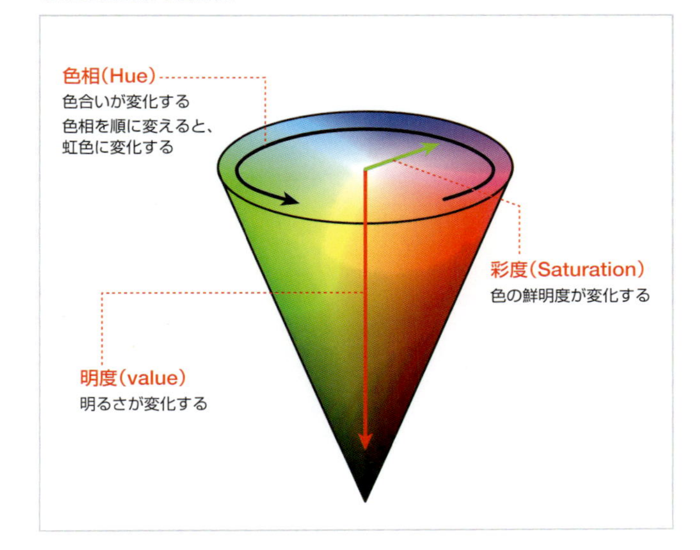

明度を変化させると明るさを変化できます。値を大きくすると明るくなり、小さくすると暗くなります。

HSV表色系を利用すれば、色の明るさなどの調整が容易です。色相で好みの色を指定した上で、明度を調整することで明るさを決定できます。これをRGB表色系で行うと、R、G、Bの各値を最適な値で指定する必要があります。RGBの配合に予備知識がないと、なかなか難しい作業です。

PythonでHSV表色系を使ってフルカラーLEDの色を変化させる

HSV表色系を利用して色を表現しても、フルカラーLEDを点灯させるには、RGB表色系に変換しなければなりません。これには、複雑な計算が必要となります。そこで、本書で用意した変換ライブラリ「hsv_to_rgb」を使うと、HSV表色系からRGB表色系に変換できます。ライブラリを読み込み、下のように記述するとRGB表色系に変換されます。なお、色相、彩度、明度は0から1の範囲の少数で指定します。

```
( red, green, blue ) = hsv_to_rgb.hsv_to_rgb( 色相, 彩度, 明度 )
```

変換した値は、red, green, blue変数内に0から1の範囲の少数で格納されます。取得した値をPWMの範囲に変換して整数化することでLEDに出力できます。例えば、0から100の範囲のPWM出力としている場合は、100をかけてint()で整数化します。赤の出力であれば右のように計算します。

```
int( red * 100 )
```

色相を変化して色を徐々に変化させるには、次ページのようなプログラムを作成します。

●フルカラーLEDで色を徐々に変化させるプログラム

raspi_parts/3-4/hsv_led.py

```
import wiringpi as pi
import hsv_to_rgb ①
import time

green_pin = 18
blue_pin = 23
red_pin = 24

pi.wiringPiSetupGpio()
pi.pinMode( green_pin, pi.OUTPUT )
pi.pinMode( blue_pin, pi.OUTPUT )
pi.pinMode( red_pin, pi.OUTPUT )

pi.softPwmCreate( green_pin, 0, 100)
pi.softPwmCreate( blue_pin, 0, 100)
pi.softPwmCreate( red_pin, 0, 100)

while True:
    hue = 0 ②
    while ( hue < 1 ):③
        ( red, green, blue ) = hsv_to_rgb.hsv_to_rgb( hue, 1.0, 1.0 ) ④

        pi.softPwmWrite( green_pin, int( green * 100 ) ) ┐
        pi.softPwmWrite( blue_pin, int( blue * 100 ) )   │⑤
        pi.softPwmWrite( red_pin, int( red * 100 ) )─────┘

        hue = hue + 0.01 ⑥
        time.sleep(0.1)
```

①HSV表色系からRGB表色系に変換するライブラリを読み読みます。

②色相を0に設定します。

③色相が1になるまで繰り返します。

④現在のhue変数に格納された値を色相、彩度を1.0、明度を1.0としてRGB表色系に変換します。

⑤変換した値は0から1の少数であるため、PWMの範囲である0から100の範囲に変換して整数値にします。この値をフルカラーLEDの各色に出力して点灯します。

⑥色相を0.01変化させてから繰り返して処理します。

プログラムが作成できたら、右のようにコマンドでプログラムを実行します。

```
$ sudo python3 hsv_led.py Enter
```

プログラムを実行すると、フルカラーLEDが徐々に色を変化します。

Chapter 4

各種スイッチ

スイッチを利用すると、回路のオン・オフをRaspberry Piで読み取ることができます。スイッチを切り替えることで、制作物の動作を変更する、などといったことが可能です。また、ボタンを押した回数をカウントするといった用途にも使えます。

Section 4-1 スイッチの状態を読み取る

スイッチを使うと、「オン」「オフ」2つの状態をRaspberry Piで読み取れます。スイッチを使えば、何らかの動作の開始や、設定の変更などが可能です。

2つの状態を切り替えて入力できる「スイッチ」

Chapter 3で解説したLEDの点灯・消灯のようなデジタル出力とは逆に、「**スイッチ**」を用いると回路の状態をRaspberry Piで読み取ることができます。スイッチは「**オン**」と「**オフ**」の2つの状態を切り替えられる電子部品で、電気回路に電気を流したり止めたりなどといった制御が可能です。Raspberry Piでは、GPIOに接続することでデジタル入力ができます。

形状や端子の数、動作が違う様々なスイッチが存在します。用途に応じて利用するスイッチを選択します。

●スイッチを切り替えて電気を流したり止めたりできる

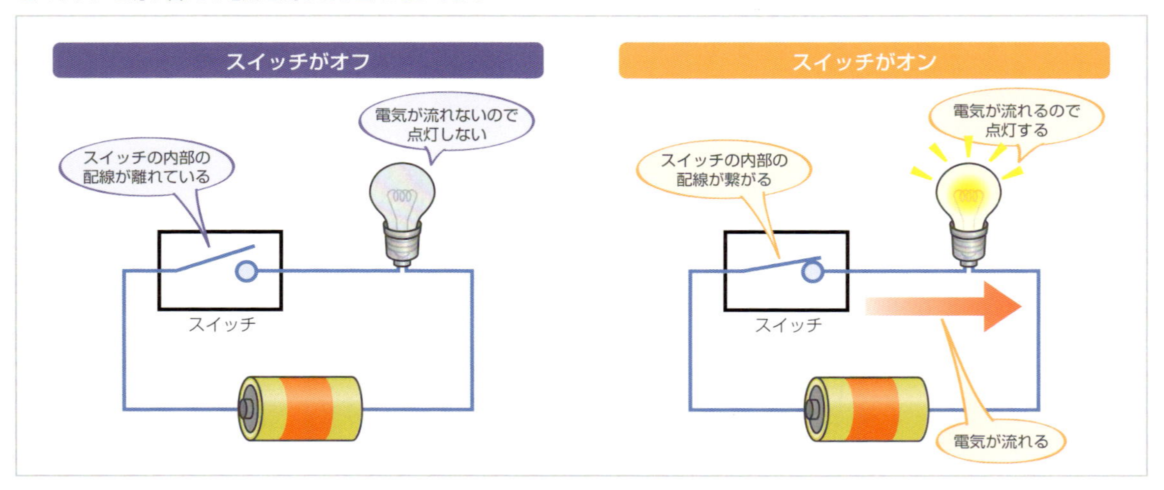

スイッチの動作の種類

スイッチは「**モーメンタリ動作**」と「**オルタネート動作**」の2つに分けられます。

モーメンタリ動作

モーメンタリ動作は、スイッチを操作するとオンになり、スイッチ操作を止めるとオフに自動的に戻るスイッチです。テレビのリモコンや、キーボード、マウスのボタン、家電の操作パネルなど幅広く利用されています。

また、スイッチを押すとオフになり、離すとオンになるスイッチもあります。

●モーメンタリ動作（押しボタンスイッチの場合）

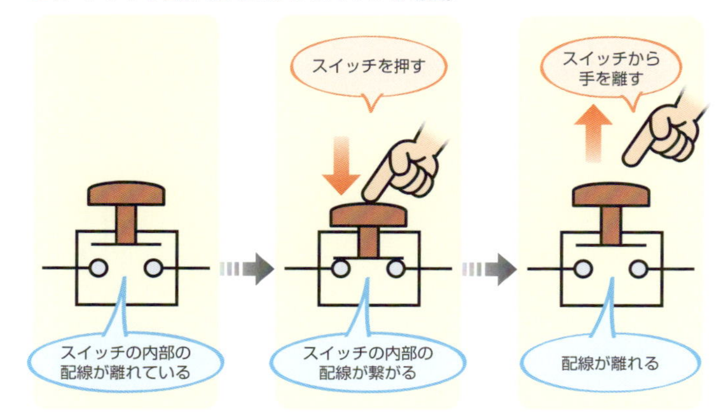

オルタネート動作

オルタネート動作は、スイッチを操作するとオンに切り替わり、その後スイッチから手などを離してもオンの状態を保つスイッチです。再度スイッチを操作するとオフに切り替わります。電源スイッチなど、オンの状態を持続的に保ちたいなどの用途に利用されています。

●オルタネート動作（押しボタンスイッチの場合）

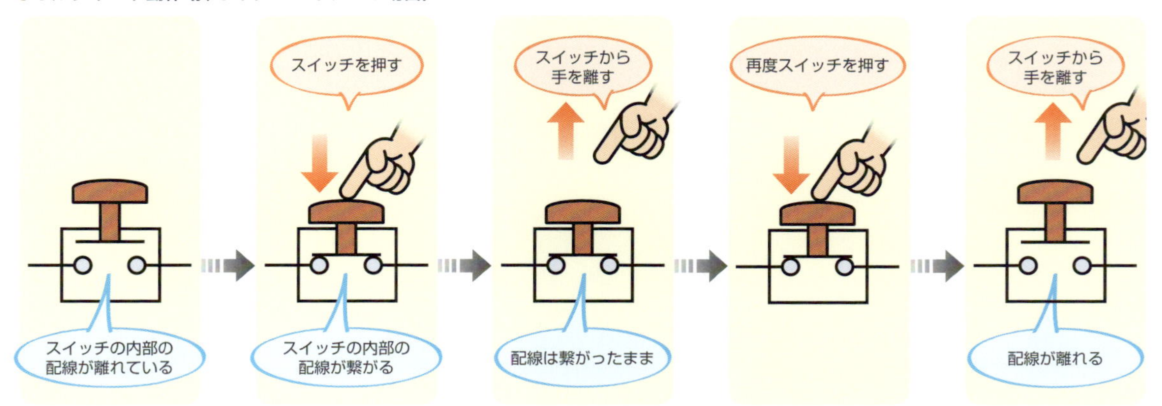

スイッチの端子

スイッチには、回路に接続する端子が搭載されています。大きく分けて「2端子」「3端子」の2つの種類があります。

2端子のスイッチ

2端子を搭載するスイッチは、スイッチをオンにすると端子間が導通し、オフにすると離れて端子間が導通しなくなります。導通させて電流を流すことで、電子部品を動作させたりできます。

Raspberry Piの入力で2端子のスイッチを利用する場合は、「プルアップ」や「プルダウン」といった回路を利用します。2端子のスイッチの使い方についてはSection 4-2で説明します。

●2端子のスイッチと回路図

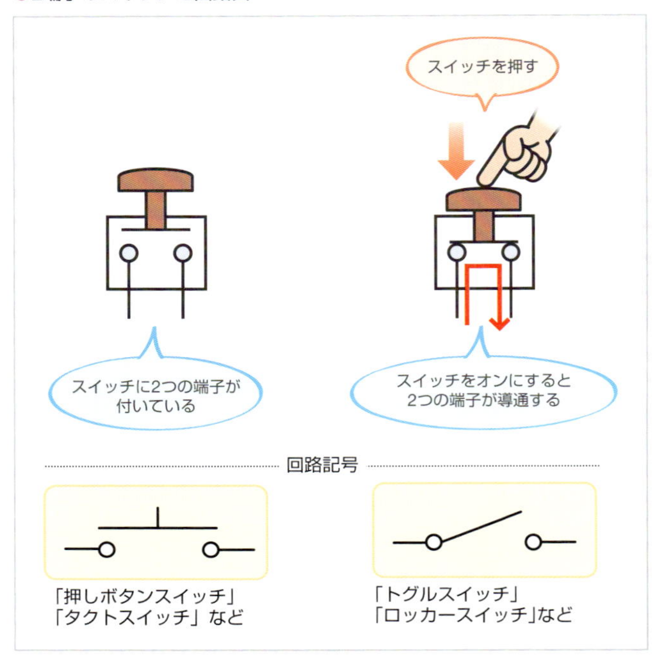

3端子のスイッチ

3端子搭載するスイッチは、中央の端子が左右のどちらかに接続するかを切り替えるスイッチです。スイッチを操作することで、中央の端子が左右のいずれかのスイッチに接続が切り替わります。右と左に異なる状態の回路に接続しておくことで、スイッチを切り替えることで中央の端子に接続する回路を切り替えられます。例えば右の端子を0Vに、左の端子を3.3Vに接続しておけば、スイッチを切り替えることで中央の端子を0Vと3.3Vの状態に切り替えられます。

●3端子のスイッチと回路図

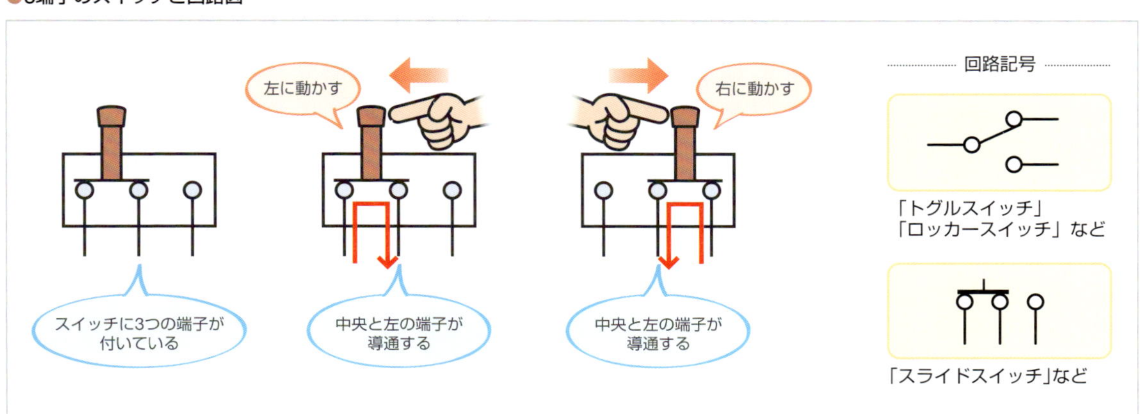

NOTE

2端子や3端子以外のスイッチ

スイッチの中には4端子以上の端子があるものもあります。これは、複数のスイッチを同時に操作できるようになっているものです。例えば、6端子あるスイッチは、3端子のスイッチが2つ入っており、スイッチを操作すると同時に2つのスイッチが動くようになっています。

スイッチの形状

スイッチの形状には主に次のような種類があります。

●主なスイッチの形状

押しボタンスイッチ

タクトスイッチ

スライドスイッチ

トグルスイッチ

ロッカースイッチ

DIPスイッチ

押しボタンスイッチ（プッシュスイッチ）

「**押しボタンスイッチ**（**プッシュスイッチ**）」は、指などでボタンを押すことで切り替えられるスイッチです。押しボタンスイッチは大小様々なサイズのものが販売されています。ボタン面が広く操作しやすい押しボタンスイッチもあります。

押しボタンスイッチには、モーメンタリ動作、オルタネート動作それぞれに対応した製品が販売されています。

タクトスイッチ（タクタイルスイッチ）

「**タクトスイッチ**（**タクタイルスイッチ**）」は、基板に直接差し込める小さなスイッチです。ブレッドボードに差し込むことも可能です。基板に固定できるため、キーボードやマウスのボタンなどに使われています。

タクトスイッチには、安定して固定できるよう通常は4つの端子があります。しかし、内部で2端子ずつ繋がっており、実際は2端子のスイッチとして動作します。

スライドスイッチ

「**スライドスイッチ**」は、スライドすることで両端の端子に切り替えられるスイッチです。電源の切り替えなどに利用されています。スライドスイッチは一般的にオルタネート動作します。

トグルスイッチ

「**トグルスイッチ**」は、棒状の部品を両端に倒して切り替えできるスイッチです。トグルスイッチには、モーメンタリ動作、オルタネート動作それぞれに対応した製品が販売されています。また、トグルスイッチの中には、中央の端子が左右どちらの端子にも接続した状態にできるものもあります。

ロッカースイッチ

「**ロッカースイッチ**」は、両端がシーソーのように切り替わるスイッチです。どちらが押されている状態か一目でわかりやすいほか、指で一押しするだけで切り替えられるのも特徴です。機器の電源や、家の照明のスイッチなどに使われています。オルタネート動作するスイッチが一般的ですが、モーメンタリ動作するロッカースイッチも存在します。

DIP(ディップ)スイッチ

「**DIP**(Dual In-line Package:ディップ)**スイッチ**」とは、複数の小型スイッチを搭載したスイッチです。ICのような形状になっており、基板に直接取り付けられるようになっています。複数の小型スイッチが搭載されているため、プログラムの設定などに利用します。なお、各スイッチは非常に小さいため、頻繁にスイッチを切り替えるような用途には向いていません。

各スイッチの上下に端子が付いており、スイッチを切り替えることで導通、非導通が切り替えられます。

3端子のスイッチを使ってRaspberry Piに入力する

Raspberry PiのGPIOはデジタル入力に対応しています。GPIOを入力モードに切り替えると0V、3.3Vのどちらかであるかを判断できます(デジタル入力についてはp.42を参照)。

3端子を搭載するスイッチをデジタル入力に利用するには、スイッチの両端の端子を0V、3.3Vに接続しておき、中央の端子をRaspberry Piの中央の端子に接続します。こうすることで、スイッチを切り替えると中央の端子が0Vまたは3.3Vに切り替えられます。

●3端子のスイッチを使ってRaspberry Piへデジタル入力する

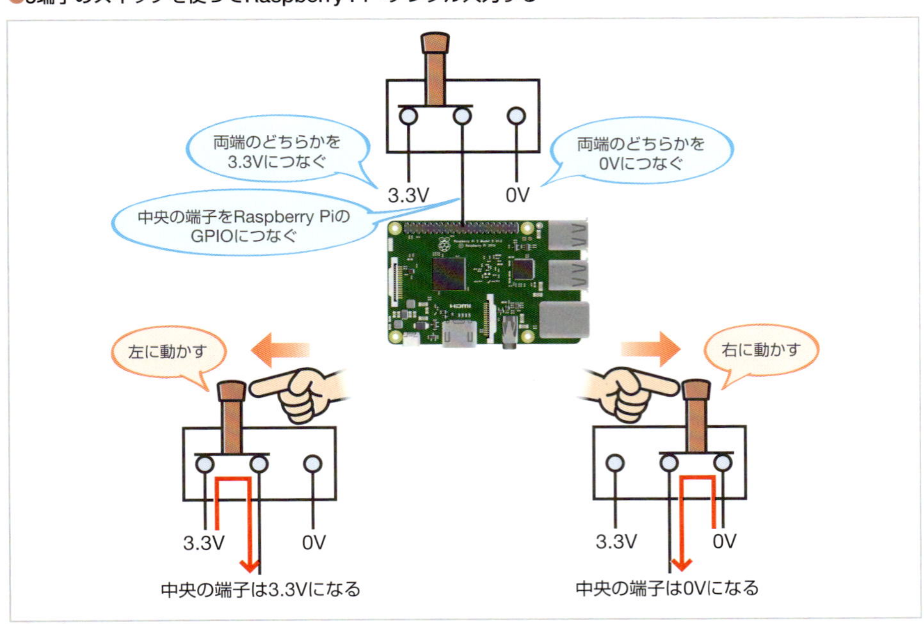

回路図は右のようになります。

●スイッチで入力を切り替える回路

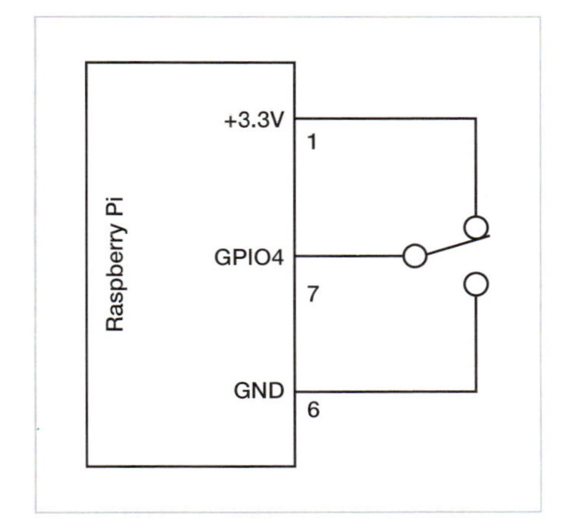

スイッチの両端の端子を、それぞれ3.3V（1番端子）、GND（6番端子）に接続します。スイッチの中央の端子は任意のGPIOへ接続します。ここでは、GPIO 4（7番端子）をデジタル入力に使うことにします。

ブレッドボードを利用した接続図は右のようになります。基板に直接差し込めるスイッチを用意してください。スライドスイッチやトグルスイッチには、基板に差し込める部品が販売されています。

もし、直接差し込めないスイッチを使う場合は、スイッチの各端子に導線をはんだ付けしてRaspberry Piに接続します。

●入力を読み込む回路をブレッドボード上に作成

NOTE

はんだ付け

はんだ付けの方法についてはp.257を参照してください。

利用部品

- スライドスイッチ……1個
- ブレッドボード……1個
- ジャンパー線（オス―メス）……3本

NOTE

デジタル入力を安全に行う（抵抗の設置）

Raspberry PiのGPIOでデジタル入力を行う場合は、対象になる端子の設定をプログラムで「デジタル入力」に設定します。この際に誤って「デジタル出力」に設定してしまうと、過電流が流れてRaspberry Piを損壊してしまう恐れがあります。このような設定ミスからRaspberry Piを守るには、デジタル入力の端子に1KΩ程度の抵抗を挟みます。こうしておくと電流を抑止でき、過電流による損壊から保護できます。

本書では電子回路をわかりやすくするために、過電流防止の抵抗は省略しています。必要に応じて抵抗を挿入してください。

プログラムでスイッチから入力する

回路ができあがったら、Raspberry Pi上でプログラミングを行い、タクトスイッチの状態を入力してみましょう。次のようにスクリプトを記述します。

①SW_PIN変数に、スイッチを接続しているGPIOの番号を指定しておきます。こうすることで、後でGPIOの番号を指定する場合には「SW_PIN」と記述するだけですみます。

②WiringPiを初期化します。

③pi.pinMode()に、GPIOの番号と「pi.INPUT」と指定することで、スイッチを接続したGPIOを入力モードに切り替えます。

④スイッチの読み取りを何度も続けるため、while文でこれ以降を永続的に繰り返して処理するようにします。

●Pythonで端子の状態を表示する

raspi_parts/4-1/sw_input.py

```
import wiringpi as pi
import time

SW_PIN = 4 ①

pi.wiringPiSetupGpio() ②
pi.pinMode( LED_PIN, pi.INPUT ) ③

while True: ④
    if ( pi.digitalRead( SW_PIN ) == pi.HIGH ): ⑤
        print ("Switch is ON") ⑥
    else:
        print ("Switch is OFF") ⑦

    time.sleep( 1 )
```

⑤「pi.digitalRead()」では、指定したGPIOの状態を確認して入力をします。0Vの場合は「pi.LOW」（数値では0）を、3.3Vの場合は「pi.HIGH」（数値では1）となります。どちらの状態かによって処理を分けるため、if文でGPIOの入力が「pi.HIGH」であるかを調べます。

⑥GPIOの入力がpi.HIGHの場合には、「Switch is ON」と表示します。

⑦GPIOの入力がpi.HIGHでない（pi.LOW）場合には、「Switch is OFF」と表示されます。

作成が完了したら実行してみましょう。すると、1秒間隔で読み取り、スイッチの状態が表示されます。スイッチがOFFになっている場合は「Switch is OFF」と表示されます。ONに切り替えると「Switch is ON」に表示が切り替わります。

Section 4-2

2端子のスイッチで入力する

2端子のスイッチを使ってRaspberry Piに入力するには、「プルアップ」または「プルダウン」回路を作成して入力を安定させる必要があります。また、Raspberry Piに搭載されているプルアップ、プルダウン抵抗を有効にしても入力が安定します。

2端子のスイッチは状態が安定しない

Section 4-1で説明したように、3端子のスイッチの場合は一方を0Vに、もう一方を3.3Vにつなぐことで、どちらかの状態に切り替えて入力できます。

しかし、2端子のスイッチの場合は、端子を0Vまたは3.3Vのいずれかにしか接続できません。例えば、スイッチの一方を3.3V、もう一方をGPIOに接続して入力するといった具合です。この接続の場合、スイッチがオンになっている時はGPIOの状態が3.3Vになりますが、オフに切り替えるとGPIOには何も繋がっていない状態になります。何も繋がっていない状態は電圧が不安定です。手を近づけたり端子に触ったりするだけで、電圧が大きく変化してしまいます。

またこの状態では、入力がLOWになったりHIGHになったりするなるなど不安定です。入力が不安定になると、スイッチ操作をしていないのに、プログラムがスイッチが切り替わったと判断して、動作がおかしくなる場合があります。

●2端子のスイッチは入力が不安定になる

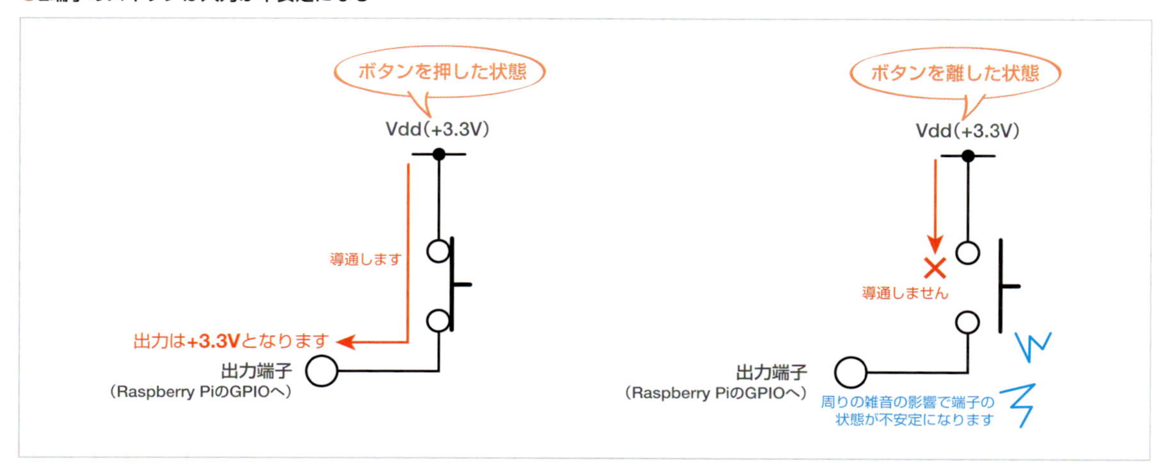

プルアップとプルダウンで入力を安定

2端子のスイッチで状態を安定させるのには、「**プルアップ**」または「**プルダウン**」と呼ばれる方法を利用します。これは、出力端子（Raspberry PiのGPIOへ接続する端子）側に抵抗を入れて0Vや3.3Vに接続しておく方法です。これにより、スイッチがオフ状態の場合は出力端子に接続されている抵抗を介して値を安定させられます。スイッチオフ時に0Vに安定させる方法を「プルダウン」、電圧がかかった状態（Raspberry Piの場合は+3.3V）に安定させる方法を「プルアップ」と呼びます。

プルダウンを例に、動作を説明します。

スイッチがオフの場合は、出力端子が抵抗を介してGNDにつながります。その際、抵抗には電流が流れないため抵抗の両端の電圧は0Vになります（オームの法則によって、電流が0Aだと電圧も0Vになります）。つまり、出力端子とGNDが直結している状態と同じになり、出力は0Vとなります。

スイッチがオンになると、Vddと出力端子は直結した状態となり、出力はVddと等しくなります。また、VddとGNDは抵抗を介して接続された状態となるため、電流が流れた状態になります。

●プルダウンの原理

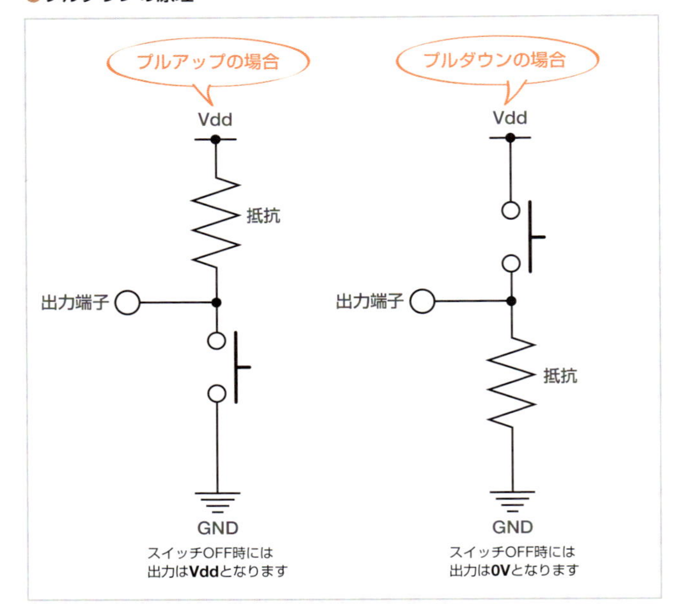

●プルアップとブルダウンの回路図

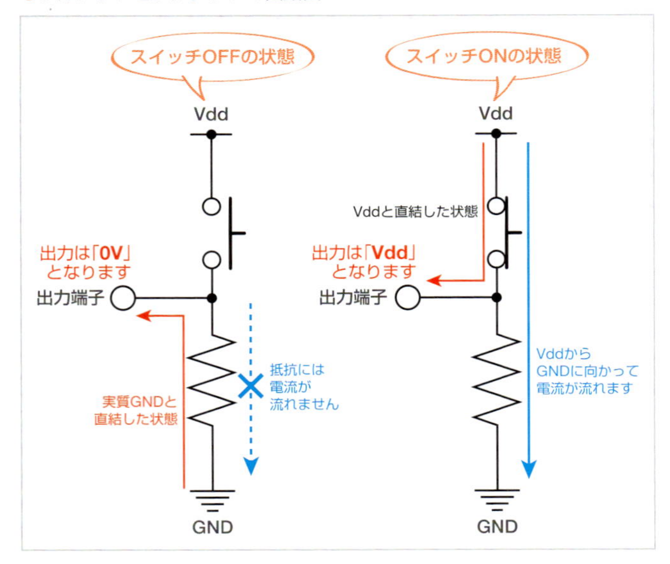

使用する抵抗は、スイッチがオン状態の時に流れる電流を考えて選択します。抵抗を小さくしすぎると大電流が流れ、Raspberry Piの故障の原因になります。一方で抵抗が大きすぎると、出力端子が解放された状態と同じになってしまうので、値が安定しなくなります。

例えば、Vddが3.3Vで抵抗に1kΩを選択した場合だと、オームの法則から、抵抗に流れる電流が3.3mAだと分かります。Raspberry Piを利用する場合は、この程度の電流にすると良いでしょう。

2端子のスイッチで実際に入力する

実際に2端子のスイッチと抵抗を使って、安定した入力をしてみましょう。ここでは、プルダウンで入力する方法を説明します。

電子回路は右のようになります。スイッチの一方の端子に+3.3Vを接続し、もう一方の端子に1kΩの抵抗を介してGNDへ接続します。スイッチと抵抗の間からRaspberry PiのGPIOに接続して状態を読み取れるようにします。今回は、GPIO 4（7番端子）に接続して入力します。

●プルダウンしてスイッチを入力する回路

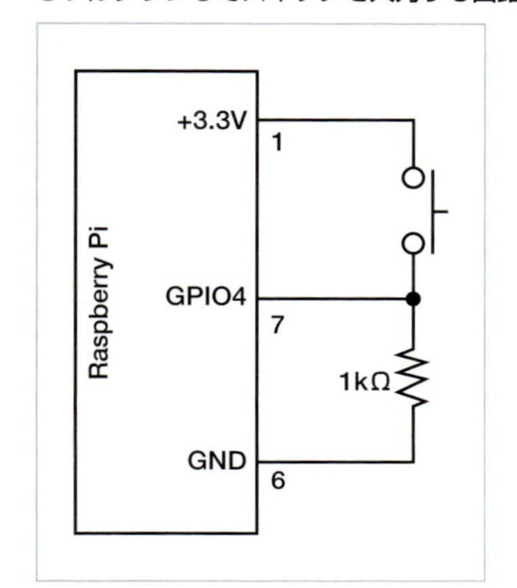

実際にブレッドボードに回路を作成してみます。ここではタクトスイッチを利用します。他のスイッチでも、同様に接続して動作できます。

タクトスイッチは、ブレッドボードの中央の溝の部分に差し込んで利用します。タクトスイッチからは4端子が出ていますが、これは安定させるためのものです。4端子のうち、端子が出ている方を前にして上下の2端子は繋がっています。スイッチを入れると、この繋がっていない端子同士が導通します。

スイッチとして利用するには、繋がっていない端子を利用します。

●ブレッドボードに直接差し込めるタクトスイッチ

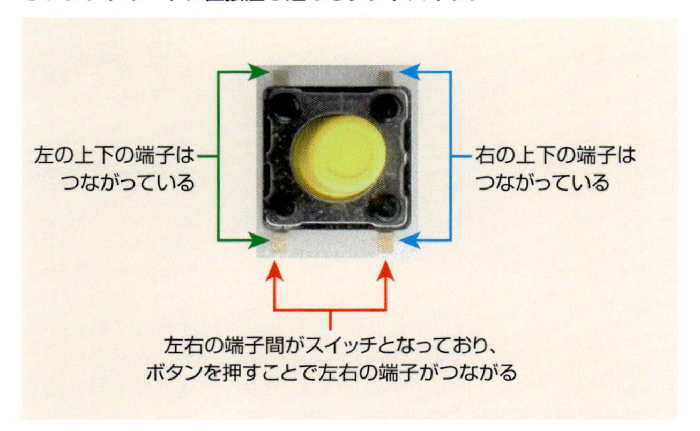

ブレッドボード上に右のようにスイッチの状態を読み取る回路を作成します。

利用部品

- タクトスイッチ……1個
- 抵抗 1kΩ……1個
- ブレッドボード……2個
- ジャンパー線（オス―メス）……3本

●プルダウンしてスイッチを入力する回路をブレッドボード上に作成

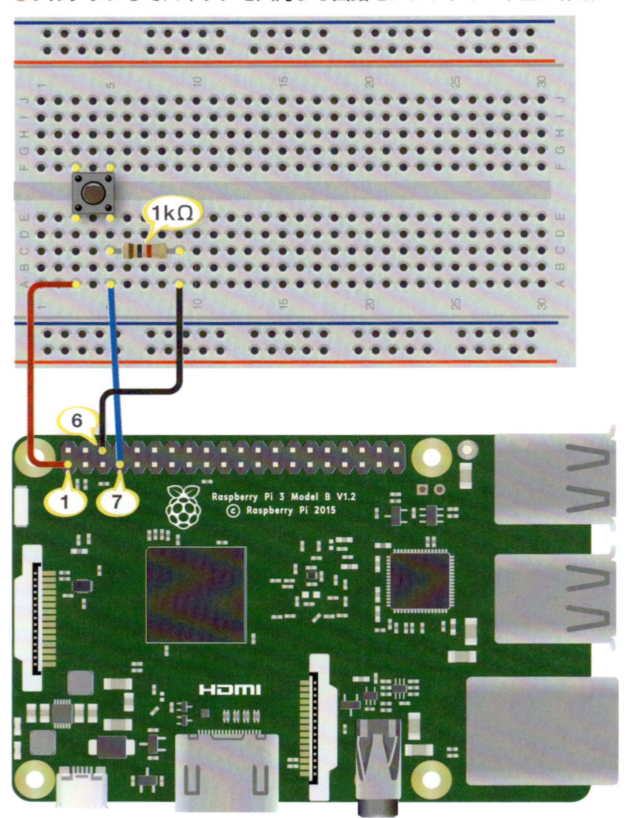

プログラムを右のように作成します。プログラム自体は、Section 4-1で説明したスイッチの入力プログラムと同じです。

できあがったら、次のようにコマンドでプログラムを実行します。

```
$ sudo python3 sw_input.py Enter
```

タクトスイッチが押されていない状態では「Switch is OFF」と表示し、タクトスイッチを押すと「Switch is ON」と表示が切り替わります。

●Pythonで端子の状態を表示する

raspi_parts/4-2/sw_input.py

```
import wiringpi as pi
import time

SW_PIN = 4

pi.wiringPiSetupGpio()
pi.pinMode( LED_PIN, pi.INPUT )

while True:
    if ( pi.digitalRead( SW_PIN ) == pi.HIGH ):
        print ("Switch is ON")
    else:
        print ("Switch is OFF")

    time.sleep( 1 )
```

Raspberry Piのプルアップ、プルダウン抵抗を有効にする

Raspberry PiのSoCには、GPIOにプルアップ抵抗とプルダウン抵抗が内蔵されています。この機能を使えば、回路にプルアップやプルダウン抵抗を接続しなくても安定した入力ができます。

●Raspbery PiのSoCには、プルアップとプルダウン抵抗が搭載している

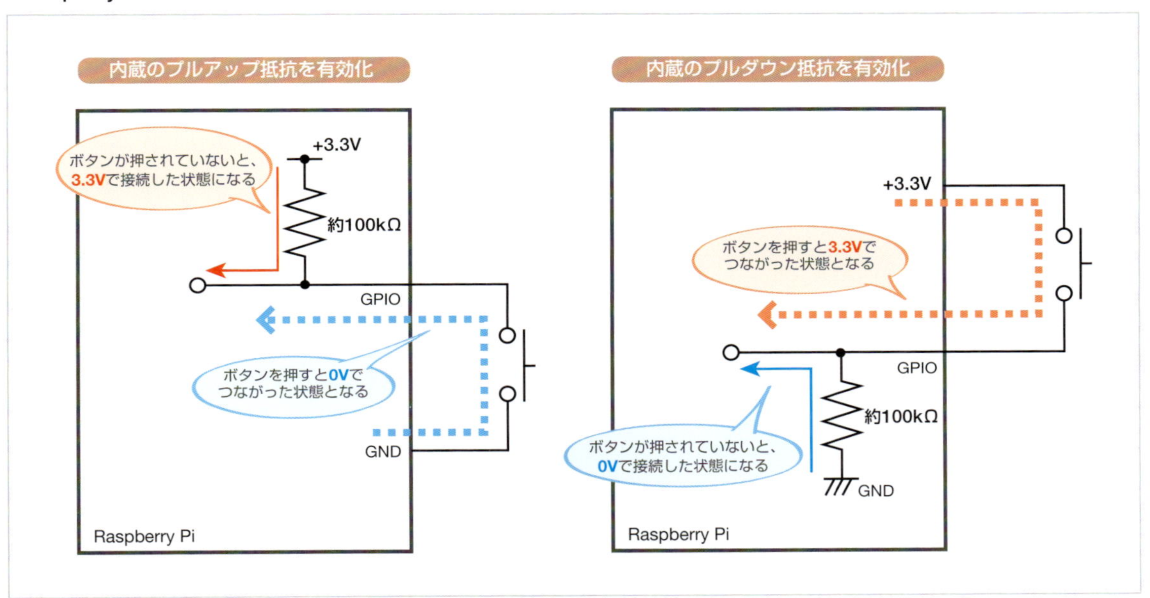

なお、3番、5番端子はプルアップされた状態となっており、プルダウンや何も接続しない状態に切り替えることはできません。

プルアップやプルダウン抵抗を有効にしたり、逆に無効化するには、Pythonのプログラム上で切り替えます。

GPIOの入出力のモードを設定した後に、「pi.pullUpDnControl()」で指定します。対象のGPIOの番号を指定した後に、プルアップを有効に場合は「pi.PUD_UP」、プルダウンを有効にする場合は「pi.PUD_DOWN」、プルアップ、プルダウン抵抗を無効化するには「pi.PUD_OFF」と指定します。

●プルアップ抵抗を有効にする場合

```
pi.pullUpDnControl( SW_PIN, pi.PUD_UP )
```

●プルダウン抵抗を有効にする場合

```
pi.pullUpDnControl( SW_PIN, pi.PUD_DOWN )
```

●プルアップ、プルダウン抵抗を無効にする場合

```
pi.pullUpDnControl( SW_PIN, pi.PUD_OFF )
```

内蔵のプルダウン抵抗を使ってスイッチを入力する

実際に内蔵のプルダウン抵抗を有効にして2端子のスイッチを入力してみましょう。

電子回路は右のように作成します。プルダウン抵抗を使わず、スイッチから直接GPIOに接続するようにします。

●内蔵のプルダウン抵抗を使ってスイッチを入力する回路

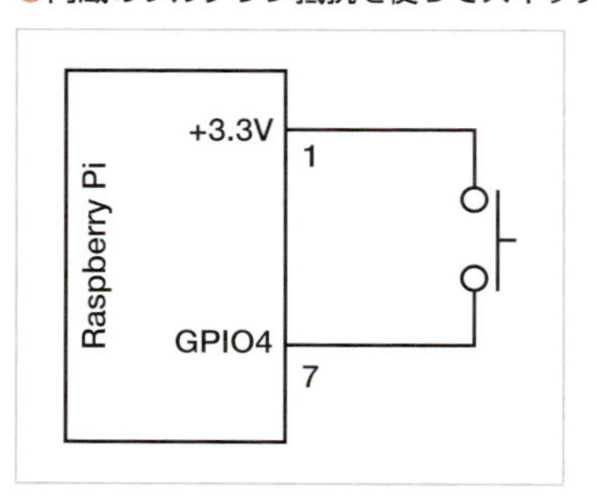

ブレッドボードには右のように回路を作成します。

利用部品

- タクトスイッチ……1個
- ブレッドボード……2個
- ジャンパー線（オス―メス）……2本

●ブレッドボード上に回路を作成

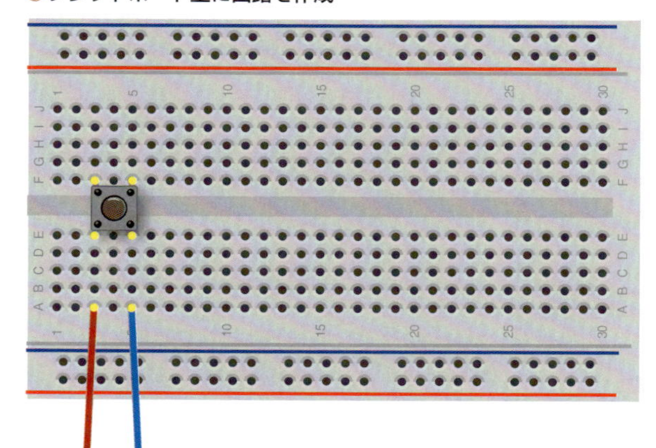

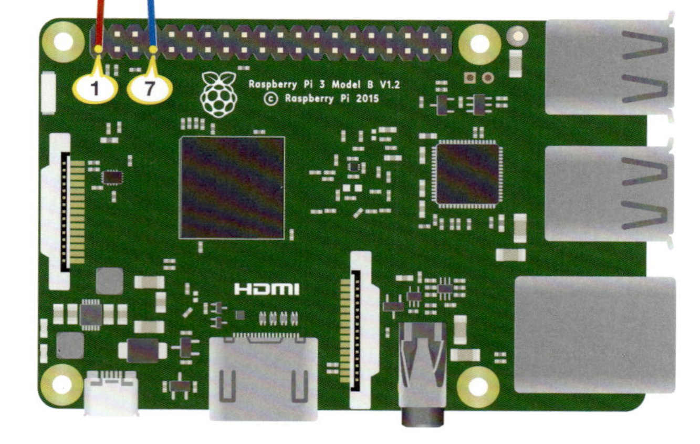

できあがったら、右のようにプログラムを作成します。

①pi.pullUpDnControl()で「pi.PUD_DOWN」と設定して対象のGPIOのプルダウン抵抗を有効化します。

●Pythonで端子の状態を表示する

raspi_parts/4-2/sw_pd_input.py

```
import wiringpi as pi
import time

SW_PIN = 4

pi.wiringPiSetupGpio()
pi.pinMode( LED_PIN, pi.INPUT )
pi.pullUpDnControl( SW_PIN, pi.PUD_DOWN ) ①

while True:
    if ( pi.digitalRead( SW_PIN ) == pi.HIGH ):
        print ("Switch is ON")
    else:
        print ("Switch is OFF")

    time.sleep( 1 )
```

プログラムができたら、右のようにコマンドで実行してみましょう。

```
$ sudo python3 sw_pd_input.py Enter
```

スイッチが押されていない状態でGPIOの端子に触れても入力がLOWのまま安定していることがわかります。

Section 4-3 扉や箱が開いたことをスイッチで調べる

マイクロスイッチは、扉や箱の蓋などが開いたかを調べるのに利用できます。マイクロスイッチを用いれば、扉や箱の蓋が開いたら警告したり、開閉回数をカウントしたり、などといったことが可能です。

スイッチを確実に押せる「マイクロスイッチ」

スイッチは様々な用途に利用できますが、扉や箱の蓋が閉まった状態でスイッチを押すように設置して、スイッチが押されているか離されているかで、扉や蓋の開閉状態を検知できます。

しかし、この開閉状態を検知するのに、ボタン面積の狭いスイッチ（例えばタクトスイッチなど）を用いると、扉や箱の蓋のような大きく動くものを閉めたとき、確実に押されない恐れがあります。そこで、このような用途には、スイッチの中でも「**マイクロスイッチ**」を使用するのが適切です。マイクロスイッチには、ボタンの上に広い板が付いていて、軽く押すだけでスイッチが押されるため、扉や箱の蓋を閉めた際、確実にスイッチが押されます。

●確実にスイッチを押すことが可能な「マイクロスイッチ」

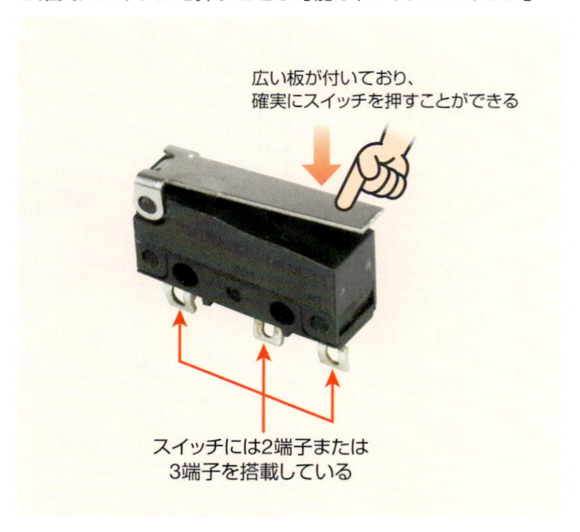

一般にマイクロスイッチは、2端子または3端子を備えるものが販売されています。2端子の場合は、スイッチを押すことで端子間の導通・非導通を切り替えます。3端子の場合は、スイッチを押すことで中央の端子が両端のいずれかの端子に切り替わります。Section 4-1、4-2で説明したスイッチと同じように利用できます。

扉や箱の蓋が開いた回数をカウントする

マイクロスイッチを使って、扉や箱の蓋の状態を検知する装置を作ってみましょう。ここでは、扉や箱の蓋が開いた回数をカウントしてみます。

マイクロスイッチでカウントする回路は右のように作成します。マイクロスイッチの2端子を使うことにします。

なお、今回はRaspberry Piに備わっているプルダウン機能を利用します。プルダウン抵抗をつなぐ必要はありません。

●マイクロスイッチで開いた回数を数える回路

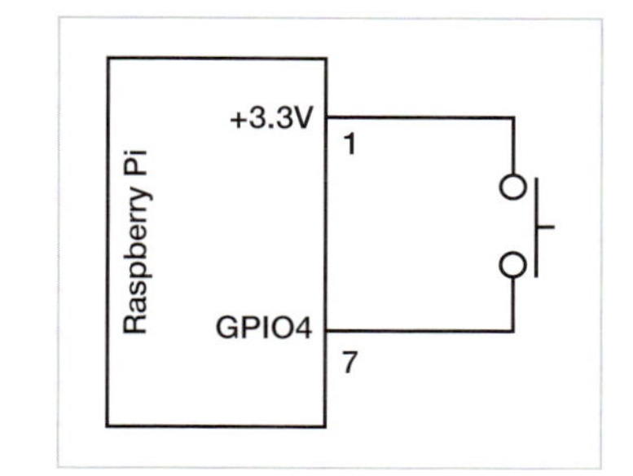

右のようにマイクロスイッチを接続します。

利用部品

- マイクロスイッチ……1個
- 配線……2本
- QIコネクタ……2個

●マイクロスイッチで開いた回数を数える接続図

マイクロスイッチの一方の端子を3.3V（1番端子）、もう一方をGPIO 4（7番端子）に接続します。

扉や箱の蓋が閉じている状態でスイッチが押された状態になるように、マイクロスイッチを取り付けます。通常、マイクロスイッチには穴が開いているので、そこにネジなどをさし込んで取り付けられます。

マイクロスイッチからRaspberry Piまで距離がある場合は、長めの配線を使いましょう。なお、ブレットボードを使わずにRaspberry Piに直接接続しても問題ありません。その場合は、Raspbery PiのGPIOに接続できるように、配線にはコネクタを取り付けておきます。

NOTE

3端子のマイクロスイッチを使う場合

3端子のマイクロスイッチを使っても、扉や蓋が開いた回数を調べる回路を作成できます。Section 4-1で説明したように、3.3VとGNDに接続する方法でスイッチの状態を読み取れます。3端子のスイッチの場合は、3つの端子の接続が必要になるため、配線も3本必要です。しかし3端子のスイッチでも、Section 4-2で紹介した2端子のスイッチのようにも利用できます。3端子の中央にある端子と、両端のいずれかの端子の2端子を使います。一方はスイッチを押しているときに導通し、もう一方は非導通になります。スイッチの動作を確認してからどちらの端子を利用するかを決めてください。

NOTE

コネクタの取り付け方

配線にコネクタを取り付けるのは、はんだ付けで行います。はんだ付けの方法についてはp.257を参照してください。

プログラムを次のように作成します。

①Raspberry PiのGPIO 4についてプルダウン抵抗を有効にします。

②count変数を0に初期化しておきます。

③「if」でスイッチの状態を確認し、もしオン状態（HIGH）の場合は、ifの内容を実行します。

④チャタリングによって多数のカウントがされないよう0.1秒間待機します（チャタリングについては本ページ下部を参照）

⑤⑥変数の値を1増やし、その値を表示します。

⑦スイッチが押されるまでカウントしないよう待機します。

⑧チャタリングを防止するため0.1秒待機します。

●扉や箱が開いた回数をカウントする

raspi_parts/4-3/open_count.py

```
import wiringpi as pi
import time

SW_PIN = 4

pi.wiringPiSetupGpio()
pi.pinMode( LED_PIN, pi.INPUT )
pi.pullUpDnControl( SW_PIN, pi.PUD_DOWN ) ①

count = 0 ②

while True:
    if ( pi.digitalRead( SW_PIN ) == pi.HIGH ): ③
        time.sleep( 0.1 ) ④

        count = count + 1 ⑤
        print ("Count : " , count ) ⑥

        while ( pi.digitalRead( SW_PIN ) == pi.HIGH ): ⑦
            time.sleep( 0.1 )

        time.sleep( 0.1 ) ⑧
```

完成したら、右のようにコマンドでプログラムを実行します。扉や箱の蓋を開けるごとに、カウントが1つずつ増えます。

```
$ sudo python3 sw_pd_input.py Enter
```

チャタリングを防ぐ

スイッチは、金属板を使って端子と端子を接続することで導通状態にします。しかし、金属板を端子に接続する際、反動で「付いたり離れたり」の状態をごく短い時間繰り返します。人間には振動している時間が分からないほど短い時間であるため、すぐにオン状態になっていると感じますが、電子回路上ではこの振動を感知してしまい、「オンとオフを繰

●スイッチを切り替えるとチャタリングが発生する

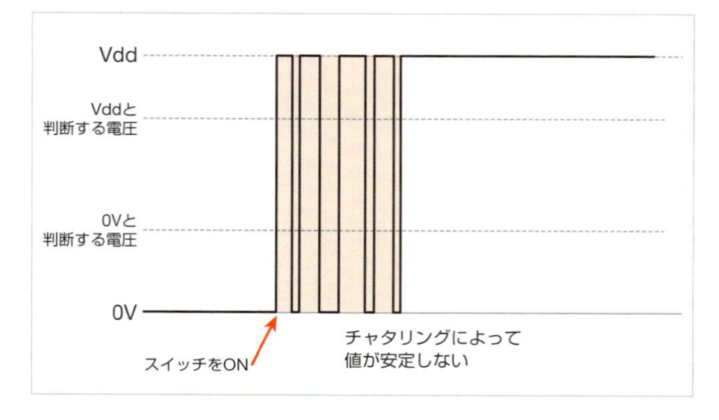

り返している」と見なしてしまうことがあります。

こうなると、前述のようなカウントをする際に数回分増えてしまったり、キーボードのような入力装置では文字が数文字入力されてしまったりします。このような現象を「**チャタリング**」と呼びます。

チャタリングを回避するには、プログラムを工夫する方法や、チャタリングを緩和する回路を作成する方法があります。特にプログラムで回避する方法は簡単に施せます。

プログラムでチャタリングを防止する

チャタリングはごく短い時間に発生します。そこで、チャタリングが起こっている間は一時的に待機させ、次の命令を実行しないようにすると、チャタリングを回避できます。具体的には、スイッチが切り替わったのを認識したら、0.1秒程度待機させるようにしてみましょう。

●プログラム上でチャタリングを回避する

```
  :
if ( pi.digitalRead( SW_PIN ) == pi.HIGH ):
    time.sleep( 0.1 )
    count = count + 1
  :
```

入力の直後に0.1秒（100ミリ秒）程度待機する
入力の直後に0.1秒（100ミリ秒）程度待機する
変数の値を増やす

チャタリング防止回路を実装する

プログラムでチャタリングを防止するのは手軽に行えますが、待機する時間が必要だったり、チャタリングが長く続く場合に待機時間が長くなってしまったりで、ボタン操作の反応が遅くなってしまいます。このような場合は、チャタリング防止回路をボタンの出力の後に作成しておくことでチャタリングを軽減できます。

チャタリング防止回路は、次の図のように作成します。

●チャタリング防止回路を挿入した回路図

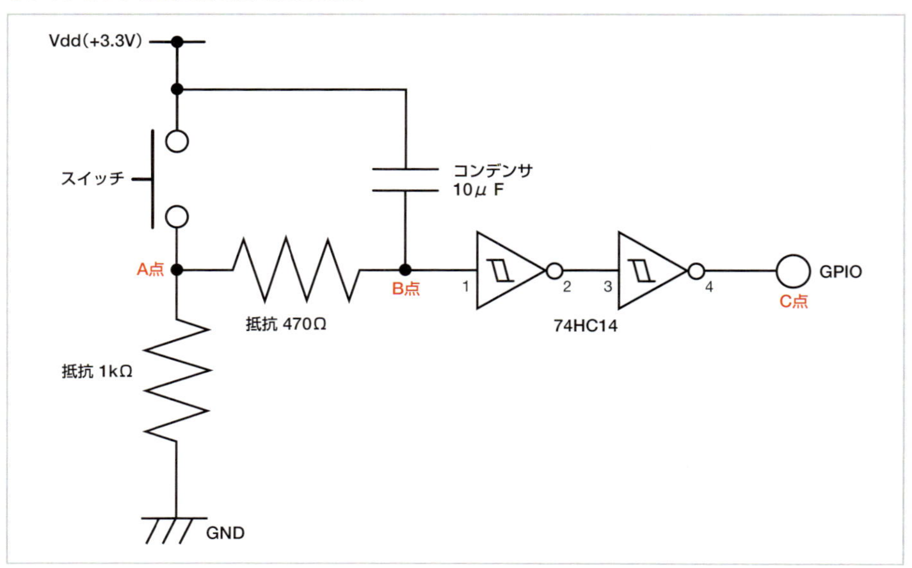

チャタリングが発生した際のA点、B点、C点の電圧変化は、次の図のようになります。

●チャタリング発生時の各点の電圧変化

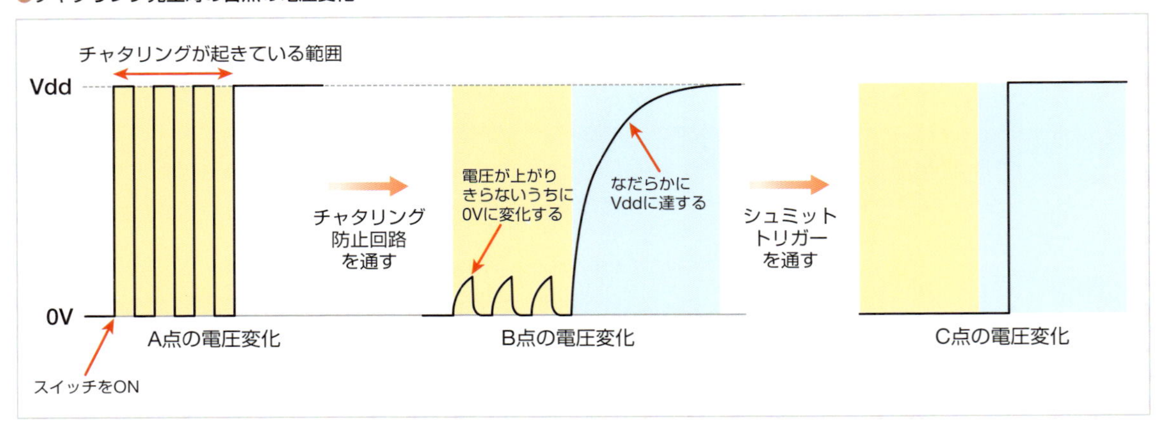

チャタリング防止回路では、ボタンの出力の後に抵抗とコンデンサーをつなぎます。抵抗は電流を抑え急激に電荷が流れるのを抑止できます。コンデンサーは両端に電荷を貯めることで電圧の変化を緩やかにする特性があります（コンデンサーについてはp.142を参照）。この効果により、スイッチが導通状態になるとB点では緩やかに電圧上昇が始まり、スイッチが切れた状態になると電圧が下がります。チャタリングはスイッチのオン・オフを切り替える周期が短いため、電圧が上がり始めてすぐに0Vに電圧が落ち始めます。このようにして、チャタリングが発生している部分を影響がない状態にできます。

シュミットトリガーの実装

チャタリングが終わった後は、抵抗とコンデンサーの影響で電圧が緩やかにVddになります。Raspberry Piでは、一定の電圧に達した際に入力が切り替わるようになっています。しかし、チャタリング防止回路で変化が穏やかになったことで、状態が不安定になったり、スイッチが反応するまでの時間が遅くなったりすることがあります。

そこで、「**シュミットトリガー**」と呼ぶ機能を搭載したICを利用することで、出力を0Vから3.3Vへ急激に切り替えることが可能です。シュミットトリガーは、一定の電圧を超えると3.3Vや0Vに切り替わる特定があります。つまり、B点の電圧変化のようになだらかに電圧変化する場合でも、シュミットトリガーを通せば特定の電圧までは出力を0Vに保ち、特定の電圧に達したら出力がVddに変化するようになります。

今回利用する「74HC14」というICは「**汎用ロジックIC**」と呼ばれ、デジタル信号を論理的に計算します（詳しくは次ページを参照）。74HC14には「**NOTゲート**（インバータ）」が実装されていて、入力を反転する特性があります。つまり0Vが入力されると3.3Vを出力し、3.3Vを入力すると0Vを出力します。このため、1つNOTゲートを通すだけではスイッチが押されている状態は0Vとなり、スイッチが押されていない状態は3.3Vとなってしまいます。そこで、NOTゲートを2つ通すことで、正しい出力に変えられます。

チャタリング防止回路をブレッドボード上に組み込むと、右の図のようになります。74HC14には電源とGNDを接続する必要があります。14番端子に+3.3V、7番端子にGNDを接続します。

●チャタリング防止回路を搭載した回路をブレッドボードに作成

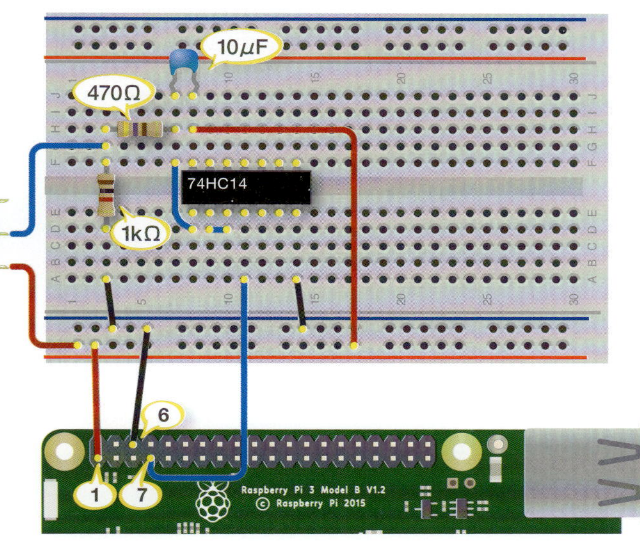

利用部品

- マイクロスイッチ……1個
- NOTゲートIC「74HC14」……1個
- 抵抗 470Ω……1個
- 抵抗 1kΩ……1個
- コンデンサ 10μF……1個
- ブレッドボード……1個
- ジャンパー線（オス―メス）……3本
- ジャンパー線（オス―オス）……5本
- 配線……2本
- QIコネクタ……2個

シュミットトリガー機能を搭載するNOTゲート汎用ロジックIC「74HC14」

汎用ロジックICは、デジタル信号を論理演算することのできるIC（集積回路）です。論理回路にはNOTゲート、ANDゲート、ORゲート、EXORゲートなどが存在し、入力した信号により出力される信号が変化します。

前ページでも説明しましたが、74HC14にはNOTゲートが実装されています。NOTゲートは入力した信号を反転する特性を持っています。0Vが入力されるとVddを出力し、Vddが入力されると0Vを出力します。NOTゲートは「**インバータ**」とも呼ばれます。

74HC14はシュミットトリガー機能を実装していて、特定の電圧を超えない限り、現在の状態を保持するようになっています。

●74HC14の入力と出力の関係

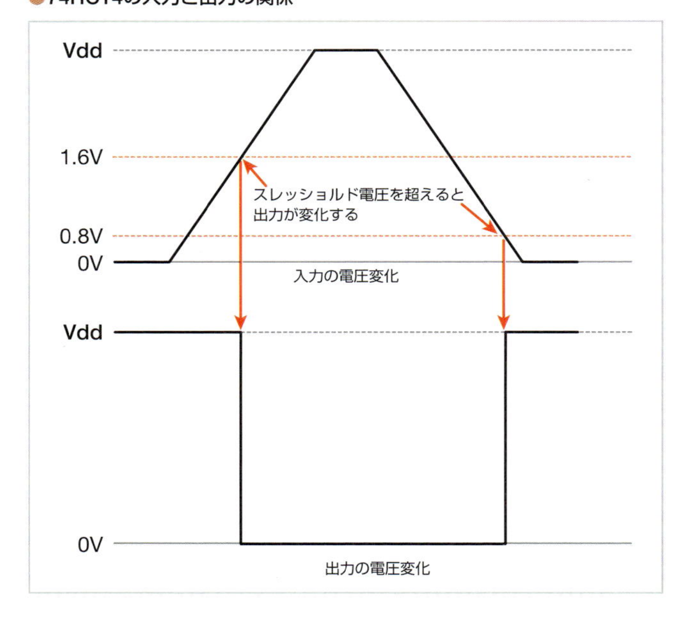

74HC14では前ページの図のように、電圧が増えている際に入力が1.6Vを超えると出力を0Vにします。逆に、電圧が減っている際に入力が0.8Vより小さくなると、出力がVddとなります。この、出力を切り替える電圧のことを「**スレッショルド電圧**」や「スレシホールド電圧」などと呼びます。

74HC14は、14本の端子を備えた細長い形状をしています。ICの一辺に凹みがあり、その下側の端子を1番端子として反時計回りに端子番号が割り振られています。つまり、凹みのある上側の端子が14番になります。

74HC14にはNOTゲートが6個搭載されています。隣り合わせの端子が1つのNOTゲートの入力と出力になっています。例えば、1番端子が入力、2番端子が出力です。

74HC14を動作させるには、別途電源の接続が必要です。14番端子にVcc（+3.3V）を、7番端子にGNDへ接続します。

●シュミットトリガー搭載NOTゲート汎用ロジックIC「74HC14」

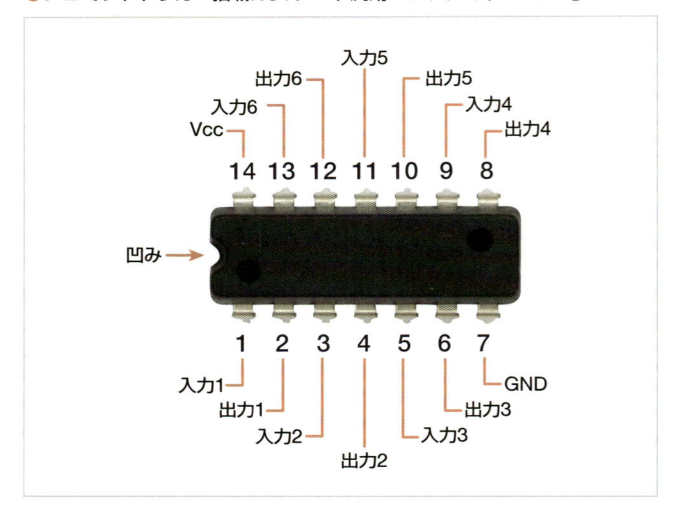

回路図では1つのNOTゲートを右図のように表記します。NOTゲート内に描かれているマークはシュミットトリガー機能を搭載していることを表します。

●シュミットトリガー搭載NOTゲートの回路図

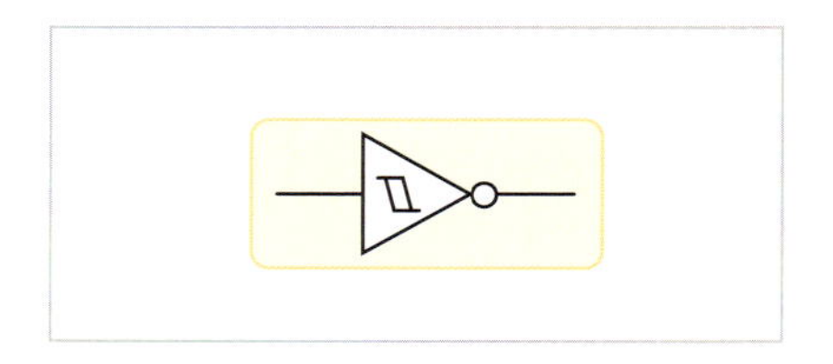

NOTE

汎用ロジックICのシリーズ

論理ICには、いくつかのシリーズが存在し、動作速度や消費電力、動作電圧、サイズなどが異なります。ブレッドボードに直接差し込めるサイズのシリーズとして主に「74LS」シリーズと「74HC」シリーズが販売されています。
74LSシリーズは、トランジスタ（バイポーラトランジスタ）の動作を用いて論理回路が作られています（p.79参照）。トランジスタは動作速度が速い利点がありますが、省電力が74HCシリーズよりも大きくなるのが特徴です。しかし、74LSシリーズは5V電源で駆動するため、3.3Vを入出力の電圧としているRaspberry Piには不向きです。もし、74LSシリーズを使う場合には信号を3.3Vと5Vに変換する回路が必要となります。
一方、74HCシリーズはMOSFET（電界効果トランジスタ）と呼ばれる構造を用いて論理回路が作成されています（p.135参照）。74LSシリーズよりも低消費電力で動作します。また、旧来はMOSFETはトランジスタに比べて動作が遅い欠点がありましたが、74HCシリーズは74LSシリーズと同等な速度で動作します。駆動電圧が3～6Vの範囲で動作するため、3.3Vを利用しているRaspberry Piに直接接続できます。
Raspberry Piで汎用ロジックICを使う場合には、74HCシリーズを選択するようにしましょう。

Chapter 5

A/Dコンバータ

A/Dコンバータを利用すれば、電圧が変化するアナログ値をRaspberry Piで扱えます。A/Dコンバータを使うと、ボリュームなどを使って状態の変化をRaspberry Piで使えるようになります。

Section 5-1

A/Dコンバータでアナログ入力を行う

Raspberry PiのGPIOは、デジタル入出力のみに対応しており、アナログの入力ができません。A/Dコンバータを使えば、Raspberry Piでアナログ入力が可能となります。

アナログ値を入力するのに「A/Dコンバータ」を使う

p.47で説明したように、Raspberry PiのGPIOはデジタル入出力のみ可能で、アナログ値を扱うことはできません。アナログ値を入力しようとしても、スレッショルド（しきい値。p.44参照）によってHIGHまたはLOWのいずれかの状態であるかと判断されてしまい値は読み込めません。

Raspberry Piでアナログ値を入力する場合には、p.47でも紹介した、アナログ値をデジタルデータに変換する電子部品「**A/Dコンバータ**」を利用します。

●アナログ値はA/Dコンバータを介して入力する

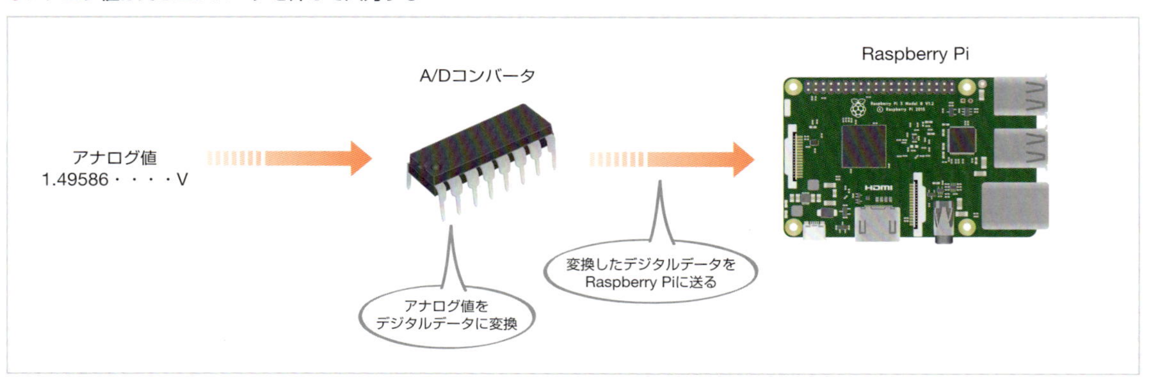

A/Dコンバータの選択

A/Dコンバータは、様々な製品が販売されています。A/Dコンバータを購入する際は、価格やサイズの他に、次の点を考慮して選択してください。

A/Dコンバータ選択時の要素（1）―分解能

A/Dコンバータを選択する上で最も重要なのが「分解能」です。A/Dコンバータは、計測範囲の電圧を何等分かにし、入力した値の一番近い値に近似します。例えば、1023段階に分けることが可能なA/Dコンバータで計測範囲が0～3.3Vである場合、3.2mVの変化ごとに値が1つ変化することになります。

A/Dコンバータは、この分解能によってどの程度細かくアナログ値を入力できるかが決まります。例えば8ビット分解のA/Dコンバータであれば12.9mVごと、10ビット分解であれば3.2mVごと、12ビット分解であれば0.8mVごと、16ビット分解であれば0.05mVごとの変化の取得が可能です。

どの程度の分解能のA/Dコンバータを選択するかは、計測する電圧の変化の程度で決めます。例えば、0Vから3.3Vまで大きく変化する値を計測する場合は、8ビットや10ビットなどの分解能の低いA/Dコンバータで十分です。しかし、電圧の変化が1mV程度と微少な場合は、8ビットなどの低い分解能のA/Dコンバータでは変化が読み取れません。この場合は12ビットや16ビットなどの高い分解能を持つA/Dコンバータを選択します。

なお、一般的に分解能が高いA/Dコンバータほど高価です。

●変化の度合いによってA/Dコンバータの分解能を選択する

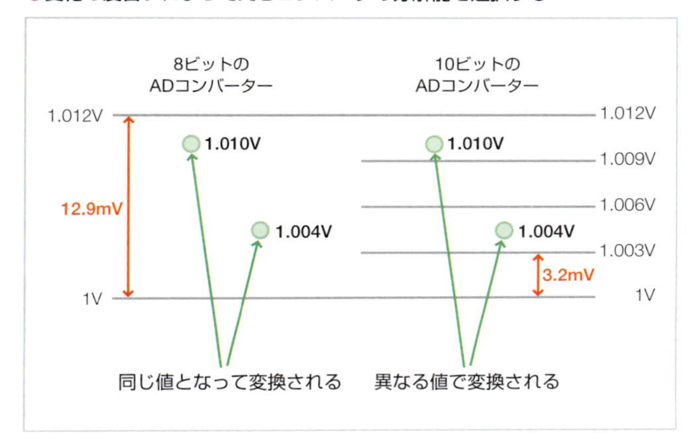

A/Dコンバータ選択時の要素（2）―入力チャンネル数

A/Dコンバータの中には、複数の入力端子がある製品（マルチチャンネル）があります。この、同時入力可能な数を「チャンネル数」といいます。チャンネル数が多ければ、1つのA/Dコンバータで同時に多くのアナログ値が計測できます。

しかし、一般的にチャンネル数が多い製品は高価になるので、その点を考慮して選択しましょう。

●チャンネル数の違いによって同時に読み取れるアナログ値が異なる

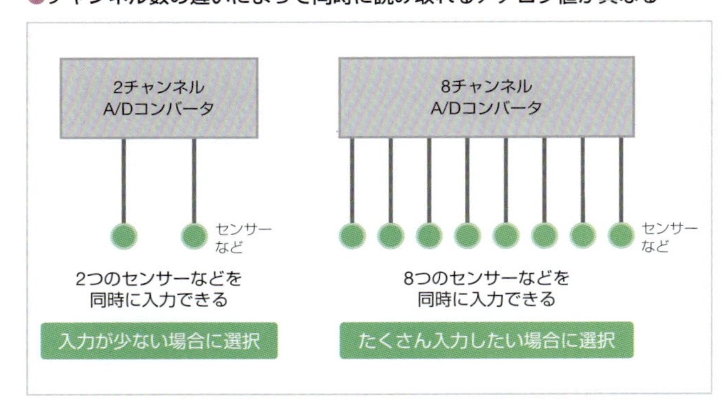

A/Dコンバータ選択時の要素（3）―Raspberry Piとのデジタル通信方式

A/Dコンバータで変換したデータは、デジタル通信でRaspberry Piに転送します。利用できるデジタル通信方式は、A/Dコンバータによって異なります。

I^2Cに対応したA/Dコンバータであれば、2本で通信線だけでデータ通信が可能です。SPIに対応したA/Dコンバータであれば4本の通信線が必要ですが、高速通信が可能です。さらに、UARTを使う方式を採用するA/Dコンバータもあります（Raspberry Piで利用可能なデジタル通信方式についてはp.40を参照）。

どのデジタル通信方式を利用するかは、Raspberry Piに接続する他のパーツとの兼ね合いを考えて決めます、SPI通信をする電子部品を既に2つ利用している場合は、CEが足りなくなるのでA/Dコンバータは接続できません（工夫次第で3つ以上のSPI機器を接続することもできます）。他の電子部品との通信にUARTを用いている場合も、UARTでは一対一での通信しかできないため、A/Dコンバータ以外の機器をつなぐことはできません。

●A/DコンバータとRaspberry Piとの通信方式（I²Cの場合）

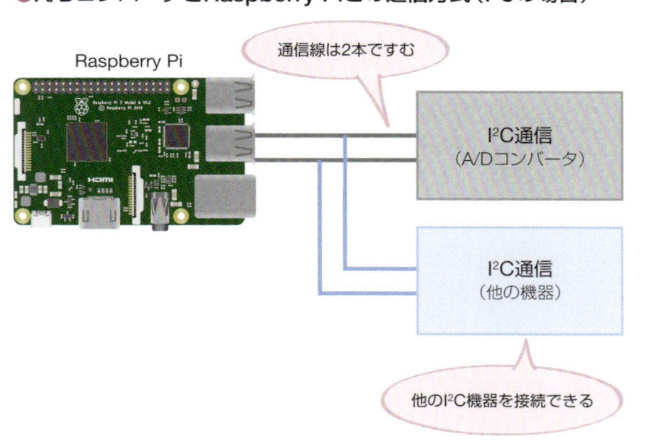

●A/DコンバータとRaspberry Piとの通信方式（SPIの場合）

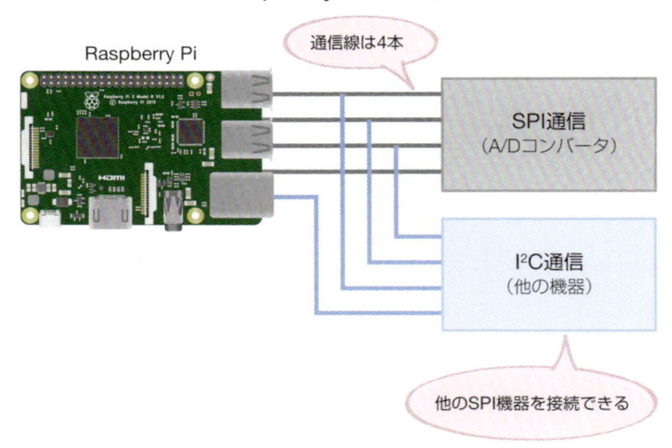

●A/DコンバータとRaspberry Piとの通信方式（UARTの場合）

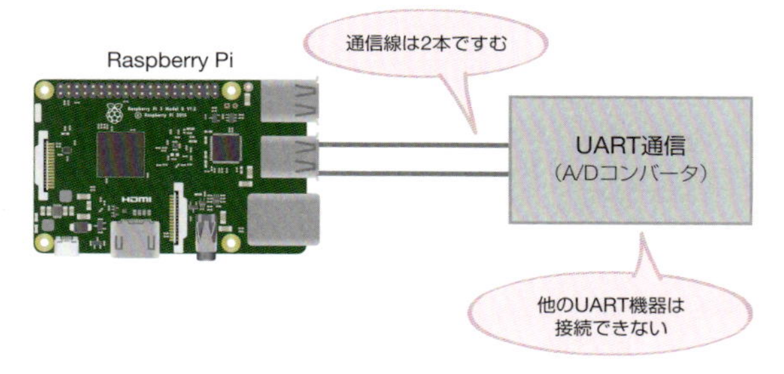

購入可能なA/Dコンバータ

秋月電子通商や千石電商、スイッチサイエンスなどのネット通販では、次のようなA/Dコンバータが購入可能です（2017年11月時点）。

●購入可能な主なA/Dコンバータ

製品名	分解能	チャンネル数	通信方式	参考価格
MCP3002	10ビット	2	SPI	180円（秋月電子通商）
MCP3008	10ビット	8	SPI	220円（秋月電子通商）
MCP3204	12ビット	4	SPI	360円（秋月電子通商）
MCP3208	12ビット	8	SPI	300円（秋月電子通商）
MCP3425	16ビット	1	I²C	250円（秋月電子通商）
LTC1298	12ビット	2	SPI	600円（秋月電子通商）
MAX1118	8ビット	2	SPI	200円（秋月電子通商）
ADS1015	12ビット	4	I²C	1,393円（スイッチサイエンス）
ADS1115	16ビット	4	I²C	2,095円（スイッチサイエンス）

Microchip Technology社のA/DコンバータをSPI通信方式で使う

SPI通信方式を利用したA/Dコンバータを使って、アナログ値を取得してみましょう。SPI通信方式を採用したMicrochip Technology社製A/Dコンバーターは「MCP3002」「MCP3008」「MCP3204」「MCP3208」が入手できます。分解能や搭載するチャンネル数で利用するA/Dコンバーターを選択しましょう。

各A/Dコンバーターは、IC（DIP）の形状になっており、ブレッドボートに差し込んで利用できます。各端子の用途は次の通りです。

●「MCP3002」「MCP3008」「MCP3204」「MCP3208」の各端子

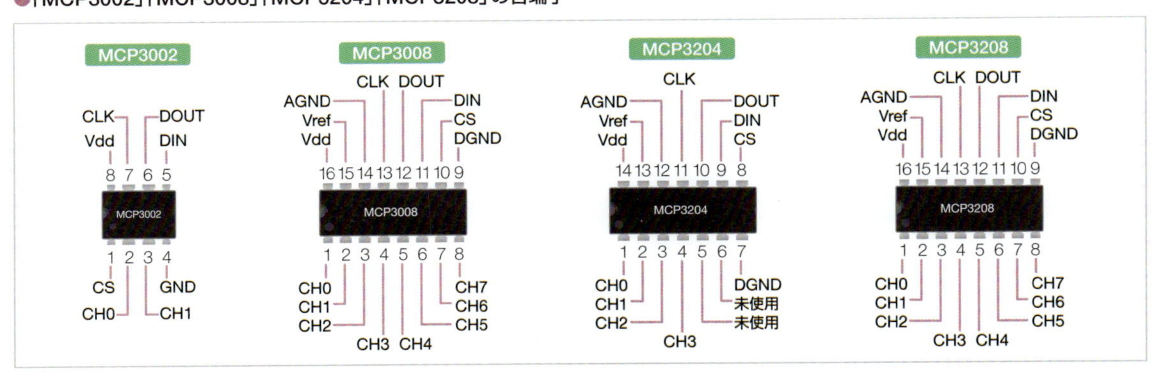

「Vdd」に電源端子（3.3V）、「GND」にGND端子を接続します。MCP3008、MCP3204、MCP3208はGNDがデジタル出力側の「DGND」とアナログ入力側の「AGND」に分かれています。通常はどちらもGND端子へ接続しておきます。「Vref」はリファンレス電圧といい、どの程度まで計測可能かを指定する端子です。0から3.3Vまで計測したい場合は、3.3V電源端子に接続しておきます。MCP3002では、Vref端子はなく、電源電圧から計測可能の範囲を設定しています。

SPI関連は、「DOUT」をMISO端子、「DIN」をMOSI端子、「CLK」をSCKL端子、「CS」をCE0またはCE1

端子へ接続します。

アナログ入力は「CH0」から「CH7」に接続します。

SPIを使ったA/Dコンバータとラズベリー Piの接続は、次図の通りです。もし、ほかにSPI機器を利用している場合は、A/Dコンバータか別のSPI機器のいずれかをCE1に接続します。

利用部品

- A/Dコンバータ
  （MCP3002、MCP3008、MCP3204、MCP3208）……いずれか1個
- ブレッドボード……1個
- ジャンパー線（オス―メス）……6本
- ジャンパー線（オス―オス）……4本※
  ※MCP3002の場合は2本

●Raspberry PiにA/Dコンバータを接続

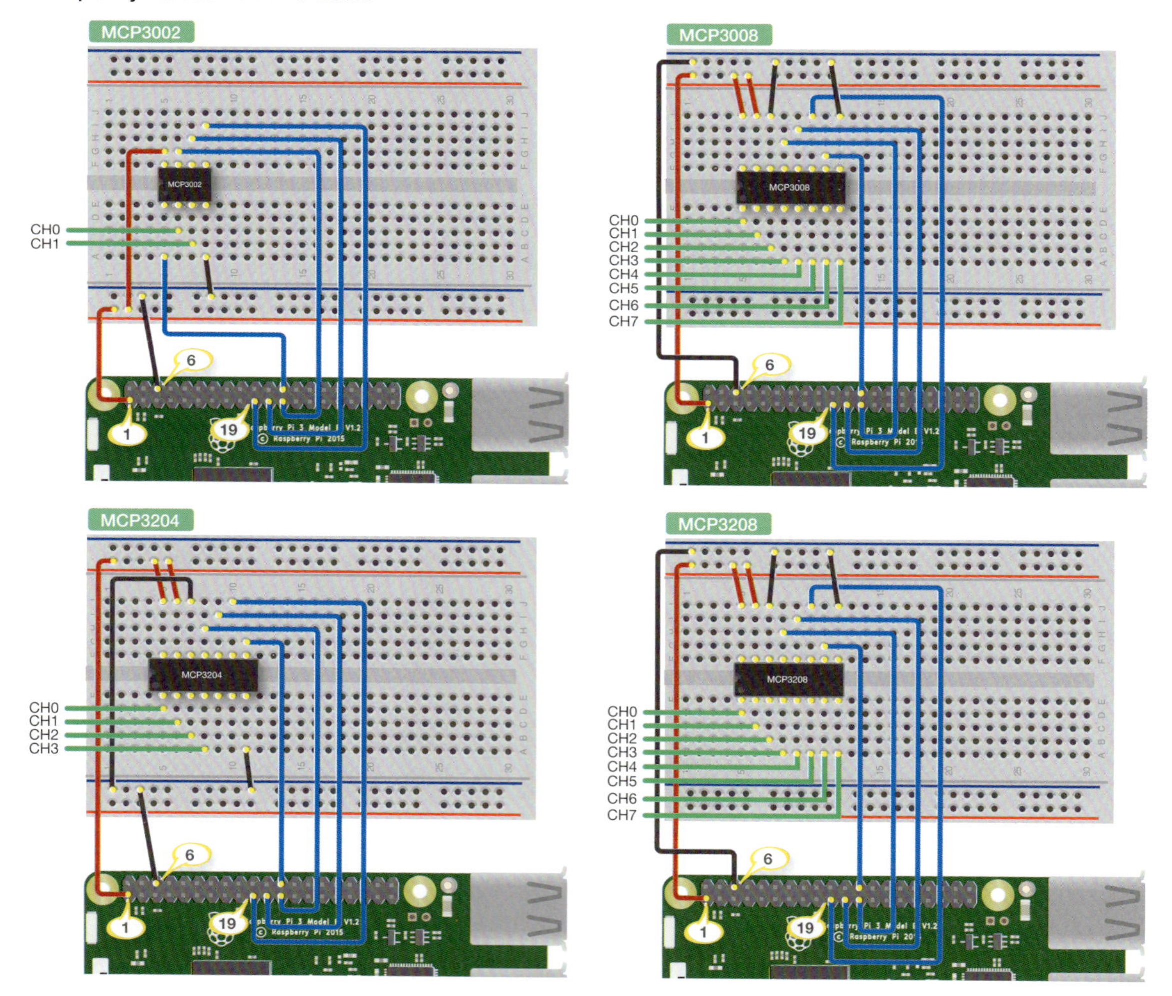

A/Dコンバータから値を取得する

A/DコンバータをRaspberry Piに接続したら、プログラムを作成してアナログ値を取得します。各A/Dコンバータを動作させるライブラリ「mcp_adc.py」を用意しました。本書のサポートページから入手できます。ライブラリをダウンロードして、プログラムと同じフォルダ内に保存しておきます。

また、SPIで通信するためp.58を参照してSPI通信ができるように設定しておきます。

各A/Dコンバータには、次のようにプログラムを作成します。

●MCP3002から値を取得する

raspi_parts/5-1/mcp3002_read.py

```
import wiringpi as pi
import time
import mcp_adc ①

SPI_CE = 0 ②
SPI_SPEED = 1000000
READ_CH = 0 ③
VREF = 3.3 ④

adc = mcp_adc.mcp3002( SPI_CE, SPI_SPEED, VREF ) ⑤

while True:
    value = adc.get_value( READ_CH ) ⑥
    volt = adc.get_volt( value ) ⑦
    print ("Value:", value, "  Volt:", volt ) ⑧

    time.sleep( 0.1 )
```

●MCP3004から値を取得する

raspi_parts/5-1/mcp3004_read.py

```
import wiringpi as pi
import time
import mcp_adc ①

SPI_CE = 0 ②
SPI_SPEED = 1000000
READ_CH = 0 ③
VREF = 3.3 ④

adc = mcp_adc.mcp3004( SPI_CE, SPI_SPEED, VREF ) ⑤

while True:
    value = adc.get_value( READ_CH ) ⑥
    volt = adc.get_volt( value ) ⑦
    print ("Value:", value, "  Volt:", volt ) ⑧

    time.sleep( 0.1 )
```

●MCP3204から値を取得する

raspi_parts/5-1/mcp3204_read.py

```
import wiringpi as pi
import time
import mcp_adc ①

SPI_CE = 0  ②
SPI_SPEED = 1000000
READ_CH = 0 ③
VREF = 3.3 ④

adc = mcp_adc.mcp3204( SPI_CE, SPI_SPEED, VREF ) ⑤

while True:
    value = adc.get_value( READ_CH ) ⑥
    volt = adc.get_volt( value ) ⑦
    print ("Value:", value, "  Volt:", volt ) ⑧

    time.sleep( 0.1 )
```

●MCP3208から値を取得する

raspi_parts/5-1/mcp3208_read.py

```
import wiringpi as pi
import time
import mcp_adc ①

SPI_CE = 0 ②
SPI_SPEED = 1000000
READ_CH = 0 ③
VREF = 3.3 ④

adc = mcp_adc.mcp3208( SPI_CE, SPI_SPEED, VREF ) ⑤

while True:
    value = adc.get_value( READ_CH ) ⑥
    volt = adc.get_volt( value ) ⑦
    print ("Value:", value, "  Volt:", volt ) ⑧

    time.sleep( 0.1 )
```

①A/Dコンバータを制御するためのライブラリを読み込みます。

②A/Dコンバータを接続したSPIのCEを指定します。

③A/Dコンバータの計測するチャンネルを指定します。MCP3002は0または1、MCP3204は0から3、MCP3008、MCP3208の場合は0から7のいずれかを指定します。

④ADコンバーダーで計測対象の電圧を指定します。MCP3002の場合は電源電圧の値を指定します。MCP3008、MCP3204、MCP3208の場合はVref端子にかけた電圧を指定します。

⑤A/Dコンバータの読み取りのためのインスタンスを作成します。この際、接続したADコンバータの種類を指定します。例えば、MCP3002の場合は、「mcp_adc.mcp3002()」とします。

⑥A/Dコンバータから計測した値を取得します。チャンネル番号を変更すれば、別のチャンネルの値を取得できます。MCP3002、MCP3008の場合は0から1023、MCP3204、MCP3208の場合は0から4095の範囲の値で取得できます。

⑦adc.get_volt()を利用することでA/Dコンバータで取得した値を電圧に変換できます。

⑧取得したA/Dコンバータの値と電圧を表示します。

プログラムが作成できたら、右の様にコマンドでプログラムを実行します。

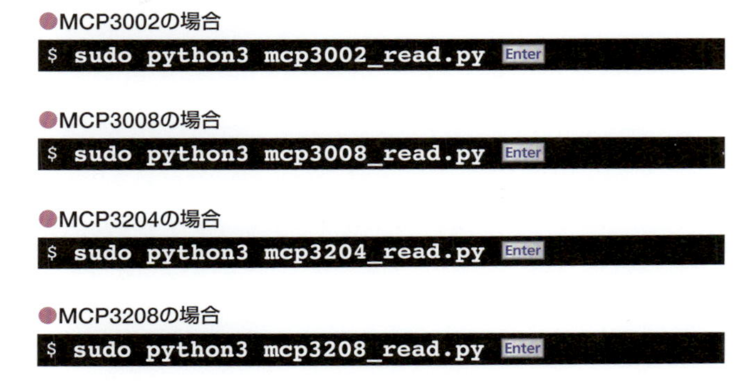

●MCP3002の場合

```
$ sudo python3 mcp3002_read.py Enter
```

●MCP3008の場合

```
$ sudo python3 mcp3008_read.py Enter
```

●MCP3204の場合

```
$ sudo python3 mcp3204_read.py Enter
```

●MCP3208の場合

```
$ sudo python3 mcp3208_read.py Enter
```

0.1秒間隔でADコンバータの値を取得して、取得した値と電圧に変換した値を表示します。

なお、計測するA/Dコンバータの端子に何も接続していない場合は、計測した値が不安定になります。

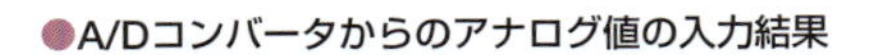

●A/Dコンバータからのアナログ値の入力結果

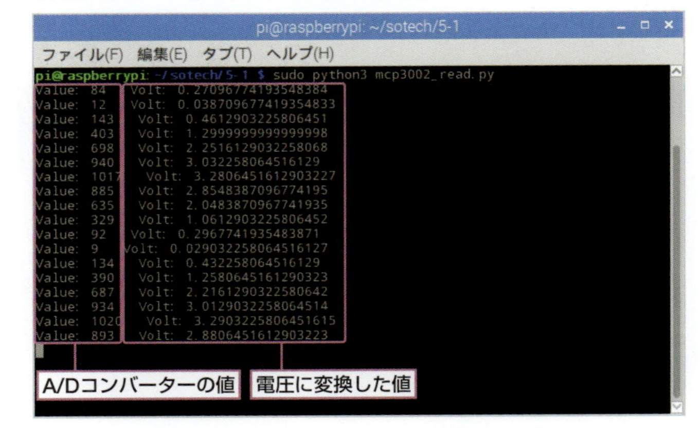

Section 5-2 ボリュームからの入力

ボリュームを使うと、電圧を自由に調節して出力できます。ボリュームの出力を、A/Dコンバータを介してRaspberry Piに入力することで、電子パーツなどの動きを自由に変化させることができます。

電流量を自在に調整して出力できる「ボリューム」

電子部品の中には、LEDのように点灯、消灯の2つの状態だけでなく、明るさを調節できるものがあります。このような用途（出力調整）に利用するのが「**ボリューム**」（**可変抵抗器**）です。ボリュームは、内部の抵抗値を自由に変化させることができる電子部品です。電源などに接続することで、出力する電圧を変化させられます。ボリュームから出力した電圧をp.116で説明したA/Dコンバータを使ってRaspberry Piに入力することで、その値を使ってLEDの明るさを調節したり、モーターの回転速度を変化させるなどに利用できます。

ボリュームには、形状や内部抵抗の変化の状態など様々な種類が存在します。用途に応じて利用するボリュームを選択するようにします。

●自由に電圧を調節できる

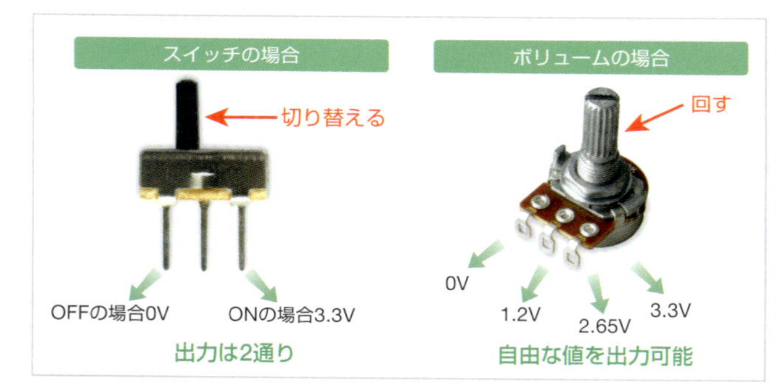

ボリュームの仕組み

ボリュームの中には、線状の抵抗素子が入っています。この抵抗素子は、端子を付ける距離によって抵抗値が変化するようになっています。端子との間隔が近ければ抵抗値は小さくなり、逆に遠くなれば大きくなります。

ボリュームは一般的に3つの端子が搭載されています。そのうち2本の端子は抵抗素子の両端に取り付けられ、中央の端子は抵抗素子上を動かせるようになっています。中央の端子を動かすことで、両端に付けた端子とに距離が変化し、中央と両端のそれぞれの端子間の抵抗が距離に応じて変わるようになっています。

●ボリュームで内部抵抗が変化する仕組み

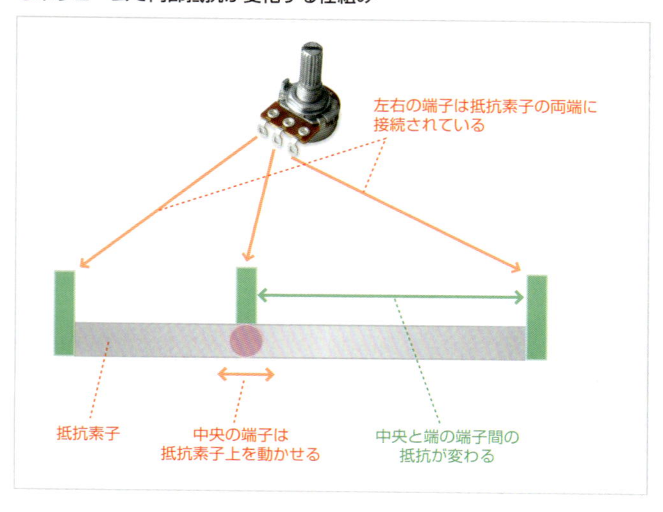

なお、ボリュームの回路記号は、抵抗の回路記号に矢印で中央の端子を抵抗上を動かすような形となっています。抵抗記号の両端がボリュームの両端の端子、矢印が中央の端子にあたります。

●ボリュームの回路記号

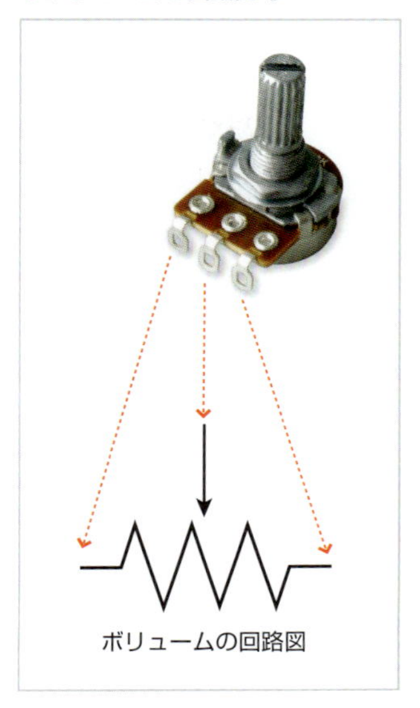

ボリュームの形状

ボリュームの形状は、主に次のような種類があります。

●主なボリュームの形状

回転式ボリューム

「**回転式ボリューム**」は、上部に付いた棒状の回転軸を回すと抵抗値が変化するボリュームです。一般的に回転軸は金属の細い棒状になっています。ここに、別途に用意したつまみを差し込むことで回転しやすくなります。

パネルへの取り付けが可能なボリュームは、回転軸の根元部分がネジ上になっており、穴を空けた板などに差し込んで取り付けることができます。

スライドボリューム

「**スライドボリューム**」は、直線状に動かして調節するボリュームです。音楽で利用するミキサーなどに使われています。直線状につまみを動かして変化させられるため、ボリュームの位置を一目で把握できます。

スライドボリュームの端子は、ボリュームの一方の端に1端子、もう一方の端に2端子搭載されています。2端子搭載されている側のどちらかが、抵抗素子上を動く端子になっています。

半固定抵抗

ボリュームは、電子回路の設定のために使う場合があります。例えば、センサーの感度を調節する場合などです。このような用途の場合、通常は調節後はほとんど動かすことがありません。逆に、容易に動くと調節がずれて正しく動作しなくなる恐れもあります。

このように、通常は動かしたくない用途に利用するのが「**半固定抵抗**」です。半固定抵抗は小さな形状で、基板などに直接取り付けられます。また、ドライバーなどの工具を使って回転させて調節するため、不用意にボリュームが動くことを避けられます。

なおブレッドボードに直接差し込めるため、電子回路を試す用途にも利用されます。

ボリュームの抵抗値

ボリュームには「**抵抗値**」が記載されています。記載されているのは、抵抗素子の両端間の抵抗値を表しています。このため、中央の端子は、0Ωから記載されている抵抗値までの範囲で変化できるようになっています。

ボリュームの抵抗値はボリューム本体の側面などに印刷されているほか、製品を取り扱っているオンラインショップの販売ページなどにも掲載されています。

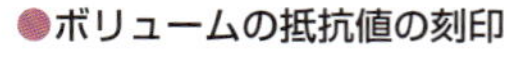
●ボリュームの抵抗値の刻印

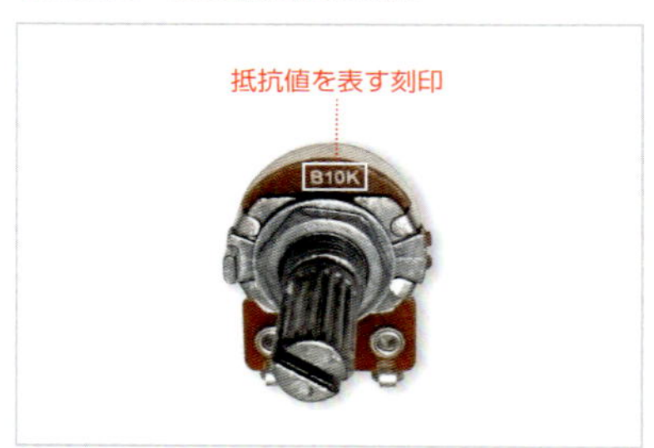

半固定抵抗の抵抗値は、3桁の数値で表されています。上2桁の数値に、下1桁の数だけゼロを付けたした値です。

例えば抵抗値が「103」であれば、「10」にゼロを3つ付け、「10,000」つまり「10kΩ」の抵抗であるとわかります。

●半固定抵抗の抵抗値の刻印

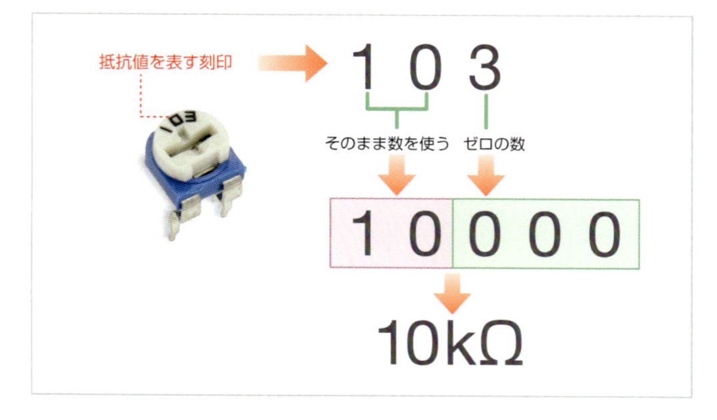

内部抵抗の変化

ボリュームは製品ごとに、抵抗が変化する度合いが異なります。主に「Aカーブ」「Bカーブ」「Cカーブ」の3つの変化のパターンがあります。

Bカーブは、動かした度合いと抵抗の変化が比例的に変化します。例えば、10kΩのボリュームを中央まで異動させると、5kΩになります。

Aカーブは、初めは急激に抵抗値が上昇し、徐々に上昇する割合が緩やかになるボリュームです。音を鳴らすスピーカーなどでは、Bカーブのボリュームを利用すると、音が鳴らない状態から途中まで音の変化が少なく、ボリュームを大きく動かさないと音が大きくなりません。このような部品の場合はAカーブを使うと、音が鳴らない状態から少ないボリュームの調節で音の大きさが変化します。

逆に、Cカーブは初めの抵抗値の変化が少なく、後になるに従って変化が大きくなります。

●内部抵抗の変化

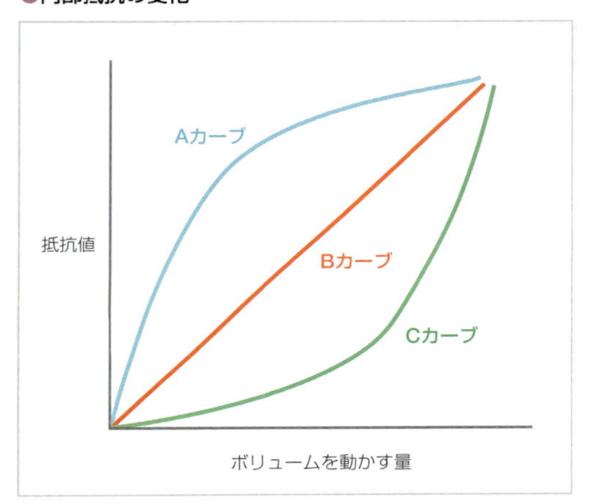

内部抵抗の変化を電圧に変換する

ボリュームは内部抵抗が変化するだけで、そのままA/Dコンバータに接続してもボリュームの変化は読み取れません。これは、A/Dコンバータが電圧値をを読み取って入力値として使うためです。そのため、ボリュームの変化をA/Dコンバータで読み取るには、抵抗の変化を電圧の変化に変換する必要があります。

ボリュームに付いている両端の端子を、電源とGNDに接続します。Raspberry Piの場合は一方を3.3V、もう一方をGND（0V）に接続します。すると、ボリュームの中央の端子が、抵抗素子の位置によって0Vから3.3Vの間で変化するようになります。中央の端子をA/Dコンバータに接続すれば、ボリュームの変化が電圧に変換され、Raspberry Piで読み取れるようになります。

NOTE

抵抗の変化を電圧に変換する「分圧回路」

ボリュームが抵抗値の変化を電圧に変換するには「**分圧回路**」という回路を利用しています。分圧回路とは、2つの抵抗を直列につなぎ、両端を電源につなぎます。すると、抵抗間の電圧は2つの抵抗の値によって決まります。
抵抗R1とR2を直列につなぎ、抵抗の両端にVの電圧をかけると、以下の図のように抵抗の間の電圧が求まります。
例えば、R1を1KΩ、R2を2KΩとし、電源に3.3Vをかけると、抵抗間の電圧は以下のように「2.2V」と求まります。

●分圧回路で電圧を変換する

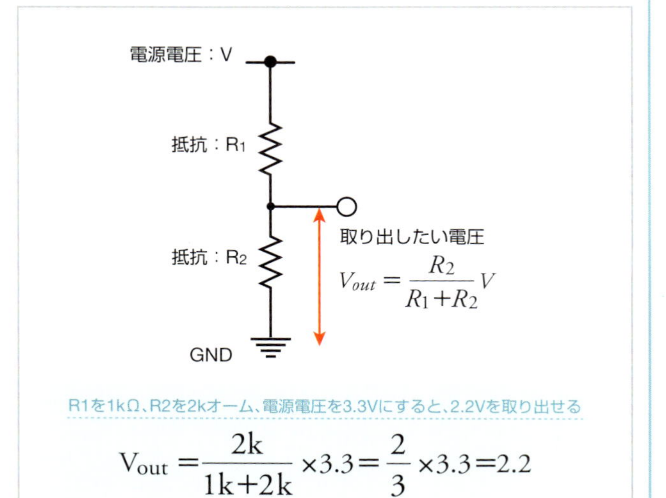

ボリュームの場合は、中央の端子を動かすことで、右側と左側の抵抗が変化します。例えば、10kΩのボリュームで左側の端子から中央までの端子の抵抗が4kΩの時、中央から右側の端子の抵抗は「10kΩ-4kΩ＝6kΩ」となります。つまり、4kΩと6kΩの抵抗で分圧回路ができているのと同じになります。
中央の端子の場所を変化させれば、分圧回路の抵抗の割合も変化するので中央の端子の電圧も変化することになります。このようにしてボリュームの内部抵抗の変化を電圧の変化に変換しています。

●ボリュームの内部は分圧回路になっている

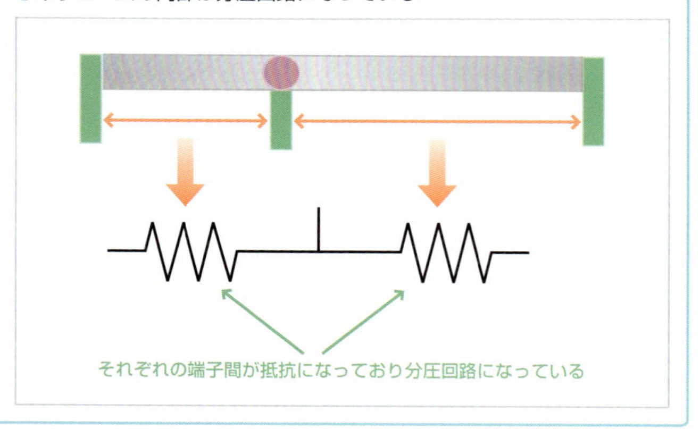

ボリュームの変化をRaspberry Piで利用する

実際にボリュームの変化をRaspberry Piで読み込んでみましょう。ここでは、半固定抵抗とA/Dコンバータ「MCP3002」を使ってボリュームの値を取得してみます。ちなみに、他の回転式ボリュームやスライドボリュームでも、これと同じように入力できます。ケーブルなどを利用して半固定抵抗同様に接続しましょう。

ボリュームとA/Dコンバータを右図のように接続します。

●ボリュームを接続する

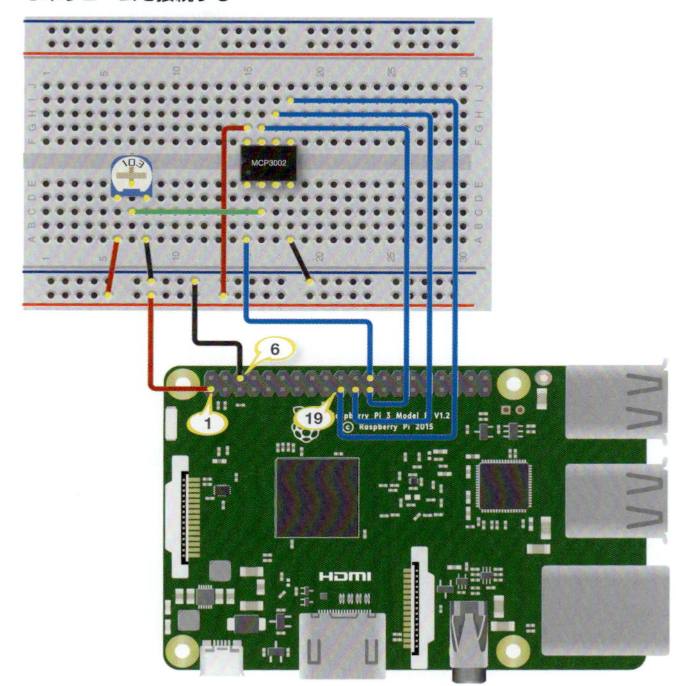

利用部品

- 半固定抵抗10kΩ……1個
- A/Dコンバータ MCP3002……1個
- ブレッドボード……1個
- ジャンパー線（オス—メス）……6本
- ジャンパー線（オス—オス）……5本

ボリュームの両端に電源とGNDに接続し、中央の端子をA/Dコンバータの0チャンネルに接続します。

接続したらプログラムを作成します。プログラム自体は、p.121で説明したA/Dコンバータの入力プログラムと同じです。例えば、MCP3002を使った場合にはmcp3002_read.pyを利用します。

プログラムが準備できたら、右のようにコマンドでプログラムを実行します。

●MCP3002の場合

```
$ sudo python3 mcp3002_read.py Enter
```

実行すると、A/Dコンバータの値と電圧が表示されます。ボリュームを回すと電圧が変化することがわかります。

NOTE

GPIOリファレンスボード

本書の付録として、Raspberry PiのGPIOピンに対応した、GPIOリファレンスボードを用意しました。背景の赤色の端子は「電源」、黒色の端子は「GND」を表します。数字はGPIOの番号、青背景は「I²C」関連、緑背景は「UART」、オレンジの背景は「SPI」の端子を表しています。
このページをコピー機などで原寸コピーして、周辺と中央の灰色部分を切り取って、Raspberry PiのGPIOピンに被せてご使用ください。
また、このGPIOリファレンスボードの内容をPDFファイルにして、サンプルコードとともにダウンロードできるようにしています。本書のサポートページからダウンロードして使用してください。

●GPIOリファレンスボード

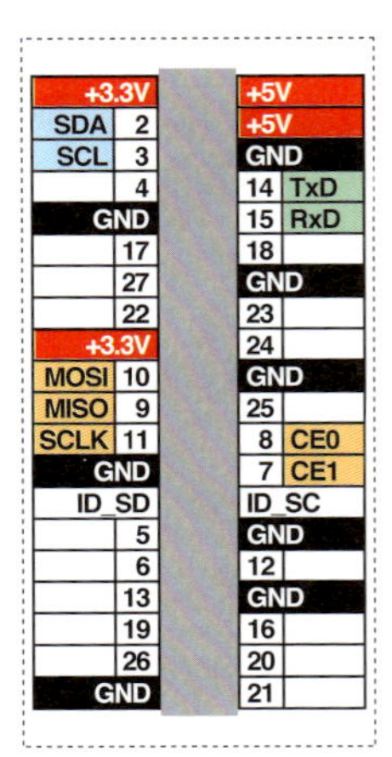

●GPIOリファレンスボード使用例

Chapter 6

モーター・サーボモーター

モーターやサーボモーターは動作させることのできる電子部品です。モーターは回転させることができ、車輪を回したり、紐を巻き取るといった用途に使えます。サーボモーターは特定の角度まで動かすことができ、ロボットの関節などに使えます。応用次第で、車やロボットの動作に使えます。

Section 6-1 モーターを回転させる

電子工作ではもの自体を動かすこともできます。その代表的な電子部品が「モーター」です。モーターは、電気を加えると回転動作します。この回転を使って、タイヤやプロペラなどを回転させて、ものを動かすことができます。

回転してものを動かせる「モーター」

電子工作で「ものを動かす」目的で利用される代表的な電子部品が「**DCモーター**」です。DCモーターは、回転動作ができる電子部品です。回転させられれば、扇風機の羽根を回して風を起こしたり、車のタイヤを駆動させて移動させたりといった動作が可能です。

●DCモーターを利用した例

DCモーターは2つの端子を備えています。端子に電池などを接続すると、中央に備えられた軸が回転します。また、端子を逆に電源へ接続すると回転軸が反転します。

●DCモーターの外見

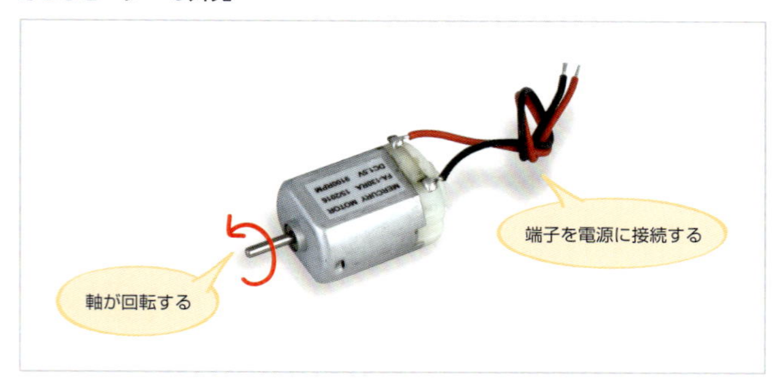

DCモーターは磁気の力で回転する

モーターがどのように動作するかを解説します。DCモーターは駆動に電磁石の原理を利用しています。電磁石は、鉄心に導線を何重にも同じ方向へ巻いたものです。この巻いた導線に、電池などを接続して電気を流すと鉄心が磁気を帯びます。これを「**電磁誘導**」と呼びます。鉄心の一方がN極、もう一方がS極になります。ここに金属を近づければ、鉄心に磁力で引きつけられます。鉄心のN極になった面に磁石のS極を近づければ引きつけられ、N極を近づければ反発します。

なお、電池を逆に接続すると、電磁石のN極とS極が逆になります。

●電気を流すと磁気を帯びる電磁石

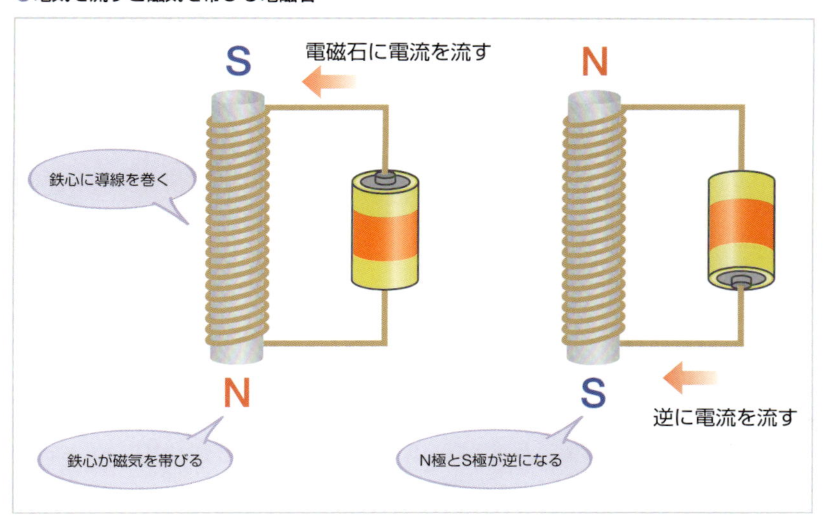

DCモーターでは、中心に電磁石を配置し、その周辺にN極とS極の永久磁石を配置しています。電磁石は3つ搭載されており、場所によってそれぞれがN極、S極の電磁石になります。電磁石がS極となっている部分は、N極の磁石に吸い寄せられ、逆にS極の磁石から反発するようになります。この力によって、電磁石が回転します。電磁石の中心に軸が接続されており、回転が外部に伝わるようになっています。

●DCモーターの内部

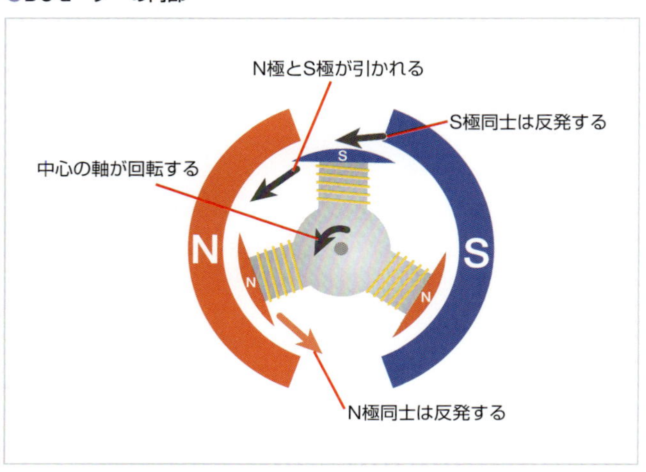

DCモーターを選ぶ

DCモーターは、様々な種類が販売されています。種類によって、動作条件や回転スピード、発揮する力などが異なります。動作させたい用途によってどのモーターを利用するかを選択しましょう。

DCモーターを選択する際は「**動作電圧**」「**回転数**」「**トルク**」などが重要な要素です。

動作電圧とは、モーターを動かすためにかける電圧のことです。この動作電圧範囲の電圧をかけるようにします。動作電圧範囲よりも電圧が低い場合は、モーターが回転しなかったり、回転が不安定になったりします。逆に高い電圧をかけてしまうと、大電流が流れモーターが焼き切れてしまいます。

回転数とは、1分間に回転する回数を表しています。単位は「rpm」（revolution per minute）で表します。データシートには、モーターに何も接続していないときの「無負荷回転数」が記載されています。

トルクはモーターの力を表しています。トルクとは、モーターの回転軸に1mの重さがない棒を付け、その端に加えられる力を表します。トルクが大きければ、重いものを動かしたり、急な坂を上ったりといった負荷のかかる状況でもモーターを回せます。逆にトルクが小さいと、力が足りず動作できないことがあります。

●動かす力を表す「トルク」

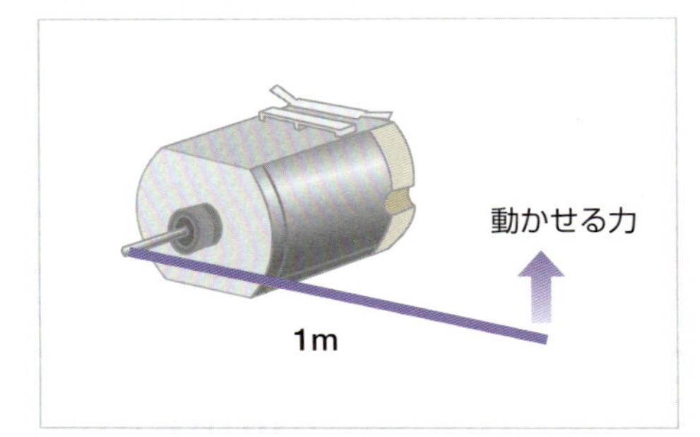

トルクは一般的に「N・m」（ニュートン・メートル）で表します。ただし、モーターのデータシートでは、1cm先に動かせる力をg単位で表す「gf・cm」が利用されています。

回転数やトルクなどは、モーターに取り付けた負荷によって変化します。例えば、重いものを動かそうとすると回転数が少なくなります。この関係はデータシートにグラフとして記載されています。

また、おおよそのDCモーターの性能を表すため、無負荷と適正電圧負荷時の各情報が記載されています。無負荷回転数は、何も取り付けない場合にどの程度回転するかを表しています。

さらに、モーターの性能を最も発揮できる「**適正電圧**」も記載されています。適正電圧は、最も大きなトルクを得られる電圧です。また、適正電圧を加えた場合の回転数やトルク、流れる電流も記載されています。例えばマブチモーターの「FA-130RA」というモーターの場合、1.5～3Vの電圧をかけられます。適正電圧は1.5Vで、その際のトルクが6g・cm、回転数が7000rpmとなっています。

現在購入可能な主要なDCモーターには、次のようなものがあります。

●購入可能な主なDCモーター

製品名	動作電圧範囲	無負荷回転数	適正電圧付加時				参考価格
			適正電圧	トルク	電流	回転数	
FA-130RA	1.5～3.0V	8100～9900rpm	1.5V	6gf・cm	0.66A	約7000rpm	100円（秋月電子通商）
RE-140RA	1.5～3.0V	約7200rpm	1.5V	5gf・cm	0.56A	約4700rpm	200円（千石電商）
RE-280RA	1.5～4.5V	約9200rpm	3.0V	20gf・cm	0.87A	約7770rpm	130円（秋月電子通商）
RS-385PH	3.0～9.0V	約12100rpm	6.0V	21gf・cm	2.7A	約10300rpm	200円（秋月電子通商）
RS-540SH	4.5～9.6V	約15800rpm	7.2V	22gf・cm	6.1A	約14400rpm	1,295円（千石電商）

大電流が流れる回路でも制御できる「FET」

モーターを動作させるには大電流を流す必要があります。例えばFA-120RAであれば、660mAもの電流が流れます。よりパワーがあるモーターであれば、数十Aもの電流が流れることもあります。p.78で説明した高輝度LED（20mA）の数十倍以上の電流が流れます。

このような電子部品をRaspberry Piに直接接続すると、大電流が流れてRaspberry Piが停止するか、Raspberry Pi自体が壊れる恐れもあります。このため、モーターは直接Raspberry Piで制御してはいけません。

●モーターを直接Raspberry Piに繋いで制御してはいけない

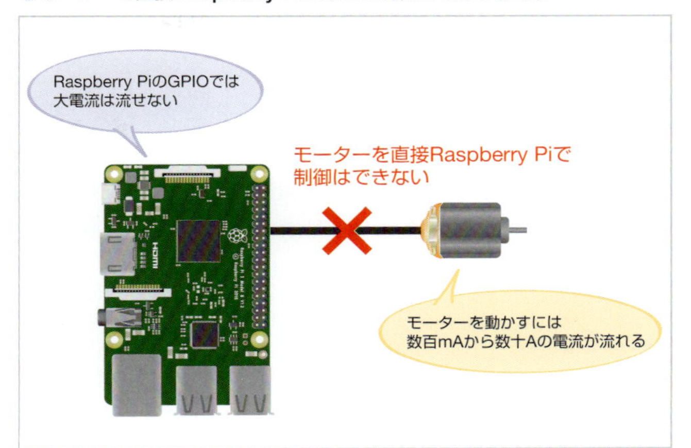

モーターをRaspberry Piで制御する場合は、「**FET**」（**電界効果トランジスタ**）を介して行います。FETはp.79で説明したトランジスタの一種です。Raspberry PiのGPIOからFETに電圧をかけると、接続した回路に電流を流すことができます。これによって、接続したモーターを動作させることが可能です。

なお、FETはバイポーラトランジスタよりも大電流を制御するのに向いており、モーターのような大電流を流す必要のある電子部品を制御するのに利用されています。

●モーターの動作回路をFETを介して制御する

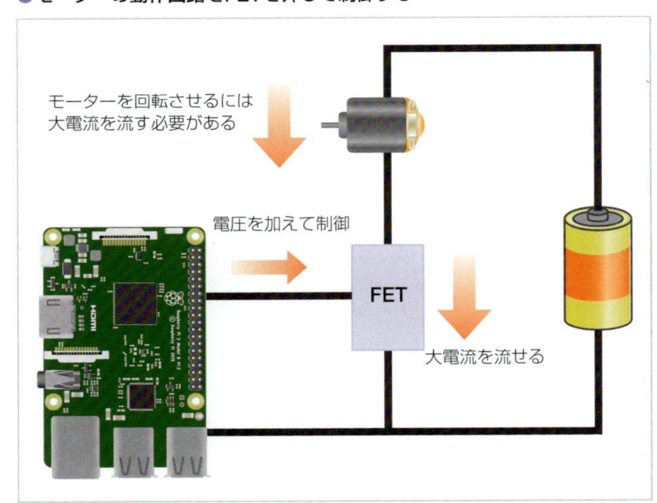

NOTE

FETで信号の増幅が可能

FETはスイッチのような利用方法だけでなく、小さな信号を大きな信号に変換することも可能です。バイポーラトランジスタは、ベースに流す電流によってコレクターエミッタ間に流れる電流を制御できましたが、FETの場合はゲートにかける電圧によって、ドレインーソース間に流れる電流を変化できます。

FETの原理

FETはトランジスタ同様に、p型半導体とn型半導体から構成されています。FETには主に「**MOSFET**」と「**JFET**」の2種類があります。ここでは、MOSFETの原理を説明します（JFETについてはp.138を参照）。

MOSFETは次の図のように、ベースとなるn型半導体またはp型半導体の上部に、ベース半導体とは異なる半導体が離れて2カ所作られています。この2つの半導体の間に、電気を通さない絶縁体の膜を、さらに上に金属の膜を重ねて構成しています。n型半導体をベースとしたMOSFETを「**pチャネルMOSFET**」、p型半導体をベースとしたMOSFETを「**nチャネルMOSFET**」と呼びます。

なお、上に配置した各半導体に接続した端子を「**ドレイン**」「**ソース**」、絶縁体を挟んだ金属に接続した端子を「**ゲート**」と呼びます。

●MOSFETの構造

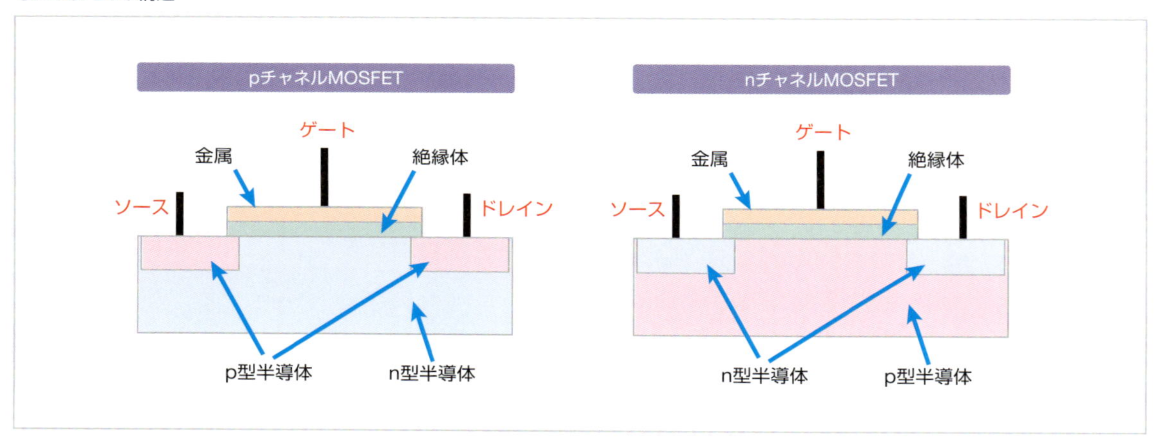

nチャネルMOSFETを例にFETの動作原理を説明します。ドレインとソースに制御する回路を接続し、ゲートにRaspberry PiのGPIOのような制御回路を接続して動作させます。

ゲートの電圧が0Vの場合、ドレインとソース間は、NPN型トランジスタと同様に電気が通りません（p.81参照）。つまり、ゲートとソースに接続した回路には電流が流れず、回路上の電子部品は動作しません。

●ゲートが0Vの場合

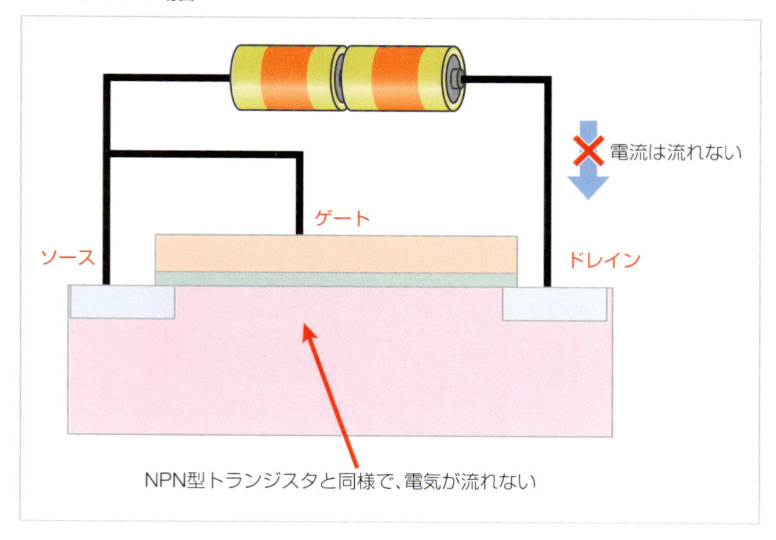

次に、ゲートに電圧をかけます。ゲートとp型半導体の間には絶縁体が挟まれているため、ゲートから半導体へは電気が流れません。しかし、コンデンサには、金属に正の電荷が貯まります（p.142参照）。すると、絶縁体の境界付近のp型半導体がn型半導体の性質に変化します。このp型からn型に変化した部分を「**nチャネル**」といいます。

nチャネルが形成されると、ドレインからソースまでの半導体すべてがn型半導体となるため、電子が半導体内に流れます。つまり、ドレインとソースに接続した回路に電流が流れ、電子部品を動作させせます。

●ゲートに電圧をかけた場合

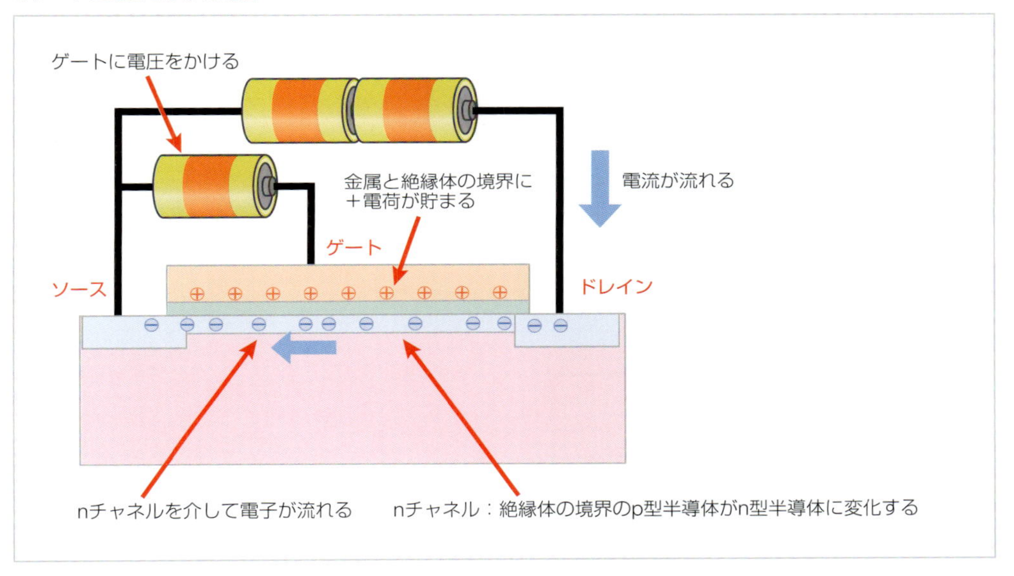

pチャネルMOSFETの場合も同様で、ゲートを電源の－側に接続すると、ゲート内の金属内に電子が貯まり、n型半導体がp型半導体の性質に変わる「**pチャネル**」が形成されます。ここに電気が流れ、ドレインとソースに接続した回路に電気が流れます。

ゲートにかける電圧によって、nチャネルの幅は変化します。電圧を高くすればnチャネルは広くなり、その分多くの電流を流せます。

電子回路図では、右のような図が使われます。矢印の方向によってnチャネルMOSFETかpチャネルMOSFTEかを判断できます。

●MOSFETの回路図

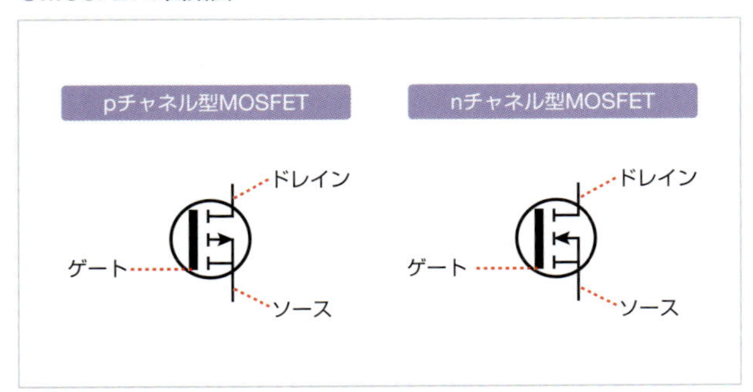

NOTE

JFET

MOSFETのほかにも「JFET」（接合型FET、ジャンクションFET）と呼ばれるFETがあります。JFETは、MOSFETとは異なり、次図のように、n型半導体をp型半導体で挟んだ構成になっています（n型とp型半導体が逆の場合もある）。ゲートに何も電圧を加えないとn型半導体の中に電子が移動し、回路に電流が流れます。しかし、ゲートに電圧を加えるとn型半導体内に電子が存在できない空間（空乏層）が広がり、電子の流れを阻害します。また、空乏層が大きくなると、電子の通り道がなくなり電流を流すことができなくなります。

●JFETの仕組み

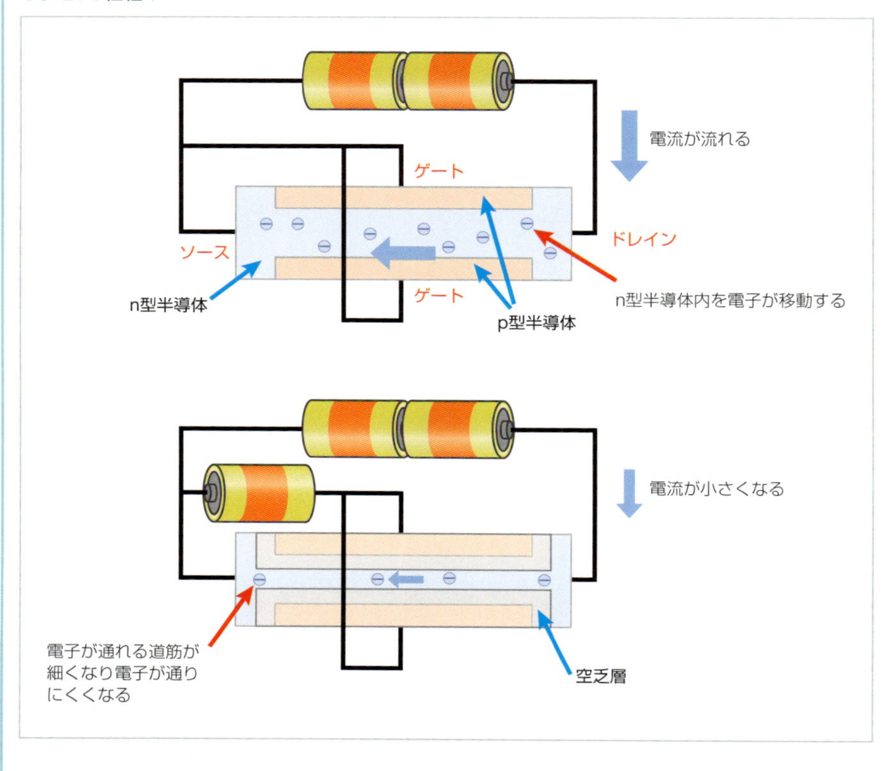

最近はMOSFETが一般的に利用されているため、本書ではMOSFET利用したモーターの制御方法について説明します。

MOSFETの外見

MOSFETはトランジスタ同様に3本の端子が搭載されています。MOSFETの素子は樹脂で覆われています。2SK2232や2SK4017の場合は、端子は左からゲート、ドレイン、ソースの順に並んでいます。ただし、製品によっては、端子の並びが異なるので、必ずデータシートなどを確認しましょう。

また大電流を流せるようになっており、放熱用の金属が付いています。また、大きな放熱板の場合は穴が空いており、ヒートシンクといった放熱用のパーツを取り付けて放熱効率を上げることができます。また、放熱板が小さなMOSFETもあります。

●MOSFETの外見

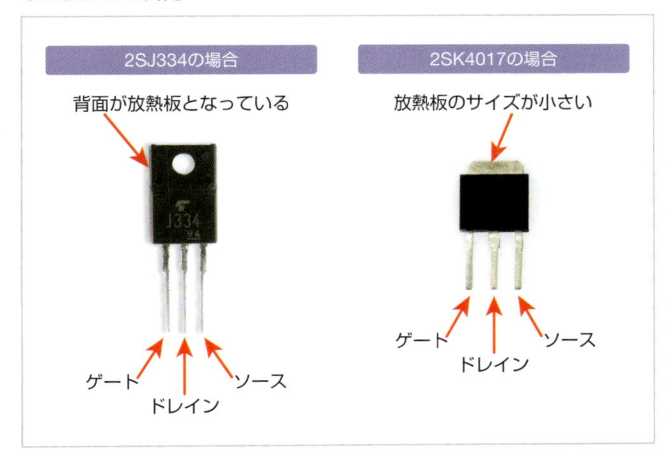

MOSFETを選択する

MOSFETを選択するには、次のような電気的な特性を確認しておきます。

ドレイン・ソース間電圧：V_{DSS}

「ドレイン・ソース間電圧：V_{DSS}」は、制御する回路でMOSFETにかけることのできる電圧です。制御される側の回路にV_{DSS}以上の電圧をかけてはいけません。また、安全を考えV_{DSS}の半分程度の電圧にとどめておきましょう。例えば、V_{DSS}が60VのMOSFETを利用する場合は、30Vまでにしておきます。

直流ドレイン電流：I_D

「直流ドレイン電流：I_D」は、流せる電流を表しています。MOSFETは、トランジスタと比べ流せる電流が大きいのが特徴です。そのため、モーターのような大電流を流す電子部品でも安心して接続できます。

しかし、モーターの種類によっては、極めて大きな電流が流れることもあります。そのため、MOSFETのI_Dの値を確認して、流せる電流を確認します。また、実際に流す電流は、安全を考えてI_Dの半分程度の電流にとどめておきましょう。

NOTE

かけることのできる電力

MOSFETでもかけられる電力が決まっており、「許容損失（**ドレイン損失**）：P_D」に記載されています。ただし、P_Dの値は非常に大きな放熱板を取り付けた場合の値です。実用上の電力は、データシートにある「電力軽減曲線」というグラフを確認することで、温度と実際にかけられる電力を導き出します。なお、動作させて温度が上がってしまう場合は、先にも言及したように放熱板などを取り付けて冷却することで、電力を上げられます。

一般的に販売されている模型用のモーターであれば、動作電圧範囲で動作させれば、P_D以上の電力がかかることは稀です。動作させてみて、MOSFETを触って熱いと感じたら、放熱板を取り付けて冷却したり許容損失の大きなMOSFETに変更するなど対処しましょう。

ゲートしきい値電圧：V_{th}

接続した制御する回路に電流を流すには、ゲートに電圧をかけます。どの程度の電圧をかけたらドレイン―ソース間に電流を流せるかは、「**ゲートしきい値電圧**：V_{th}」を参照します。V_{th}よりも高い電圧をゲートにかけると、ドレイン―ソース間に電流を流すことができます。例えば、V_{th}が最大2.5Vであれば、2.5V以上の電圧をゲートにかけます。ただし、電圧が低いと上手くドレイン―ソース間に電流が流れないこともあるため、余裕をみて約1.5倍以上の電圧をかけるようにします。先の例で言うと、V_{th}が2.5Vであれば4V以上の電圧をかけた方が安定して動作します。

FETの型番

FETには様々な種類が販売されています。大まかに分けてもnチャネルFETとpチャネルFETがあります。FETには型番がついていて、型番を見ることでおおよその種類を判別できます。

はじめの「2S」はトランジスタを表します。トランジスタにはFETも含まれます。次のアルファベットはMOSFETの形式を表します。「J」はpチャネル、「K」はnチャネルを表します。次に型番が数字で記載されます。

●FETの型番

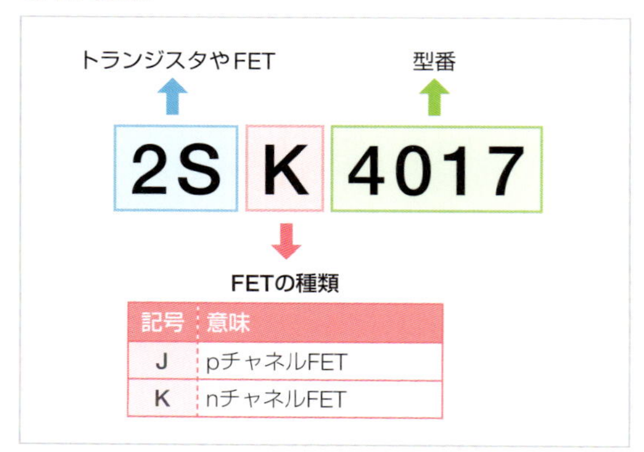

記号	意味
J	pチャネルFET
K	nチャネルFET

POINT

2S以外の名称のFET

FETには、「2S」から始める型番以外の製品も販売されています。これは、トランジスタ同様に登録した団体によって表記の方法が異なるためです。半導体メーカー独自に決めた型番を付けているFETもあります。

モーターを制御する

Raspberry Piでモーターを制御してみましょう。ここでは、DCモーター「FA-130RA」を利用します。また、モーターを回転させるための電源として1.5Vの電池を2本利用して3Vを供給するようにします。なお、3Vの電圧をかけた場合には、FA-130-RAには1A弱の電流が流れることがあるので、MOSFETを選択する際の参考にします。

モーターを制御するMOSFETには、nチャネルMOSFET「2SK4017」を利用します。2SK4017はV_{DSS}が60Vで、30Vで動作するモーターも駆動できます。I_Dは5Aであり、FA-130-RAに1Aの電流が流れても安全に利用可能です。V_{th}は2.5Vで、Raspberry Piの3.3Vの出力でもMOSFETの切り替えが可能です（動作が不安定の場合はp.144を参照してください）。

モーターを制御する回路は次ページのようにします。

●モーターを制御する回路

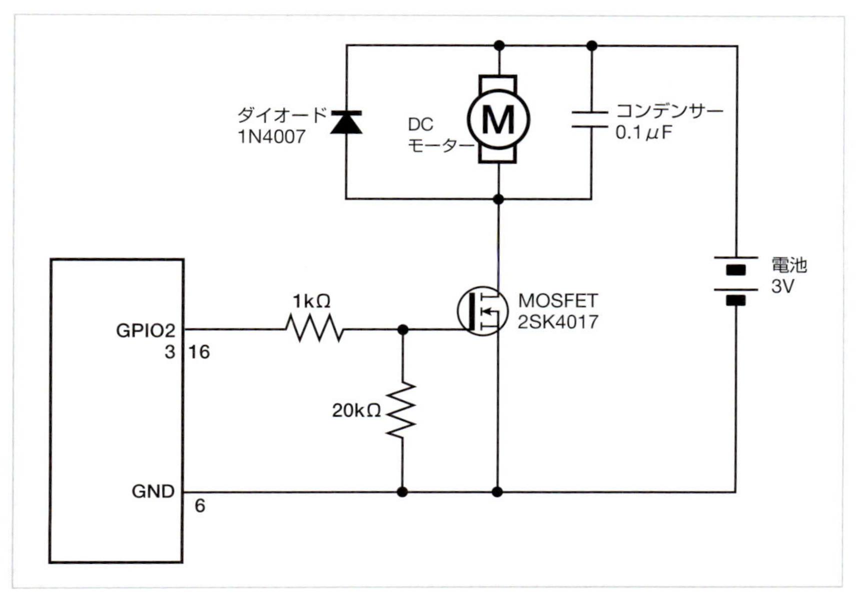

MOSFETのドレイン側にモーターを接続します。ソースはGNDに接続しておきます。制御するゲートはRaspberry PiのGPIOに接続してデジタル出力で制御するようにします。また、電流が突然流れないように1kΩ程度の抵抗を挟んでおきます。

モーターの雑音を軽減する

DCモーターは、内部の電磁石のN極、S極を次々と切り替えながら回転させています。この際にブラシ上の端子によって回転する電磁石に電気を供給しています。このブラシが接続する電源の＋と－を切り替える際に、電気的な雑音を発生します。雑音が発生すると、他の電子部品に影響を及ぼして思わぬ動作をさせかねません。

そのため、できる限りモーターから発生する雑音を軽減する必要があります。そこで、雑音軽減に利用するのが「**コンデンサー**」です。コンデンサーは電気をためることができる電子部品です。電圧が急に変化した際に、コンデンサーに蓄えている電気を回路に戻して急激な変化を和らげる効果があります（コンデンサーについてはp.142を参照）。

モーターの端子に0.1μF程度のコンデンサーを取り付けておくことで、雑音を軽減できます。モーターの近くにコンデンサーを付ける方が効果的なので、モーターの端子部分に直接はんだ付けしておきます。

●モーターの雑音を軽減するコンデンサーを取り付ける

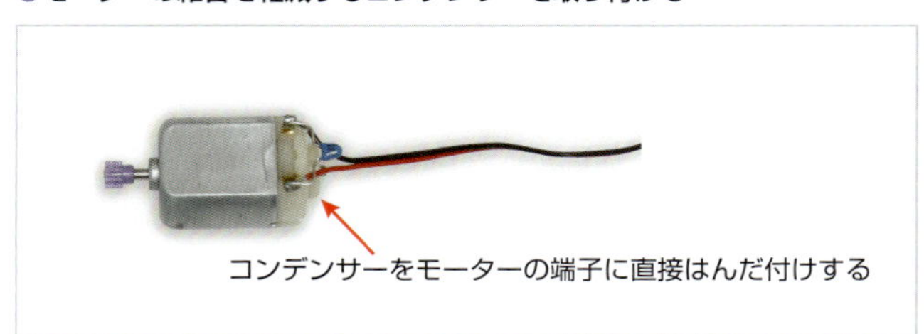

NOTE

電気を一時的に貯められる「コンデンサー」

コンデンサーは、電気を一時的に貯めることができる電子部品です。2つの金属が、電気を通さない絶縁体を挟んだような構造をしています。両金属に電圧をかけると金属に電気がたまります。いわば、少量の蓄電池のような特性があります。
コンデンサーを電源に接続した直後は、電源からコンデンサーに向かって電流が流れ、コンデンサーの金属に電荷がたまり始めます。充電が進むにつれ、流れる電流が少なくなり、コンデンサーと電源の電圧が同じになると電流が流れなくなります。
充電した状態で電源を外すと、電気がたまった状態を保ちます。また、コンデンサーの両方の端子を直結すると、たまった電化を放電し始めます。この際、逆方向に電流が流れ、放電が完了するまで電流が流れ続けます。

●電気を貯めるコンデンサー

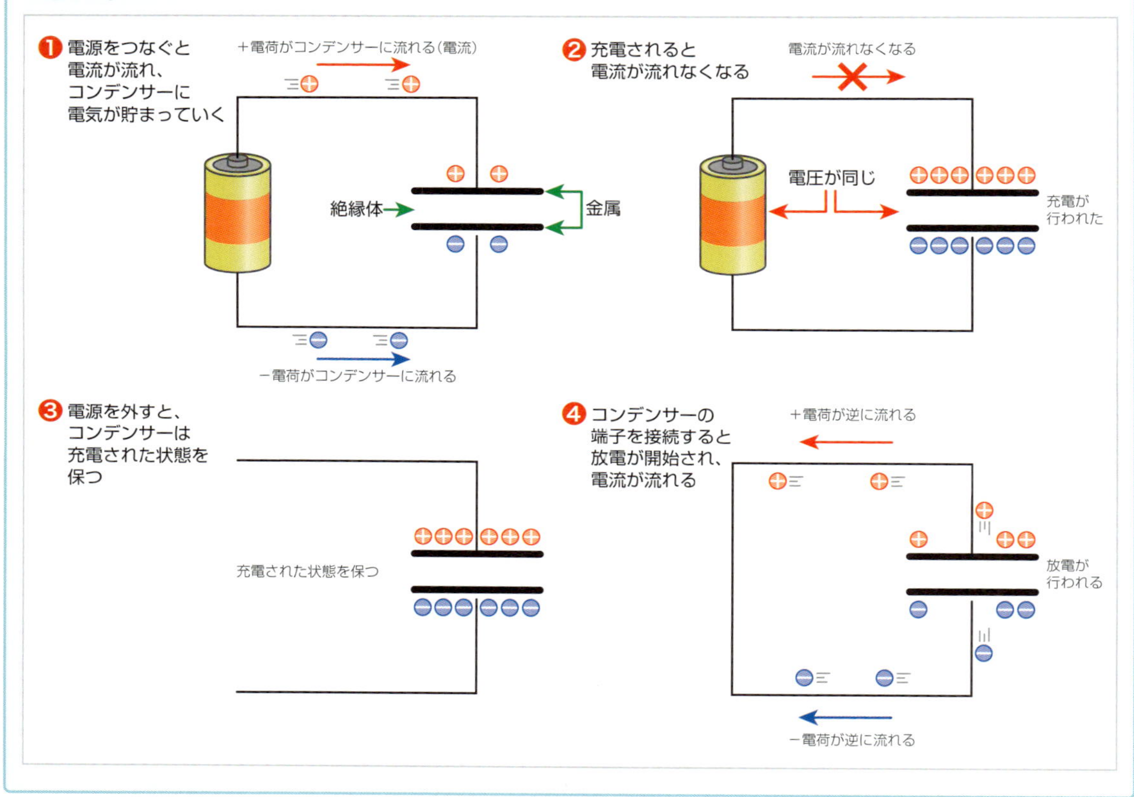

逆起電力対策を施す

モーターは電気を供給することで回転します。逆に、モーターは電源に接続せずに（手などで）回すことで、発電できる特性があります。一般にいう「発電機」は、この特性を活用して電気を起こしています。

DCモーターを回転させる場合も電気が発生しています。回転中のモーターへの電気供給をやめても、慣性でモーターが回転し続け、その際に発電します。この電気のことを「**逆起電力**」といいます。

逆起電力は、モーターを回転させる際に電気を供給していたのと逆の電圧が発生します。つまり、MOSFETでモーターを制御する回路であれば、MOSFETに接続している端子側が＋となる起電力が発生します。この起電力はMOSFETに悪影響を及ぼす恐れがあります。場合によっては、MOSFET自体が逆起電力により壊れてしまう恐れもあります。

そこで、発生した逆起電力を逃がすためにダイオードを接続します。ダイオードは、LEDと同様に、一方向に電気を流す特性があります。モーターに並列にダイオードを接続し、逆起電力を発生した場合に電気を逃がすようにします。

●ダイオードを接続することで逆起電力を逃がす

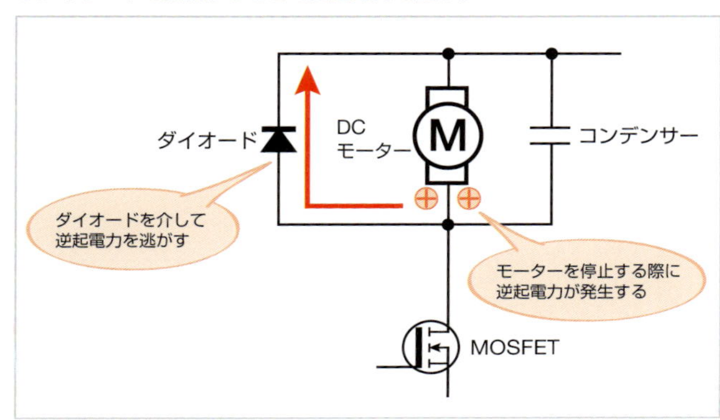

なお、ダイオードはLED同様にアノードとカソードがあり、アノードからカソードの方向に電気を流せます。ダイオードには、カソード側に線が印刷されているので、これでアノードとカソードを区別します。

●ダイオードの外見

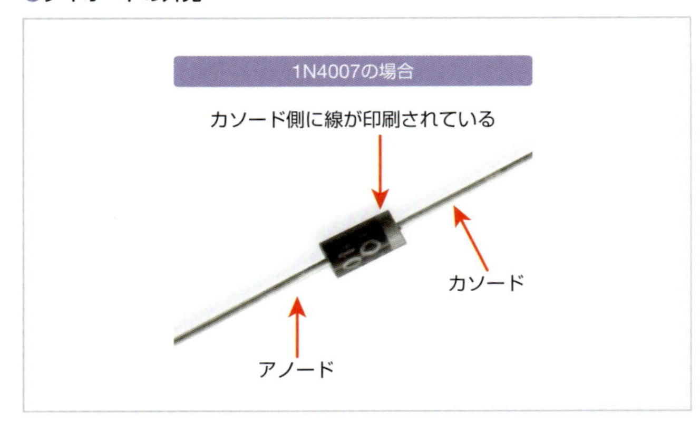

MOSFETに貯まった電気を逃がす

説明したように、MOSFETはゲートに電荷を貯めて間に電流を流せるようにします。逆に、ゲートをGNDに接続するとゲート内の電荷がGNDへ流れて、ドレイン―ソース間の電流が流れないようになります。

しかし、Raspberry PiのGPIOに接続した場合、ゲートに貯まっていた電荷がすぐには流れ出ず、ドレイン―ソース間の電流が流れなくなるまで数秒程度遅れてしまいます。

そこで、ゲートとGNDを抵抗で接続しておくことで、ゲートに貯まった電荷をすぐに流れるようにできます。

●ゲートに貯まった電荷をすぐに抜けるようにする

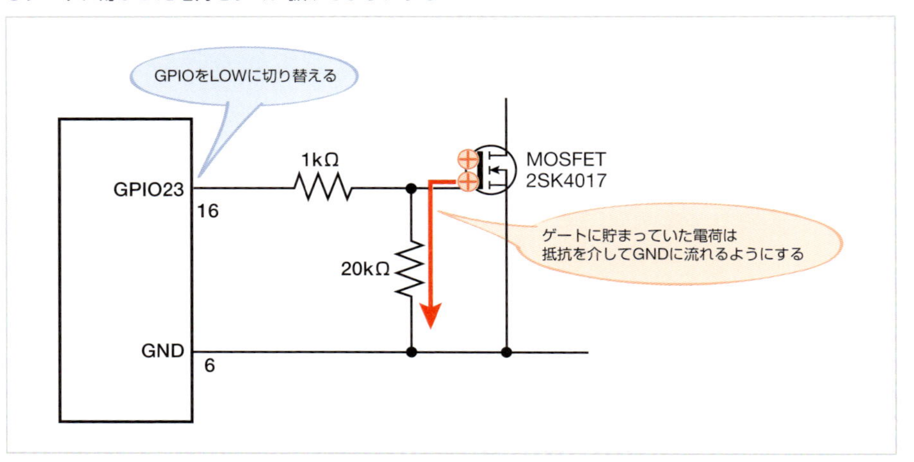

NOTE

MOSFETが不安定になる場合

ゲートで制御する回路側は、V_{th}以上であればドレイン―ソース間に電流を流すことができます。ゲートにかける電圧はV_{th}よりも1.5倍程度大きい電圧をかけた方が安定します。しかし、Raspberry PiのGPIOの出力は3.3Vで、V_{th}に比べ1.3倍程度の電圧しかかけられません。そのため、ゲートにかける電圧が足りず、MOSFETの動作が不安定になることがあります。

そのような場合は、GPIOからの出力をトランジスタで5Vに増幅してゲートにかけることで、MOSFETを安定して動作させられます。右図のような回路をGPIOの出力を増幅しましょう。なお、この回路ではGPIOの出力がFETのゲート部分で反転するので注意が必要です。モーターを動作させるには、GPIOの出力をLOWにする必要があります。

●GPIOの出力を5Vに増幅してMOSFETの動作を安定化する

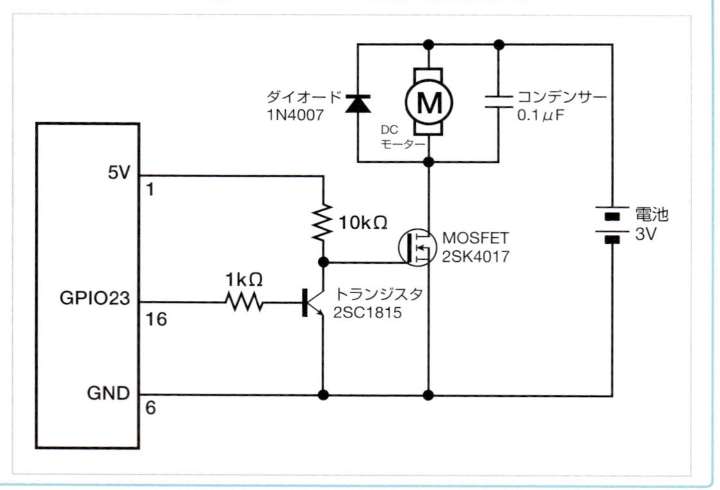

利用部品

- モーター「FA-130RA」……1個
- FET「2SK4017」……1個
- ダイオード「1N4007」……1個
- 抵抗　1kΩ……1個
- 抵抗　20kΩ……1個
- コンデンサ　0.1μF……1個
- ブレッドボード……1個
- ジャンパー線（オス—メス）……2個
- ジャンパー線（オス—オス）……2本
- 電池ボックス……1個
- 単3電池……2本

●Raspberry PiでDCモーターを制御する

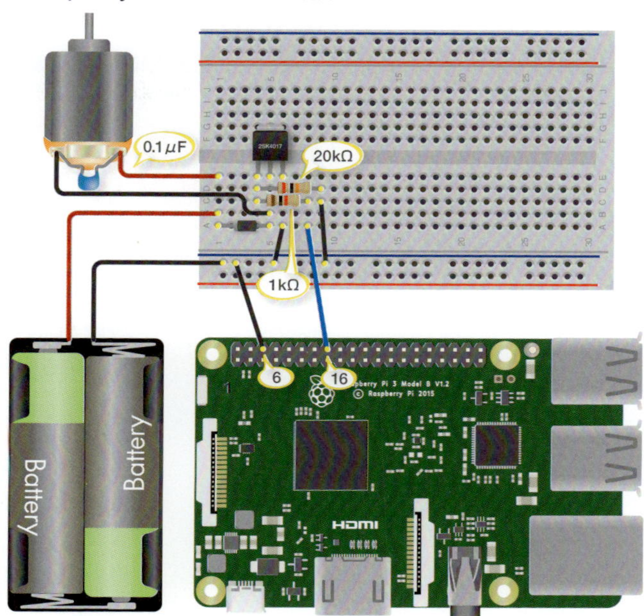

プログラムでモーターを制御する

モーターを接続できたら、実際にプログラムを動作させて、モーターを制御してみましょう。モーターの制御は、MOSFETのゲートに接続したGPIO23の出力を変化させることで実現します。GPIO23の出力をHIGHにすることでモーターが回転します。

プログラムは次のように作成します。

①MOSFETに接続した端子を指定します。ここではGPIO23に接続したので「23」としておきます。

②接続したGPIOを出力モードに切り替えます。

③GPIOの出力を「HIGH」にすることでモーターが回転します。

④GPIOの出力を「LOW」にすることでモーターが停止します。

●モータードライバーを使って回転方向を制御する

raspi_parts/6-1/motor.py

```
import time
import wiringpi as pi

motor_pin = 23 ①

pi.wiringPiSetupGpio()
pi.pinMode( motor_pin, pi.OUTPUT ) ②

while True:
    pi.digitalWrite( motor_pin, pi.HIGH ) ③
    time.sleep(2)

    pi.digitalWrite( motor1_pin, pi.LOW ) ④
    time.sleep(2)
```

プログラムができたら、次のようにコマンドでプログラムを実行します。

```
sudo python3 motor.py Enter
```

プログラムを実行すると、モーターが2秒間隔で回転・停止を繰り返します。

モーターの回転速度を調節する

p.45で説明したPWMを利用することで、モーターの回転速度を調節できます。モーター動作させる場合でも、デジタル出力の代わりにPWMを使って出力することで回転速度を変化可能です。

プログラムは次のように作成します。

①MOSFETに接続したGPIOをPWMで出力するように設定します。

②PWM出力を0%にして停止した状態にします。

③speedを徐々に増やし、GPIOの出力を徐々に大きくすることで、回転速度を上げてゆきます。

④出力を0%にすることで、モーターを停止します。

●PWM出力でモーターの回転速度を制御する

raspi_parts/6-1/pwm_motor.py

```
import time
import wiringpi as pi

motor_pin = 23

pi.wiringPiSetupGpio()
pi.pinMode( motor_pin, pi.OUTPUT )

pi.softPwmCreate( motor_pin, 0, 100) ①
pi.softPwmWrite( motor_pin, 0 ) ②

while True:
    speed = 0
    while ( speed <= 100 ):
        pi.softPwmWrite( motor_pin, speed ) ③
        time.sleep(0.3)
        speed = speed + 1

    pi.softPwmWrite( motor_pin, 0 ) ④
    time.sleep(2)
```

プログラムができたら、次のようにコマンドでプログラムを実行します。

```
sudo python3 pwm_motor.py Enter
```

モーターが徐々に回転速度を上げながら回転し、最大速度に達したら停止し、この動作を繰り返します。

Section
6-2

DCモーターの回転方向と回転数を制御する

DCモーターは、逆に電圧をかけると反対方向に回転させられます。正転、反転を自由に制御させるには、DCモータードライバーを利用します。モータードライバーでは回転方向を変えたり、制御側に過電流が流れないようにする機能を搭載しています。

Hブリッジ回路でDCモーターの回転方向を変える

DCモーターは、端子にかける電源の向きで回転方向を変えられます。モーターの正転、反転が制御できれば、車の模型であれば、前進後退が自由にできます。車輪の左右に別々のモーターを設置して、右モーターだけ回転させれば左に曲がり、左モーターだけ回転させれば右に曲げることも可能です。

しかし、p.140で説明したFETを使ったDCモーターの制御では、一方向にしか回転させることができません。モーターの正転、反転を切り替えるには、「**Hブリッジ回路**」を作る必要があります。Hブリッジ回路とは、右図のようにモーターとスイッチを「H」の文字のように配置した回路です。4つのスイッチのオン・オフの組み合わせによって、モーターにかける電源の方向を変えることができます。

●DCモーターの回転方向を制御できる「Hブリッジ回路」

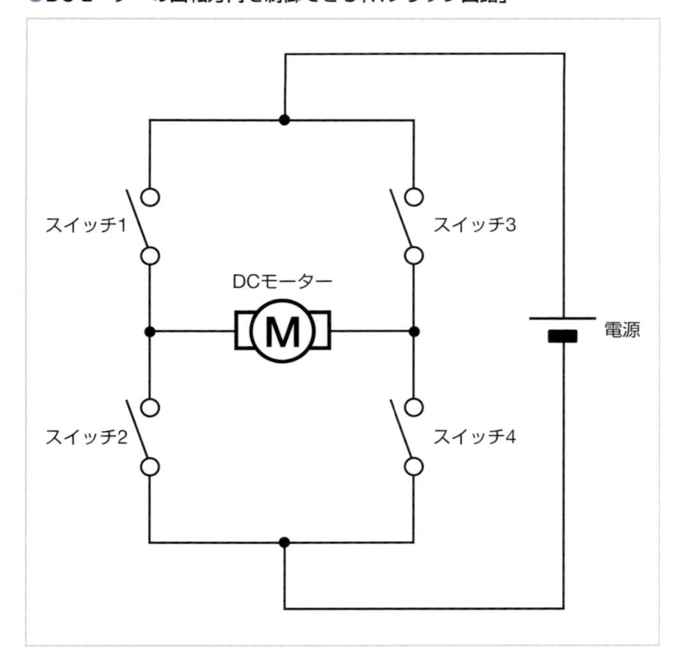

左側の端子に電源の＋を接続した場合は正転し、右側の端子に＋を接続した場合には反転するモーターを利用した場合を考えます。

スイッチ1とスイッチ4をオンにすると、モーターの左側の端子が電源の＋側に、右側の端子が電源の－側に接続された状態になり、モーターは正転します。スイッチ2とスイッチ3をオンにすると、モーターの右側の端子に電源の＋、左側の端子に電源の－が接続された状態となり、モーターは反転します。なお、スイッチを入れなければモーターへの電源供給されなくなりモーターが停止します。

●スイッチの入れ方でモーターの回転方向を変えられる

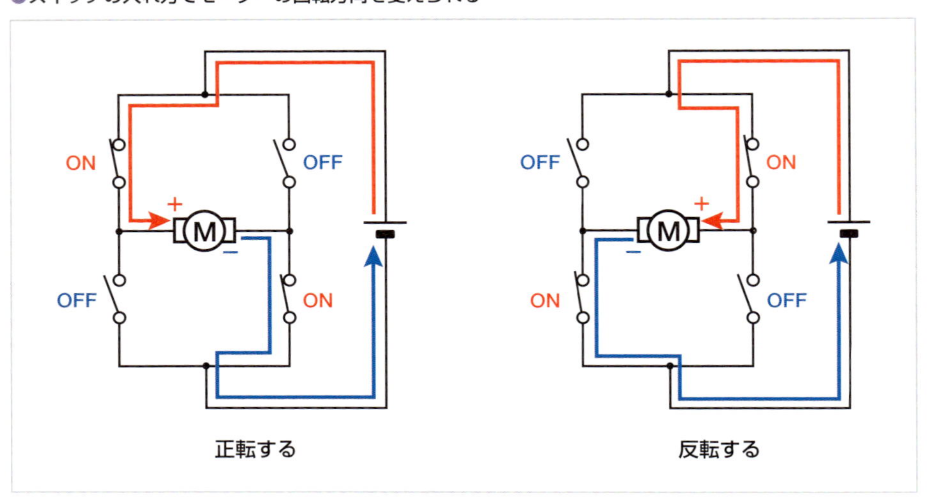

ただし、スイッチ1とスイッチ3、スイッチ2とスイッチ4の組み合わせでオンにしてはいけません。この組み合わせでスイッチをオンにしてしまうと、電源がショートした（直接繋がった）状態となってしまい危険です。

Raspberry PiなどでHブリッジ回路でモーターを制御するには、それぞれのスイッチをFETに置き換えた回路にすれば実現できます。

モーターを自由に制御できる「DCモータードライバー」

Hブリッジ回路でモーターを制御するには、FETを4つ接続する必要があるうえ、それぞれのFETについて保護回路も作る必要があり、回路が複雑になってしまいます。さらに、4つのFETを制御するためにRaspberry Piの4つのGPIOを利用する必要があります。その上、電源がショートしないようにスイッチを制御する必要もあります。誤って、スイッチをオンにする手順を間違えただけでショートしてしまい、大電流が流れてしまいます。

そこで便利なのが「**DCモータードライバー**」です。DCモータードライバーは、モーターを動作させることに特化した電子部品です。内部にHブリッジ回路が作り込まれているので、配線の手間がいりません。また、モーターからの電流が制御側に流れ込まないようになっていたり、モーターで発生した逆起電力を逃がすような安全対策も施されています。その上、内部回路で適切なFETだけをオンの状態に切り替えるようになっているため、電源をショートさせるような心配がありません。

DCモータードライバーの種類

DCモータードライバーには「**フルブリッジドライバー**」と「**ハーフブリッジドライバー**」の2種類があります。フルブリッジドライバーは、正転・反転を制御できるドライバーです。一般的に2つの入力があり、入力の方法によってどちらに回転させるかを選択できます。

ハーフブリッジドライバーは、一方向にだけ回転できるモータードライバーです。Hブリッジ回路の右側だけの回路となっているため、半分を表すハーフブリッジと呼ばれています。回転方向は変えられませんが、モーターの制御に必要な保護回路などを備えています。

●フルブリッジドライバーとハーフブリッジドライバーの回路の違い

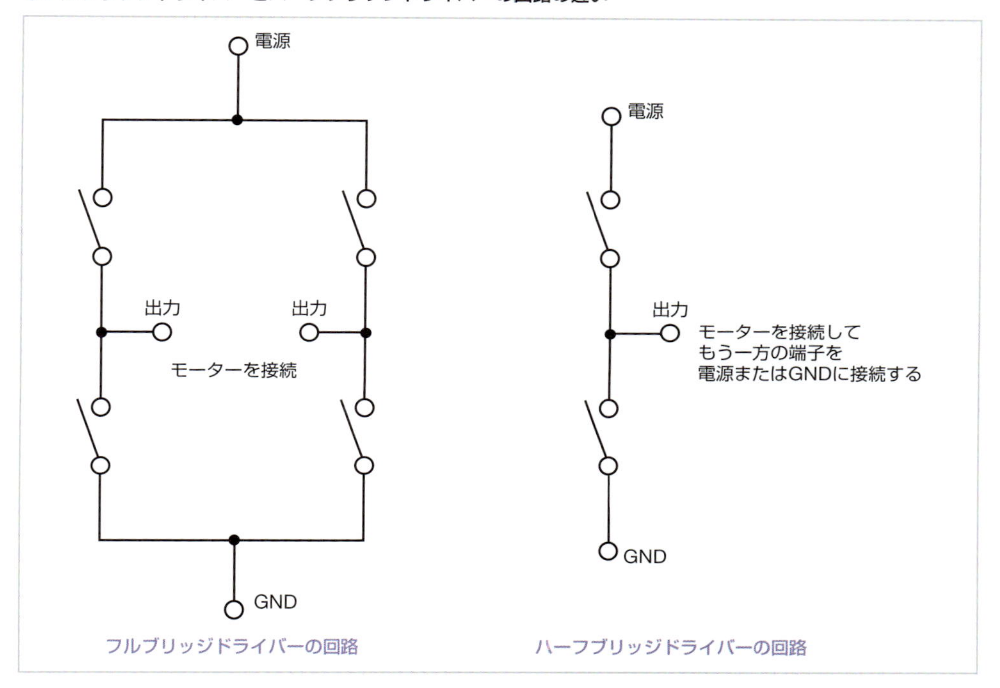

モーターを正転・反転させるか、一方向の回転でよいかによって、どちらを利用するかを選択します。

モーターの駆動電圧、電流を考慮する

DCモータードライバーの選択には、モーターにかける電圧と、モーターに流れる電流にDCモータードライバーが耐えられるかを確認します。モータードライバーの販売ページやデータシートには、これら電圧や電流の情報が記載されています。

例えば東芝セミコンダクター製DCモータードライバー「TA7291P」の場合は、モーターの電源は最大20V、電流は最大2A（定常時は1A）まで流せます。一方、同社製「TB6643KQ」であれば、電源は最大50V、電流は最大4.5Aを流せます。模型を動かす程度のモーターであれば、TA7291Pのように最大電流が低くても問題ありませんが、大きな力を発揮するモーターであれば、大電流が流せるDCモータードライバーを選択する必要があります。

購入可能な主要DCモータードライバーを、次ページの表に示しました。

●購入可能な主なDCモータードライバー

製品名	動作回路/回路数	モータ電源	モータ電流	制御側電源	参考価格
TAQ7291P	フルブリッジ/1	0～20V	1A（最大2A）	4.5～20V	300円（秋月電子通商、2個セット）
STA6940M	フルブリッジ/1	10～40V	4A（最大8A）	3.0～5.5V	300円（秋月電子通商）
TB6643KQ	フルブリッジ/1	最大50V	4A（最大4.5A）	モータ電源と共有	280円（秋月電子通商）
NJM2670D2	フルブリッジ/2	4～60V	1.3A（最大1.5A）	4.75～5.25V	300円（秋月電子通商）
L298N	フルブリッジ/2	最大50V	合計最大4A	4.5～7V	350円（秋月電子通商）
TA7267BP	フルブリッジ/1	6～18V	1A（最大3A）	0～18V	210円（千石電商）
SN754410NE	ハーフブリッジ/4	4.5～36V	1.1A（最大2A）	4.5～5.5V	200円（秋月電子通商）

NOTE

I²CやSPIで制御可能なモータードライバー

DCモータードライバーでは、電圧によって動作を制御します。例えばRaspberry PiのGPIOに接続した場合、HIGHにすれば動作し、LOWにすれば停止します。

一方でモータードライバーの中には、I²CやSPI通信で制御するものもあります。I²CやSPI通信で制御する場合、複数のモータードライバーを接続しても少配線で済む利点があります。また各DCモータードライバーで制御した状態を記録しているため、Raspberry Piのプログラムに影響なくモーターが動作できます。その上、複数のモーターを動作させることのできるモータードライバーもあります。

秋月電子通商で販売されている「DRV8830使用DCモータードライブキット」（700円）を使うと、I²Cで1つのモーターを制御できます。SparkFun製「SparkFun Serial Controlled Motor Driver」（スイッチサイエンスで販売。2,118円）は、I²C、SPI、UARTが利用でき、2つのモーターの制御が可能です。

DCモータードライバーを使ってモーターを制御する

DCモータドライバーを利用してモーターを制御してみましょう。ここでは、フルブリッジドライバーである「TA7291P」を使っ、モーターを制御します。

TA7291Pは右図のような外見をしています。10本の端子が付いており、それぞれ用途が異なります。モーターは、OUT1（2番端子）とOUT2（10番端子）に接続します。

制御用の端子はIN1（5番端子）とIN2（6番端子）に接続します。このIN1とIN2にかける電圧の状態によってモーターを正転させるか、反転させるかを選択できます。モーターの動作の制御の組合わせは、次ページの表のようになっています。

●DCモータードライバー「TA7291P」の外見

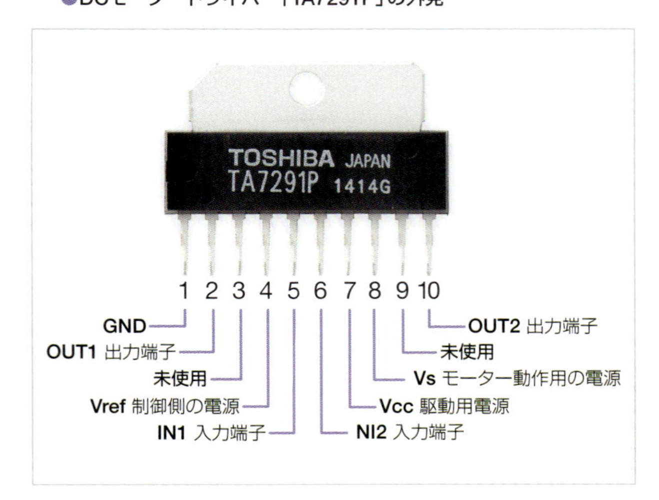

IN1をHIGHにすると正転、IN2をHIGHにすると反転します。また、IN1とIN2のいずれもHIGHまたはLOWにすると、モーターが停止します。なお、どちらもHIGHにした場合は、モーターの端子が直結した状態になり、モーターからの起電力によって（単なる停止ではなく）ブレーキがかかるようになっています。

●入力の仕方によってモーターの動作を選択できる

IN1	IN2	動作
LOW	LOW	停止
HIGH	LOW	正転
LOW	HIGH	反転
HIGH	HIGH	ブレーキ

電源は3種類の端子が用意されています。Vcc（7番端子）はモータードライバーを動作させるための電源です。TA7291Pは4.5～20Vの範囲の電源を給電する必要があります。Raspberry Piの場合は5V端子に接続しておきます。モーターを動作させる電源はVs（8番端子）に接続します。モーターには大電流が流れるので、電池や外部電源などRaspberry Pi以外の電源を接続するようにします。Vref端子（4番端子）は、モーターにかける電圧を調節する端子です。通常はモーターの駆動電源に接続しておきます。

モーターを動作させるための回路図は、次の図のようにします。モーターには雑音を軽減するコンデンサーを取り付けておきます。また、Vref大電流が流れ込まないよう、5.1kΩの抵抗を付けておきます。

●モータードライバーを使った制御回路

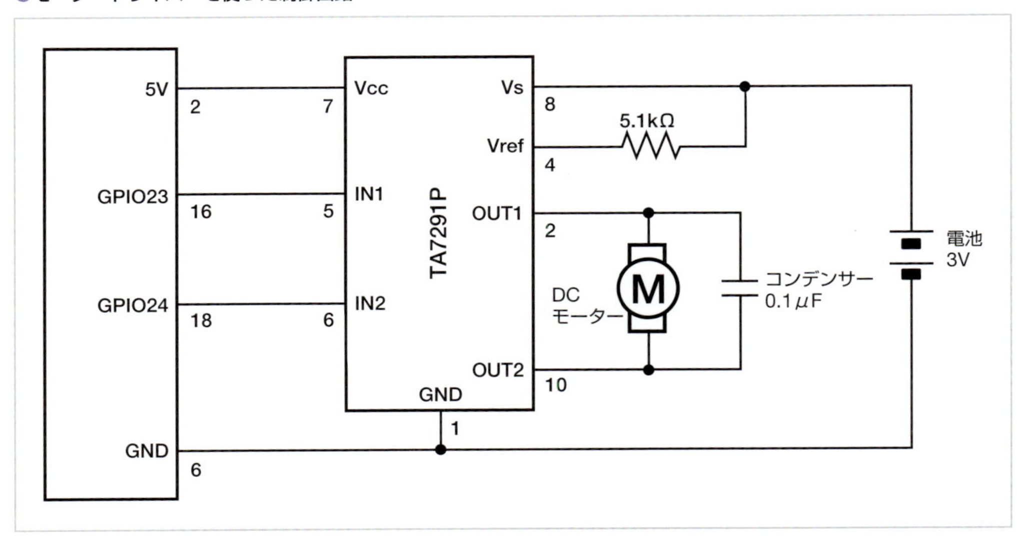

次のようにDCモータードライバーを使って接続します。

今回は電池2本を使って3Vの電圧をモーターに供給するようにしています。1.5Vで動作したい場合は電池を1本にしておきます。入力端子はGPIO23（16番端子）、GPIO24（18番端子）に接続して、デジタル出力することでモーターを制御します。

利用部品

- モーター「FA-130RA」……1個
- モータードライバー「TA7291P」……1個
- コンデンサ 0.1μF……1個
- 抵抗 5.1kΩ……1個
- ブレッドボード……1個
- ジャンパー線（オス—メス）……4本
- ジャンパー線（オス—オス）……1本
- 電池ボックス……1個
- 単三電池……2本

●DCモータードライバーの接続図

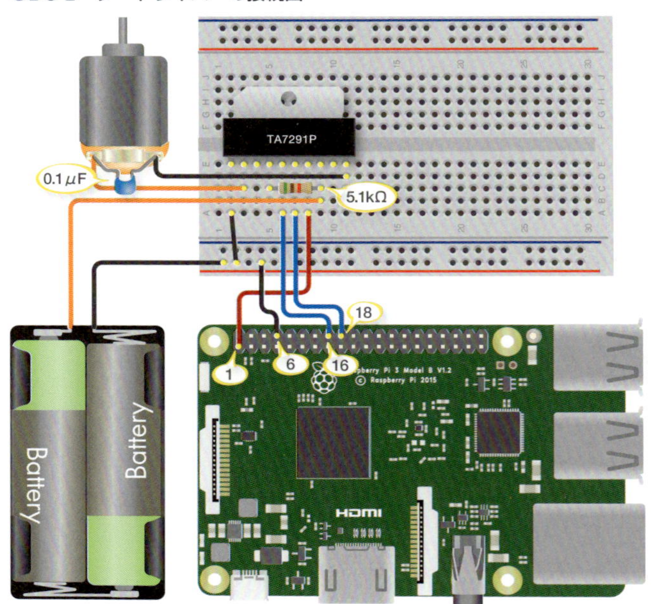

プログラムでモーターを制御する

モーターを接続できたら、実際にプログラムを動作させて、モーターを制御してみましょう。モーターの制御は、モータードライバーの入力端子に接続したGPIO23とGPIO24の出力を変化させることで実現します。GPIO23をHIGH、GPIO24をLOWを出力すれば正転します。

プログラムは次のように作成します。

①モータードライバーを接続した端子を指定します。NI1はGPIO23、IN2はGPIO24に接続しています。

②接続したGPIOを出力モードに切り替えます。

③IN1をHIGH、IN2をLOWを出力してモーターを正転します。

④IN1をHIGH、IN2をHIGHを出力してモーターにブレーキをかけて停止します。

●モータードライバーを使って回転方向を制御する

raspi_parts/6-2/motor_drv.py

```
import time
import wiringpi as pi

motor1_pin = 23  ①
motor2_pin = 24

pi.wiringPiSetupGpio()
pi.pinMode( motor1_pin, pi.OUTPUT )  ②
pi.pinMode( motor2_pin, pi.OUTPUT )

while True:
    pi.digitalWrite( motor1_pin, pi.HIGH )  ③
    pi.digitalWrite( motor2_pin, pi.LOW )
    time.sleep(2)

    pi.digitalWrite( motor1_pin, pi.HIGH )  ④
    pi.digitalWrite( motor2_pin, pi.HIGH )
    time.sleep(2)
```

次ページへ続く

⑤IN1をLOW、IN2をHIGHを出力してモーターを反転します。

⑥IN1をLOW、IN2をLOWを出力してモーターを停止します。

```
    pi.digitalWrite( motor1_pin, pi.LOW )   ⑤
    pi.digitalWrite( motor2_pin, pi.HIGH )
    time.sleep(2)

    pi.digitalWrite( motor1_pin, pi.LOW )   ⑥
    pi.digitalWrite( motor2_pin, pi.LOW )
    time.sleep(2)
```

プログラムができたら、次のようにコマンドでプログラムを実行します。

```
sudo python3 motor_drv.py Enter
```

モーターが正転、停止、反転、停止の動作を2秒間隔で繰り返しながら回転します。

モーターの回転速度を調節する

p.45で説明したPWMを利用することで、モーターの回転速度を調節できます。モータードライバーを利用した場合でも、デジタル出力の代わりにPWMを使って出力することで、モーターの回転速度を変化させられます。

プログラムは次のように作成します。

①モータードライバーに接続したGPIOをPWMで出力するように設定します。

②PWM出力をNI1、NI2共に0%にして停止した状態にします。

③speedを徐々に増やし、IN1の出力を徐々に大きくします。NI1のみを変更することで正転する方向に徐々に回転速度が速くなります。

●モータードライバーを利用して回転速度を制御する

raspi_parts/6-2/pwm-motor_drv.py

```
import time
import wiringpi as pi

motor1_pin = 23
motor2_pin = 24

pi.wiringPiSetupGpio()
pi.pinMode( motor1_pin, pi.OUTPUT )
pi.pinMode( motor2_pin, pi.OUTPUT )

pi.softPwmCreate( motor1_pin, 0, 100)   ①
pi.softPwmCreate( motor2_pin, 0, 100)

pi.softPwmWrite( motor1_pin, 0 )   ②
pi.softPwmWrite( motor2_pin, 0 )

while True:
    speed = 0
    while ( speed <= 100 ):                        ③
        pi.softPwmWrite( motor1_pin, speed )
        pi.softPwmWrite( motor2_pin, 0 )
        time.sleep(0.3)
        speed = speed + 1
```

次ページへ続く

④IN1、IN2の出力を100%にすることで、ブレーキをかけて停止します。

⑤IN2の出力を徐々に大きくします。NI1のみを変更することで反転する方向に徐々に回転速度が速くなります。

⑥IN1、IN2の出力を0%にして、モーターを停止します。

```
pi.softPwmWrite( motor1_pin, 100 )  ④
pi.softPwmWrite( motor2_pin, 100 )
time.sleep(2)

speed = 0
while ( speed <= 100 ):                     ⑤
    pi.softPwmWrite( motor1_pin, 0 )
    pi.softPwmWrite( motor2_pin, speed )
    time.sleep(0.3)
    speed = speed + 1

pi.softPwmWrite( motor1_pin, 0 )  ⑥
pi.softPwmWrite( motor2_pin, 0 )
time.sleep(2)
```

プログラムができたら、次のようにコマンドでプログラムを実行します。

```
sudo python3 pwm_motor_drv.py Enter
```

モーターが徐々に回転速度を上げながら正転し、最大速度に達したら停止します。次に、徐々に回転速度を上げながら反転し、最大速度に達したら停止します。

NOTE

急な動作変更はしない

モータードライバーは、入力の状態を変更するだけですぐにモーターの出力を変更できします。しかし、モーターは回転する際に慣性が働き、すぐに次の動作に切り替えることができません。
例えば、高速で正転しているモーターに対して急に高速の反転動作に切り替えると、モーター内で逆起電力などが発生して、思わぬ大電流が流れてしまう恐れがあります。
このため、モーターの急な動作変更はしないようにします。正転から反転動作に移る場合は、一度停止動作をして、数秒程度待機してから反転動作に切り替えるようにします。

Section 6-3 モーターを特定の角度まで回転させる

サーボモーターは、任意の角度まで指定して動作させ、止めることができるモーターです。角度の信号を送り込むだけで、特定の位置まで動かすことができます。扉の開閉やラジコンのステアリング（操舵装置）の制御などに応用できます。

特定の角度まで動かす「サーボモーター」

ここまで解説したモーターでは、回転させることは可能でも、特定の角度だけ回転させて停止させることは単体ではできません。特定の位置に停止させるには、別途センサーなどを付けて、センサーが反応する位置で停止させる、などの工夫が必要です。

モーター単体で指定の角度まで動かす用途に利用できるのが、「**サーボモーター**」です。サーボモーターに入力した信号によって、特定の角度まで回転して停止させることができます。この機能を利用すれば、扉や箱のふたの開閉、車のステアリングを操作してのタイヤ向きの変更、ロボットの手や足などの制御、板を水平に保つ、などといった応用が可能です。

●角度を指定して回転する「サーボモーター」

サーボモーターの仕組み

サーボモーターの内部は「モーター」「ポテンショメーター」「制御回路」の3つで構成されていますす。モーターは軸を回転させるだけでなく、ポテンショメーターに繋がっており、どの程度回転できたかをセンサーで読み取ることができます。制御回路は、送られてきた角度信号とポテンショメーターの状態から、モーターをどちらの方向に回転させるかや、目的の角度に達したときにモーターの回転を停止する制御をしています。

なお、ポテンショメーターはボリュームと同じで、動かす角度によって内部抵抗が変化します。

●サーボモーターの構成

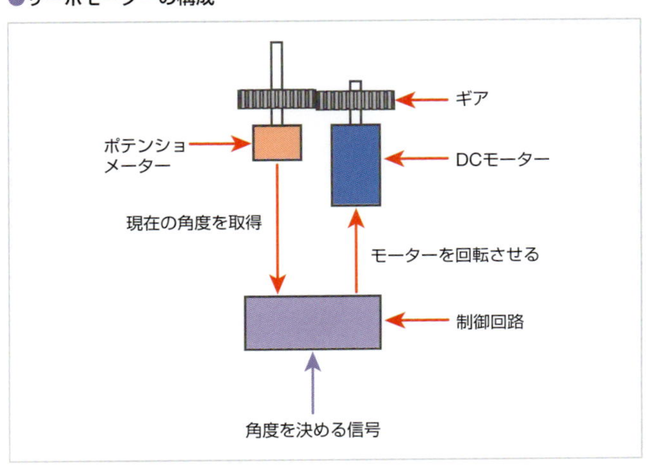

サーボモーターの制御

サーボモーターには3本の端子が取り付けられています。多くの場合は「黒」「赤」「オレンジ」の3色の線です。黒の線はGND、赤の線は電源、オレンジの線はサーボモーターを回転させる角度信号の入力に利用します。

電源は、サーボモーターによって異なります。データシートにどの程度の電圧をかけられるかが記載されているので、その値を確認して電源に接続します。

●サーボモーターに備える端子

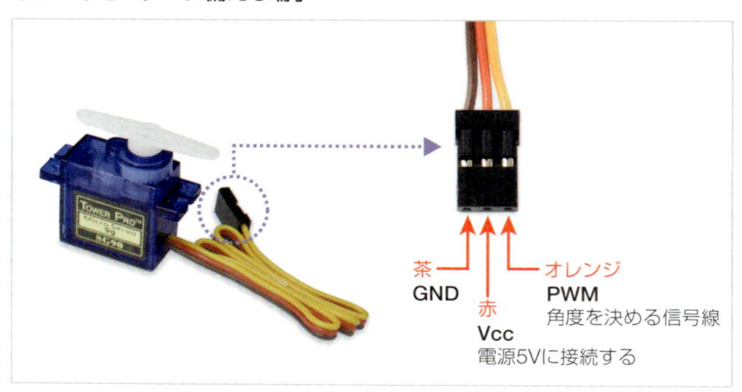

オレンジの線へは、どの程度回転させるかを「**パルス波**」を送って指定します。パルス波とは、一時的にHIGHの状態を保持する波形です。例えば、0.1秒間だけHIGHになり、他の部分ではLOWの状態を保つような具合です。

●一時的にHIGHの状態になる「パルス波」

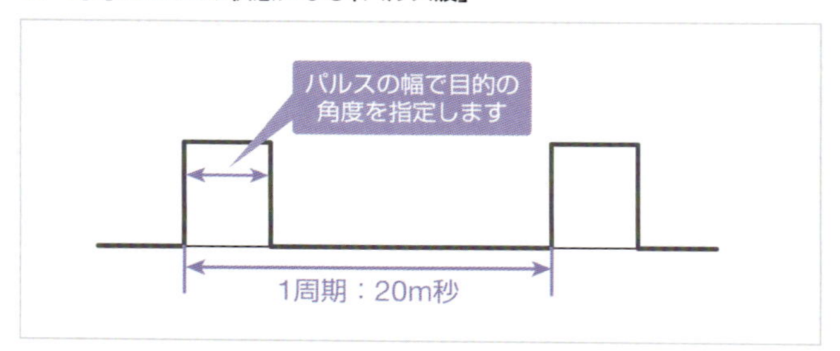

サーボモーターは、このパルス波がHIGHの時間を調整して、目的の角度への回転を実現しています。例えばTowerPro社のサーボモーター「SG-90」であれば、パルス波の周期を20m秒としています（20m秒ごとにパルスが発生）。回転角度は、パルスの幅が0.5m秒ならば0度、2.4m秒にすると180度まで回転します。仮に90度まで回転させたい場合は、1.45m秒のパルス幅にすれば良いことになります。

なお、サーボモーターの動作には誤差があります。180度まで動かすパルス幅のPWMを送っても、実際は170度までしか動かないこともあります。実際に動作させてみて、回転可能な角度によって送るパルス幅を調節するようにしましょう。

●サーボモーターの角度を指定するパルス波

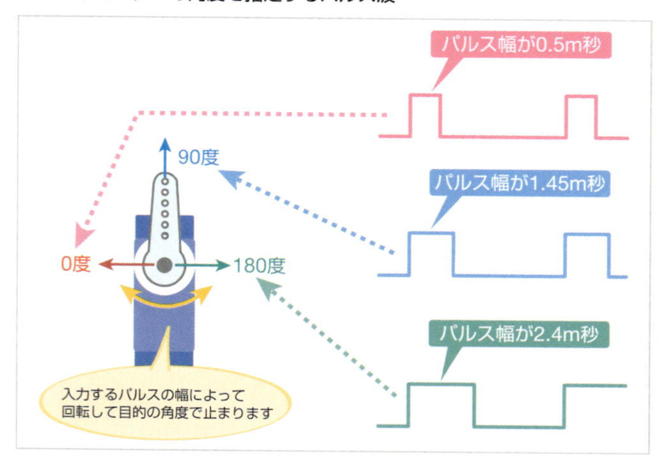

サーボモーターを動作させるパルス幅は、製品によって異なります。詳しくはサーボモーターのデータシートなどを参照してください。

Raspberry Piから制御するには、GPIOに接続してPWMで出力します。PWMでどの程度HIGHの時間にするかを調節することで角度を指定できます。

サーボモーターの種類

サーボモーターは、製品によってサイズや動かせる角度の範囲、回転する力などが異なります。

多くの製品は、180度の範囲で動作可能です。また、360度回転するサーボモーターも販売されています。

重いものを動かす場合はサーボモーターのトルクが重要で、トルクが強いサーボモーターを選択します。

電子パーツショップで購入できる、主要なサーボモーターは次の表のとおりです。

●購入可能な主なサーボモーター

製品名	動作角度	動作電圧	トルク	参考価格
SG-90	180度	4.8～5V	1.8kgf・cm	400円（秋月電子通商）
SG92R	180度	4.8～6V	2.5kgf・cm	500円（秋月電子通商）
MG996R	180度	4.8～6.6V	9.4～11kgf・cm	1,080円（秋月電子通商）
SG-5010	180度	4.8～6V	5.5～6.5kgf・cm	850円（秋月電子通商）
GWS777FCG	180度	4.8～6V	26～31kgf・cm	4,400円（秋月電子通商）
S125-1T	360度	4.8～6V	6.6～7.6kgf・cm	1,450円（秋月電子通商）
MiniS RB90	140度	4.8V	1.6kgf・cm	905円（千石電商）
MiniS RB996a-N	180度	4.8～6V	9.4～11kgf・cm	1,480円（千石電商）

サーボモーターはロボットで多く利用されています。このため電子パーツ店以外にも、ロボット部品を販売する店でも購入可能です。

サーボモーターを動かす準備

サーボモーターを制御するためには、正確なパルス波を入力する必要があります。パルス幅が一定に保てず微妙に変化するだけで、サーボモーターが動作してしまうためです。場合によっては、サーボモーターが震えるような挙動をすることがあります。

Raspberry PiではGPIOでPWMを出力可能ですが、それはソフトウェア上で作成した「**ソフトウェアPWM**」として出力しています。ソフトウェアPWMは、プログラムでGPIOのHIGHとLOWを周期的に切り替えるため、細かいパルス波を出力できません。プログラムの処理時間がかかるため、細かいパルス波であると処理が間に合わなくなるためです。サーボモーターのように0.1m秒単位でパルス幅が変化するような用途には向いていません。

そこで、サーボモーターを正しく制御するために「**ハードウェアPWM**」を利用します。ハードウェアPWMはCPU（SoC）で作り出せるPWMです。CPU自体でPWMが生成されるため、ソフトウェアPWMに比べ細かいパルス幅での出力が可能です。

●ソフトウェアPWMとハードウェアPWM

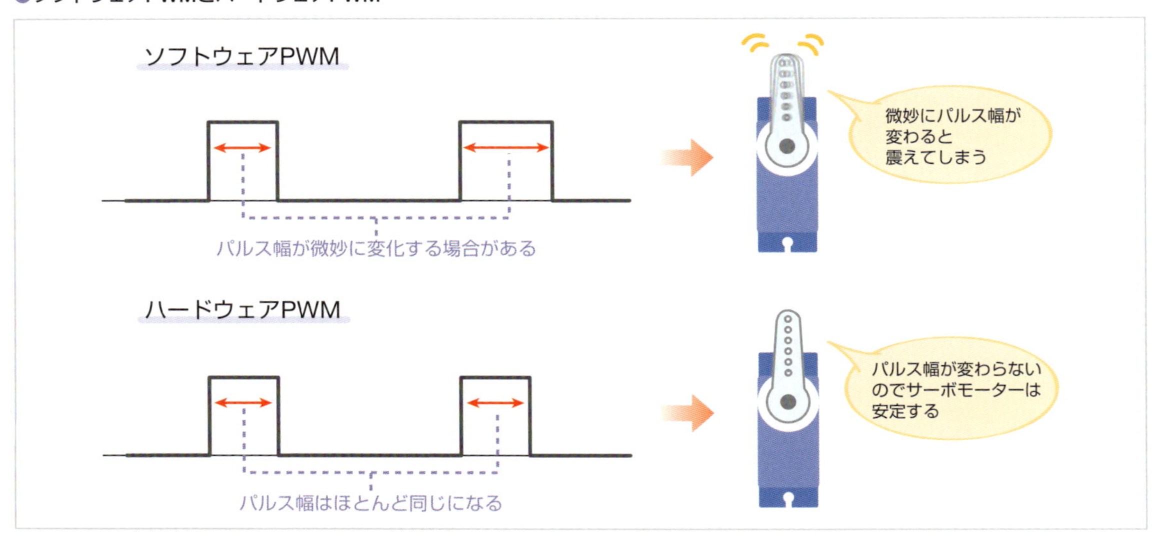

Raspberry Piでは、「GPIO18（12番端子）」と「GPIO13（33番端子）」からハードウェアPWMの出力ができます。なお、GPIO18はGPIO12（23番端子）でも同じPWMが出力されます。これ以外の端子は、ソフトウェアPWMのみの出力に限られます。サーボモーターを利用する場合は、GPIO13または18のいずれかに接続します。

ハードウェアPWMは「**WiringPi**」（Raspberry PiのGPIOを制御するためのライブラリ）に、動作用の各プログラムが用意されています。WiringPiでハードウェアPWMの設定をすることで、簡単にPWM信号を出力できます。

オーディオ出力を無効化する

Raspberry Piにはオーディオ端子が搭載されており、スピーカーを接続することで音を鳴らすことができます）（Raspberry Pi Zeroの場合は、GPIOから同様にオーディオ出力ができます）。オーディオ出力は、Raspberry PiのハードウェアPWMで擬似的に音信号に変換して出力しています。このため、オーディオ出力しながらサーボモーターを動作させると、オーディオの出力によってサーボモーターが誤動作しかねません。そこで、あらかじめオーディオ出力を無効化して、オーディオ出力の影響を受けないようにします。

設定は「/boot/config.txt」ファイルを編集します。右のように実行して設定ファイルをテキストエディタで開きます。

●GUIテキストエディタを使う場合

```
$ sudo leafpad /boot/config.txt Enter
```

●CUIテキストエディタを使う場合

```
$ sudo nano /boot/config.txt Enter
```

テキストエディタが起動したら、55行目付近にある「dtparam=audio=on」の行頭に「#」を付加します。

変更したら、保存してテキストエディタを終了します。Raspberry Piを再起動するとオーディオ出力が無効になります。

変更前

```
dtparam=audio=on
```

変更後

```
# dtparam=audio=on
```

なお、オーディオ出力を無効にすると、当然ですがオーディオ端子にスピーカーを接続しても音が鳴りません。この状態で音を鳴らしたい場合は、USBやBluetooth接続のスピーカーを利用したり、HDMI接続してディスプレイから出力したりします（本書ではその解説は割愛します）。

サーボモーターを動かす

サーボモーターを接続してRapberry Piでサーボモーターを制御してみましょう。ここでは、先に紹介したSG-90を例に使って制御してみます。

サーボモーターをRaspberry Piに接続します。サーボモーターの端子はメス型のコネクタになっています。Raspberry Piから接続する場合は、オス-メス型ジャンパー線を用いて直接Raspberry PiのGPIOとサーボモーターの端子に接続すると簡単に接続できます。

SG-90は5Vで動作するため、Raspberry Piの5V電源（2番端子）からサーボモーターの赤線に接続します。茶色の線はRaspberry PiのGNDに接続します。オレンジの線はサーボモーターの制御信号を送ります。Raspberry PiのGPIO 18（12番端子）に接続しておきます。

●サーボモーターの接続図

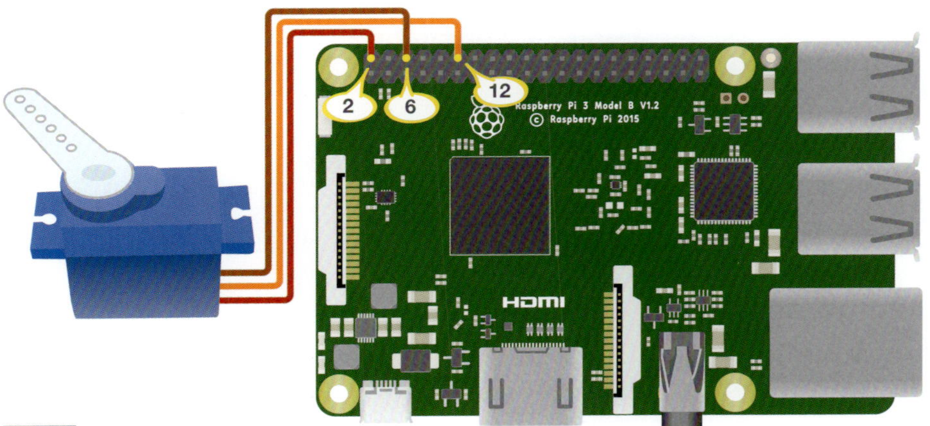

利用部品

- サーボモーター「SG-90」……1個
- ジャンパー線（オス―メス）……3本

サーボモーターをプログラムで動かす

サーボモーターを接続したら、プログラムでサーボモーターを指定した角度まで動かしてみましょう。プログラムは次のように作成します。

●サーボモーターを特定の角度まで動かすプログラム

raspi_parts/6-3/servo.py

```
import wiringpi as pi

servo_pin = 18 ①
set_degree = 90 ②

CYCLE = 20 ③
MIN_PULSE = 0.5 ┐
MAX_PULSE = 2.4 ┘④
MIN_DEG = 0     ┐
MAX_DEG = 180   ┘⑤
RANGE = 2000 ⑥

clock = int( 19.2 / float(RANGE) * CYCLE * 1000 ) ⑦
min_val = RANGE * MIN_PULSE / CYCLE ┐
max_val = RANGE * MAX_PULSE / CYCLE ┘⑧

pi.wiringPiSetupGpio()
pi.pinMode( servo_pin, pi.GPIO.PWM_OUTPUT ) ⑨
pi.pwmSetMode( pi.GPIO.PWM_MODE_MS ) ⑩
pi.pwmSetRange( RANGE ) ⑪
pi.pwmSetClock( clock ) ⑫

if ( set_degree <= MAX_DEG and set_degree >= MIN_DEG ): ⑬
    move_deg = int( ( max_val - min_val ) / MAX_DEG * set_degree ) ⑭
    pi.pwmWrite( servo_pin, move_deg ) ⑮
```

①サーボモーターの信号線を接続したGPIOの番号を指定します。

②サーボモーターを動かす角度を指定します。

③サーボモーターに送るパルス信号の周期をm秒単位で指定します。SG-90の場合は20m秒なので「20」と指定します。

④サーボモーターの最小角度と最大角度時のパルス幅をm秒単位で指定します。SC-90の場合は、0.5m秒から2.4m秒の範囲で動作するのでMIN_PULSEを「0.5」、MAX_PULSEを「2.4」とします。

⑤サーボモーターの動作する最大角度と最小角度を指定します。SG-90は0度から180度の範囲で動作するので、MIN_DEGを「0」、MAX_DEGを「180」とします。また、動作範囲の中央を0度として制御したい場合はMIN_DEGを「-90」、MAX_DEGを「90」とします。

⑥1周期のパルスの分解能を指定します。2000と指定すると1周期を2000等分してPWMの出力を指定できます。

⑦PWM信号の1周期をWiringPiのハードウェアPWM関数で利用する指定方式に変換します。

⑧パルスの幅をPWMの出力方式に変換します。PWM出力するにはRANGEで指定した値の範囲の整数値で指定する必要があります。このため、パルス幅はm秒単位からの変換をします（変換の方法についての詳しい説明は本ページ下部を参照）。

⑨GPIOの出力設定を「pi.GPIO.PWM_OUTPUT」とすることでハードウェアPWMで出力する設定にします。

⑩ハードウェアPWMの動作方法を指定します。ここでは「pi.GPIO.PWM_MODE_MS」とすることで、Mark Spaceという形式で動作します

⑪PWMの分解能を指定します。ここではRANGEで指定した値を利用します。

⑫1周期のPWMの長さを指定します。⑦で計算した体を利用します。

⑬目的の角度がサーボモーターの動作範囲であるかを確かめます。

⑭PWMに出力した値を計算します。計算方法についてはp.162を参照を参照。

⑮⑭で計算した値でPWMのパルス幅を変更すると、目的の角度までサーボモーターが動きます。

プログラムができたら、②のset_degreeに回転させたい角度を指定しておきます。

右のようにコマンドでプログラムを実行すると、サーボモーターが指定した角度まで回転します。

```
sudo python3 servo.py Enter
```


NOTE

PWM出力によるパルス幅の指定は、1周期を分割した数で指定する

サーボモーターを制御する際、指定した周期のパルス波をサーボモーターに出力します。この周期とパルス幅は、サーボモーターのデータシートなどにm秒単位で記載されています。

一方で、Raspberry PiでPWM信号を出力する場合、1周期を特定数で分割し、その数を指定することでパルス幅を指定します。例えば、1周期が1秒のパルス波で、1周期を100等分すれば、1回あたり10m秒のパルス幅を出力できます。パルス幅が100m秒である場合、100等分中10個をHIGHの状態にすることで、目的のパルス波を出力できるわけです。

●PWM出力は、1周期を特定数で分解してパルス幅を指定する

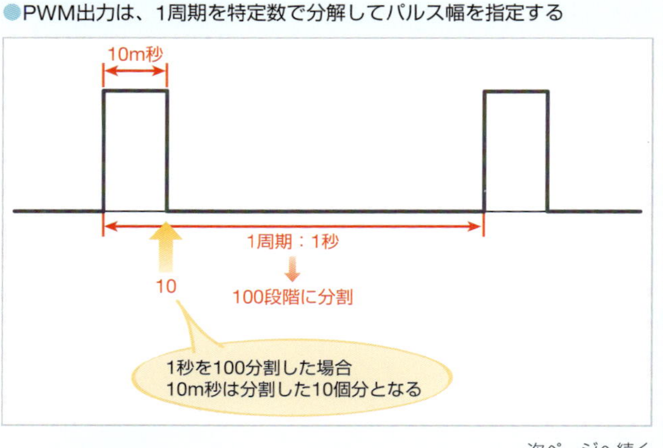

次ページへ続く

周期とパルス幅の計算は、比率で求められます。波形の周期を「CYCLE」、パルス幅が「PULSE」であるパルス波を、1周期が「RANGE」の値で分解した場合、パルスの幅（Px）は右図のような計算で求まります。

この式を利用して、サーボの最小角と最大角のパルス幅を計算しておきます。SG-90の場合は、最小値が「50」、最大値が「240」と求まります。つまり、180度に回転したい場合は、パルス幅を240としたPWMを出力すれば良いこととなります。

●パルス幅の値を求める計算式

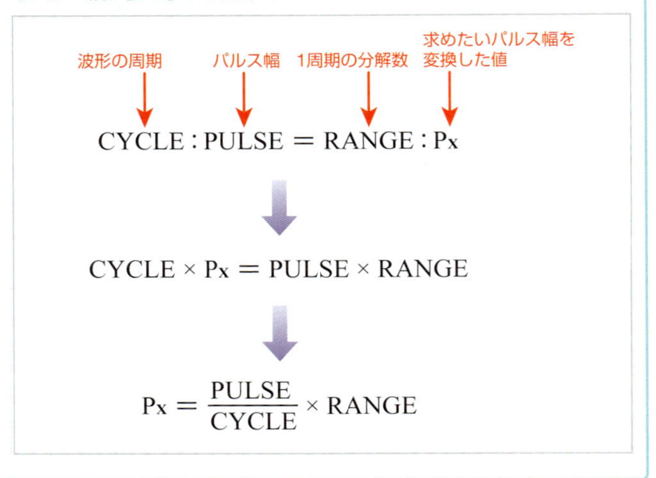

NOTE

目的の角度をPWMの出力値に変換する

実際にサーボモーターを動かすには、目的の角度のパルス幅のパルス波を出力する必要があります。パルス幅を指定するには、RANGEで指定した分解数の範囲で指定する必要があります。このため、目的の角度も分解数に合わせた値に変換が必要です。
変換は、右のグラフのように考えます。最小角度が「MIN_DEG」、最大角度が「MAX_DEG」で、それぞれのPWMのパルス幅の出力が「min_val」、「max_val」であれば、比例した関係になります。ここから、目的の角度のPWMの値を求めることができます。計算は本ページ上で説明した比率の関係から導き出せます。

●PWMで出力する際に目的の角度を変換する

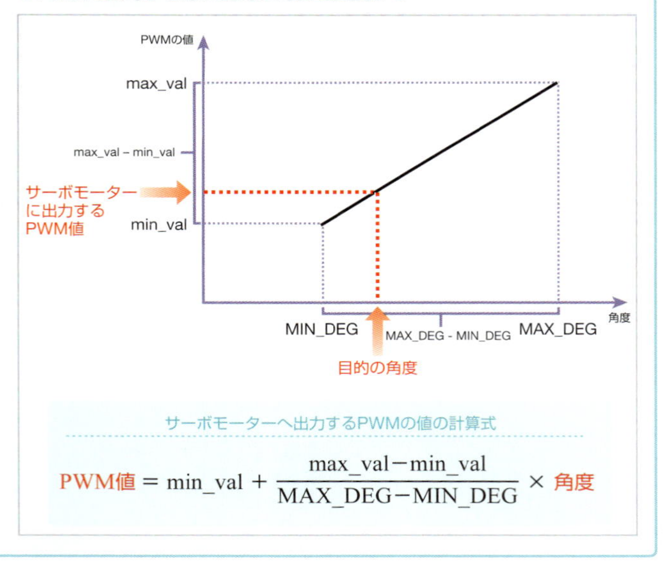

Chapter 7

各種センサー

温度や明るさ、加速度などは、センサーを使うことで計測できます。計測したデータをRaspberry Piへ送ることで、電子工作への応用が可能です。

Section 7-1

明るさを検知する光センサー

光センサーは、明るさによって変化する電子部品です。光量の有無や強弱を検知することができます。光センサーを利用すると、周辺が明るい、あるいは暗いといった状況を検知できます。この情報を元に様々な処理が可能です。

明るさに反応する「光センサー」

電子工作で、周囲の明るさを判断するのに「**光センサー**」が利用できます。光センサーに光を当てると、抵抗値が小さくなったり、電気を流せるようになったりという電気的な変化が生じます。この変化をRaspberry Piで取り込めば、どの程度の明るさかを判断することができます。

●照射される光の強さを計測できる「光センサー」

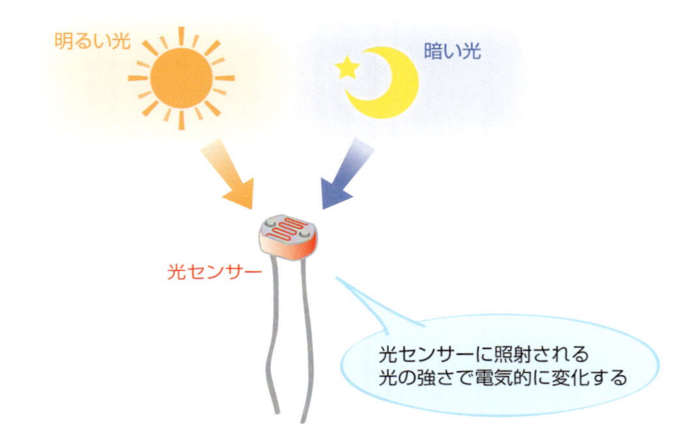

光センサーを使えば、明るい・暗いの状態に応じて電子回路を制御できます。例えば、明るくなったら照明を消す、暗くなったらカーテンを閉じるなどの応用ができます。

主要な光センサーに「**CdS**」「**フォトダイオード**」「**フォトトランジスタ**」などがあります。どれも光の強さによって変化する電子部品で、周囲の明るさを検知するのに利用できます。

CdS

半導体や絶縁体には、光を照射すると光のエネルギーによって電子が発生するものがあります。この現象を「**光電効果**」といいます。発生した電子は外部に放出されたり、内部で電子が自由に動き回れるようになったりします。普段電気を流さない物質でも、光電効果の影響があれば、電気が流れるようになります。

●光のエネルギーから電子が発生する「光電効果」

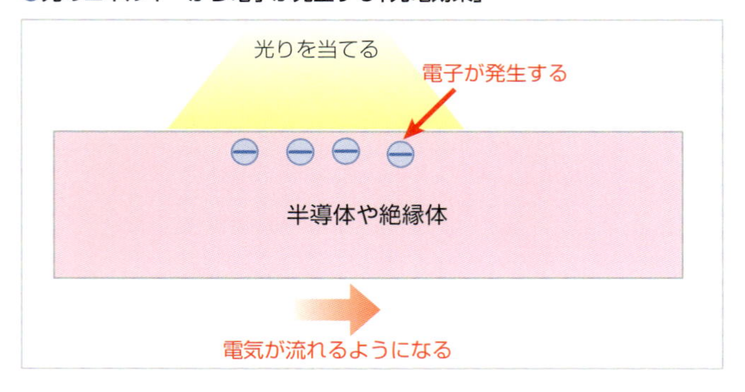

この光電効果を、光センサーとして応用したのが「**CdS**」です。CdSとは**硫化カドミウム**を化学式表記したものです。硫化カドミウムは半導体の一種で、光を照射することで光電効果が起き、内部抵抗が小さくなります。抵抗値が小さくなれば、電流が流れやすくなります。内部抵抗の変化を計測することで、照射された光の強さを計測できます。

CdSには円盤状のパーツが上部に付いていて、中央に波線のようなCdSが配置されていることが分かります。ここに光を当てることで内部抵抗が変化します。

●CdSの外見と回路図

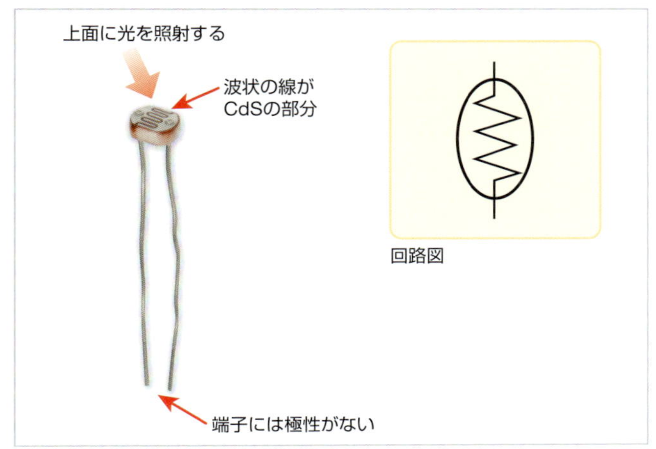

CdSは「**暗抵抗**」という値が記載されています。この値は、真っ暗にした際のCdSの抵抗がどの程度であるかを表しています。一方、センサーに光を照射したときに内部抵抗は「**明抵抗**」などの名称で記載されています。例えば、暗抵抗が1MΩのCdS「GL5528」(SENBA OPTICAL & ELECTRONIC)では、明抵抗は10～20kΩ(10ルクスの場合)と記載されています。この情報から製作する回路に合ったCdSを選択するようにします(動作回路についてはp.169を参照)。

さらに、明るさと内部抵抗の関係を知りたい場合は、CdSのデータシートを参照しましょう。明るさと抵抗値の関係を表すグラフが掲載されています。しかし、グラフを見ても大まかな範囲が示されているだけで、正確な値は判断できません。これは、CdSはばらつきがあり、同じ光を照射しても抵抗がいつも同じではないためです。CdSを利用する場合は、正確な光の強さを計測できず、おおまかな明るさを判断できる部品であると理解しておきましょう。

●CdSの明るさと抵抗値の関係を表すグラフ
GL5528(暗抵抗1MΩ)の場合

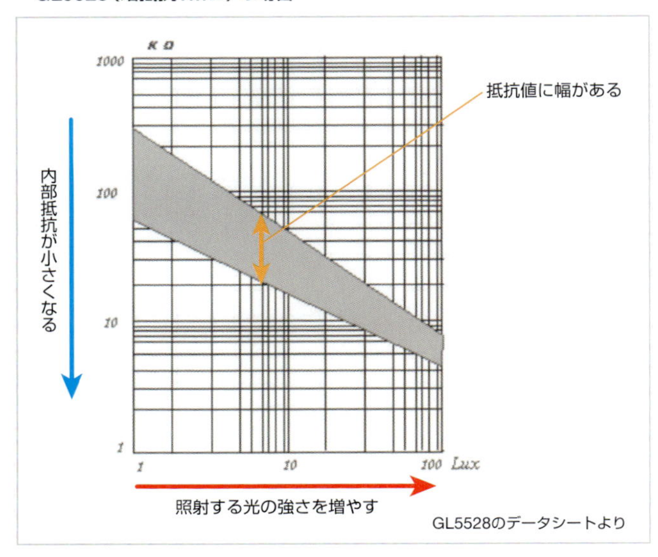

GL5528のデータシートより

次の表は、購入可能な主要CdSです。

●購入可能な主なCdS

	暗抵抗	明抵抗	ピーク波長	参考価格
GL5516	0.5MΩ	5～10kΩ（10lx）	540nm	40円（秋月電子通商）
GL5528	1MΩ	10～20kΩ（10lx）	540nm	40円（秋月電子通商）
GL5537-1	2MΩ	20～30kΩ（10lx）	540nm	40円（秋月電子通商）
GL5539	5MΩ	50～100kΩ（10lx）	540nm	40円（秋月電子通商）
GL5549	10MΩ	100～200kΩ（10lx）	540nm	40円（秋月電子通商）

NOTE

明るさを表す単位「ルクス」

明るさを表すのに利用する単位が「ルクス」（lx）です。1平方メートルあたりに当たる光の量を表します。晴天時の昼の明るさが約100,000lx、雲天時の昼の明るさが約30,000lx、デパート店内の明るさが約500lx、ろうそくの明かりが約15lx、月明かりが約1lx程度です。

フォトダイオード

LEDは電気を流すと発光する部品です。これとは逆に、光を照射すると電気を流せるようになるのが「**フォトダイオード**」です。フォトダイオードはLED同様に、p型半導体とn型半導体が繋がった構成をしています。この半導体に光を照射すると、光のエネルギーによってp型半導体とn型半導体の境界で電子と正孔が発生します。正孔はp型半導体内を動いてアノード側に流れ、電子はn型半導体内を動いてかソード側に流れます。電気が流れる量は、照射された光の強さによって変化します。明るければ明るいほど多くの電気を流せます。

フォトダイオードは光を当てると電気が発生します。これは、太陽光発電パネルと同じです。そのため、アノードとカソードを導線で接続すると、微弱電流が流れます。

●光を照射すると電気が流れるフォトダイオード

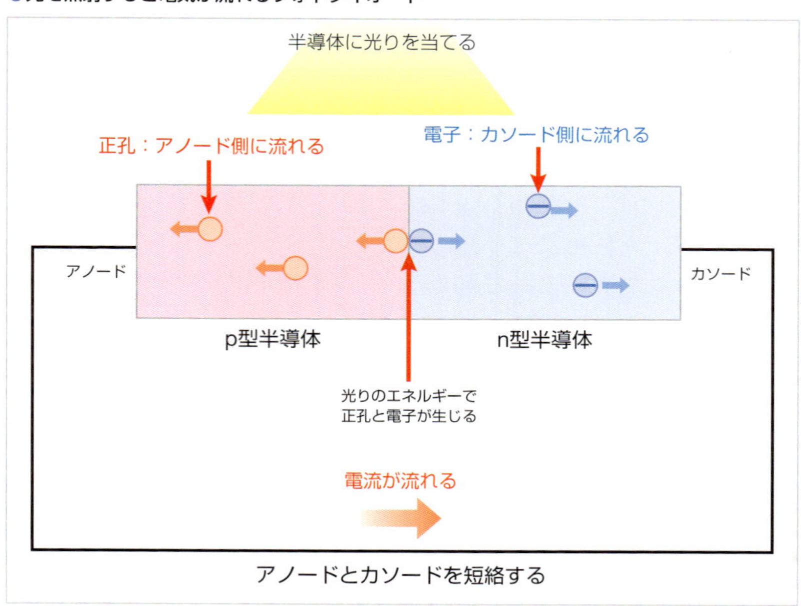

フォトダイオードは、LED同様にアノードとカソードを備えています。上部の半導体部分に光を照射するとアノードとカソード間で電気を流せるようになります。

●フォトダイオードの外見と回路図

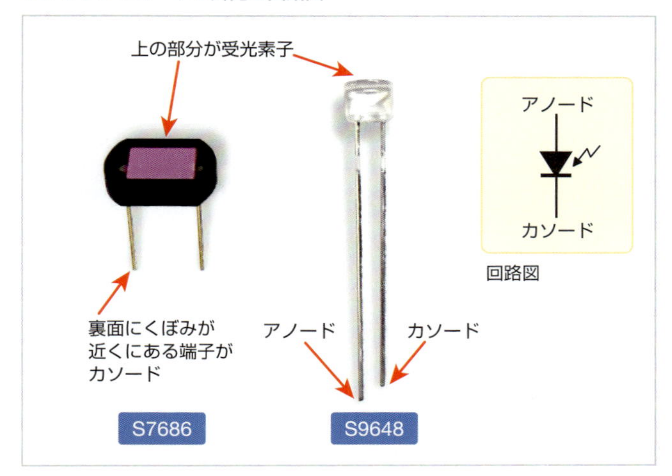

フォトダイオードは、照度に応じて電流量が変化します。例えば浜松ホトニクス製の「S7686」であれば、100lxの光を照射すると0.45μAの電流が流れます。これはデータシートを参照することで確認できます。

またCdSとは異なり、照射した光の強さに対しておおよそ固定された電流が流れます。そのため、電流の流れる量から光の強さを計測することが可能です。

●フォトダイオードの光の強さと流れる電流の関係
電流はアノードとカソードを短絡した場合に流れる電流

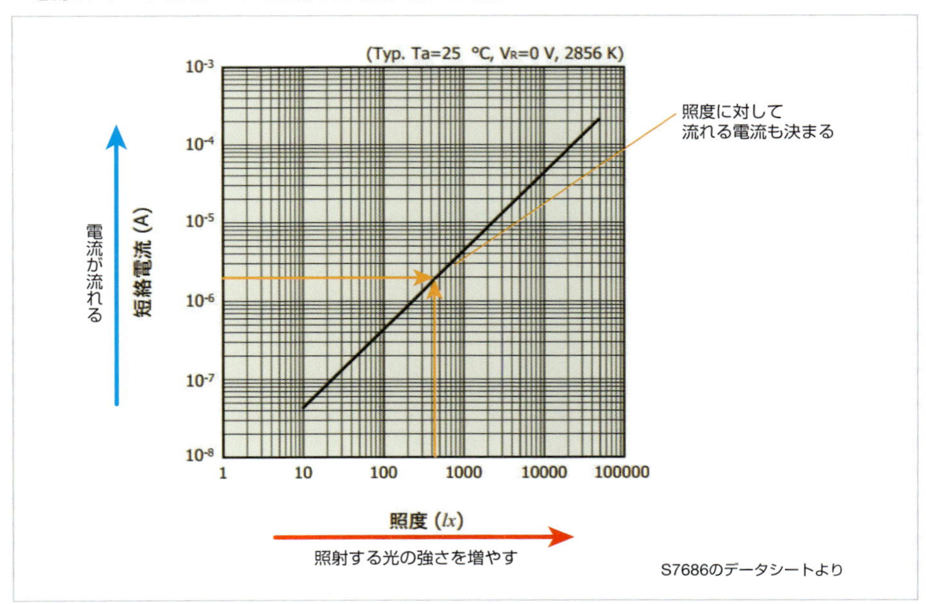

S7686のデータシートより

フォトダイオードでは、極めて微弱な電流しか発生しません。そのため、フォトダイオードを利用するためには、電流を増幅してからRaspberry Piなどで入力します。ただし、増幅回路を搭載したフォトダイオードも販売されています。増幅回路を搭載した製品であれば、そのままRaspberry Piに接続して光の強さを計測できます。

購入可能な主要フォトダイオードは次の表のとおりです。

●購入可能な主なフォトダイオード

	増幅回路	短絡電流・光電流	最大感度波長	参考価格
S7686	無	0.45μA(100lx)	550nm	400円(秋月電子通商)
S6775	無	30μA(100lx)	960nm	300円(秋月電子通商)
S6967	無	26μA(100lx)	900nm	400円(秋月電子通商)
S9648	有	0.29mA(5V、100lx)	560nm	100円(秋月電子通商)
S7183	有	1mA(5V、100lx)	650nm	110円(秋月電子通商)
LLS05-A	有	114μA(5V、100lx)	550nm	150円(秋月電子通商)

フォトトランジスタ

「**フォトトランジスタ**」は、トランジスタと同様の構造で、ベース部分に光を照射することでコレクターエミッタ間に電気を流すことができます。光を受けて発生した電流を増幅するため、フォトダイオードよりも効率が良いのが特徴です。

また、フォトダイオード同様に光の強さによっておおよそ固定された電流が流れるようになっているため、計測した電流から光の強さを導き出すこともできます。

●ベースに光が当たると電気が流れる「フォトトランジスタ」

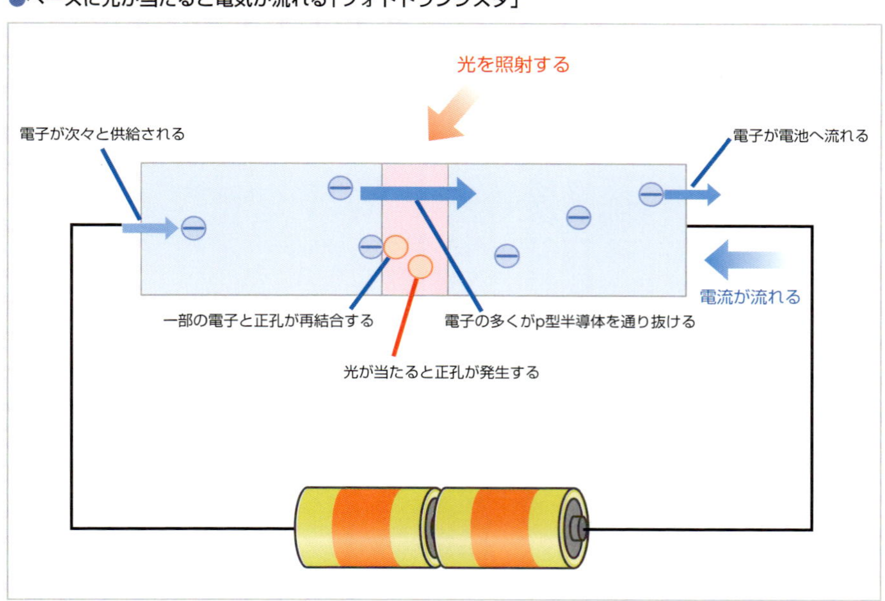

フォトトランジスタの外見は右の写真のようになっています。フォトダイオードやLEDのように、2つの端子が搭載されています。長い端子がコレクタ、短い端子がエミッタです。上部の素子部分に光を当てるようになっています。

●フォトトランジスタの外見と回路図

購入可能な主要フォトトランジスタは次の表のとおりです。

●購入可能な主なフォトトランジスタ

	光電流	最大感度波長	参考価格
NJL7502L	46μA（5V、100lx）	560nm	100円（秋月電子通商）
NJL7302L	20μA（5V、100lx）	550nm	50円（秋月電子通商）
TEPT4400	200μA（5V、100lx）	800nm	84円（千石電商）

ラズベリーパイで光センサーの状態を取得する

各光センサーの状態をRaspberry Piで取得してみましょう。

CdS、フォトダイオード、フォトトランジスタはすべて、光の強さによってアナログ的に変化します。アナログ的な変化をRaspberry Piへ入力するには、A/Dコンバータを利用します。p.116で説明したA/Dコンバータを利用して光センサーの状態を読み取ります。ここではMCP3002を利用することにします。

ただし、いずれの光センサーも、A/Dコンバーターへ直接接続しても、センサーの変化は取得できません。A/Dコンバーターへ入力するには、光センサーの出力を電圧値に変換する必要があります。

●光センサーの基本的な接続方法

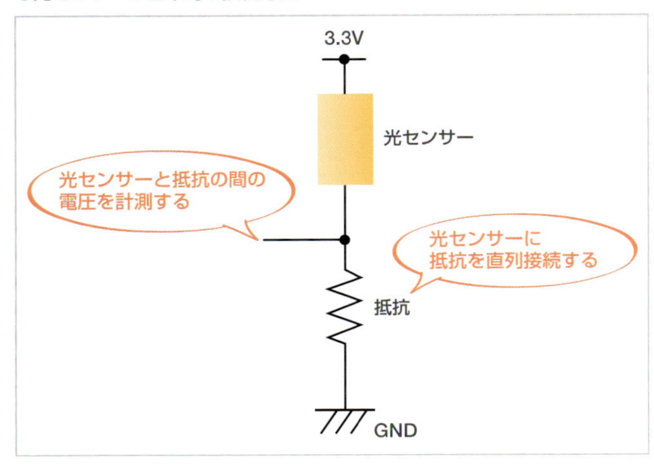

センサーは抵抗と直列接続します。抵抗を接続することで、光センサーと抵抗の間の電圧が、光センサーに当たった光の強さによって変化するようになります。これはp.128で説明した**分圧回路**と同じ原理です。例えば、CdSに10kΩを接続した場合にCdSの内部抵抗が10kΩとなれば、電圧は1.65V、1kΩとなれば3Vとなります。

なお、光センサーに接続する抵抗は、利用する光センサーによって異なります。一般的に、明るい場所では抵抗値を小さくし、暗い場所では抵抗値を大きくします。もし、小さな抵抗を接続して、ろうそくの明かりのような暗い光を計測しようとしても、ほとんど値に変化が生じません。

各光センサーは、次のような回路を作成します。CdSは暗抵抗1MΩの「GL5528」(Nanyang Senba Optical & Electronic製)、フォトダイオードは増幅回路を内蔵する「S9648」(浜松ホトニクス製)、フォトトランジスタは「NJL7502L」(新日本無線製)を使った場合の回路です。

●CdSの回路図(「GL5528」を使った場合)

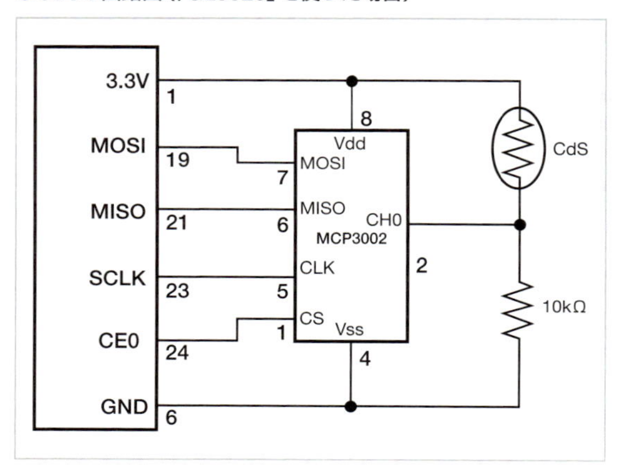

●フォトダイオードの回路図(「S9648」を使った場合)

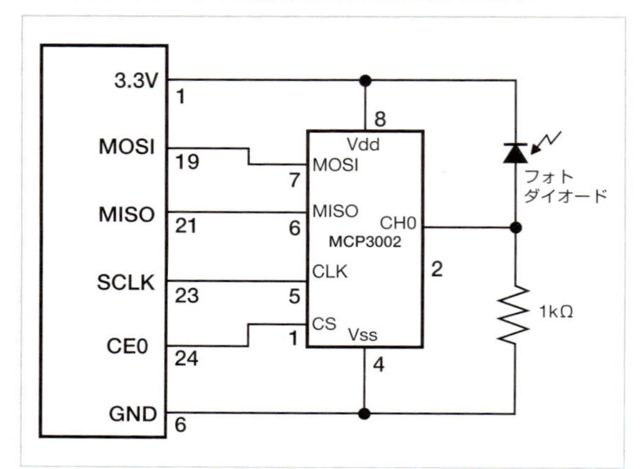

●フォトトランジスタの回路図(「NJL7502L」を使った場合)

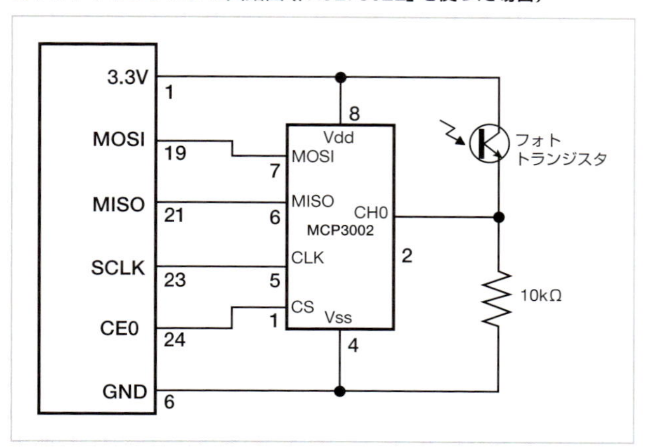

実際の接続はそれぞれ次の図のようにします。CdSは極性がないので、どちら向きに接続しても問題ありません。フォトダイオードとフォトトランジスタは極性があるので、接続する向きに注意します。

●CdSを接続する

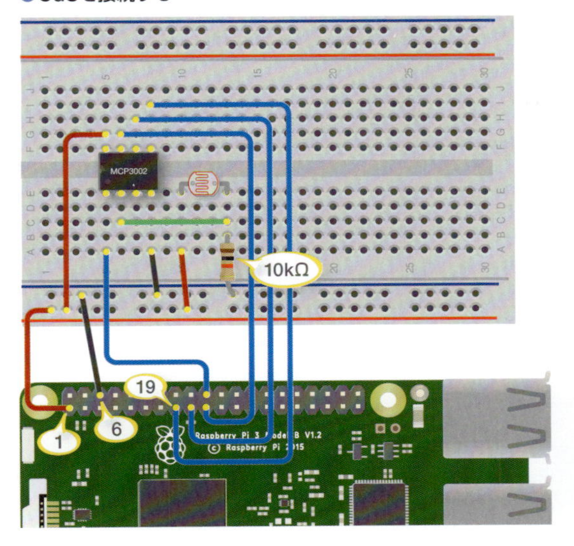

●フォトダイオードを接続する

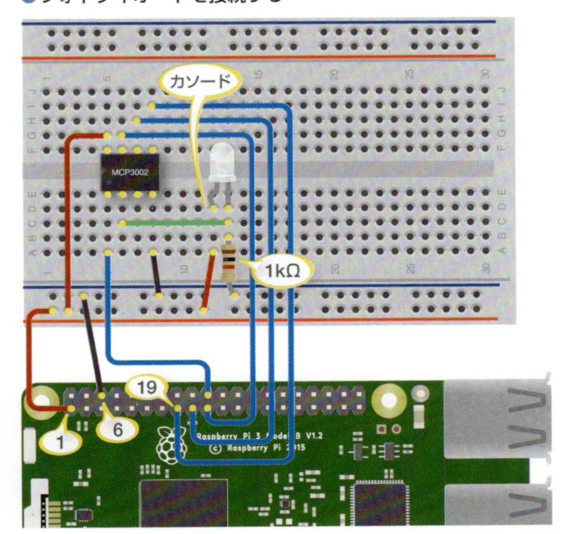

●フォトトランジスタを接続する

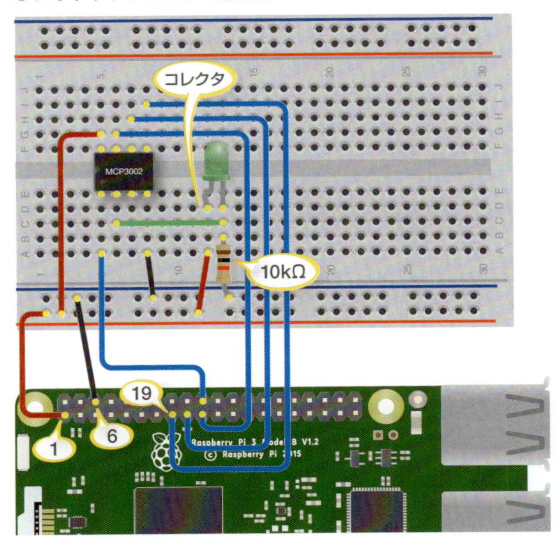

利用部品

- CdS 1MΩ……1個
- フォトダイオード「S9648」……1個
- フォトトランジスタ「NJL7502L」……1個
- 抵抗 1kΩ……1個
- 抵抗 10kΩ……1個
- ブレッドボード……1個
- ジャンパー線（オス―メス）……6個
- ジャンパー線（オス―オス）……3個

光センサーで明るさを計測する

接続したら、プログラムを作成して明るさを計測してみましょう。CdS、フォトダイオード、フォトトランジスタのいずれも同じプログラムで動作可能です。次のようにプログラムを作成します。また、プログラムではA/Dコンバータを利用するため、「mcp_adc」ライブラリを読み込んでいます。p.121で説明したようにmcp_adc.pyファイルを同じフォルダに保存しておきます。

①A/Dコンバータを制御するためのライブラリを読み込みます。

②光センサーをA/Dコンバーターのどちらのチャンネルに接続したかを指定します。

③ADコンバーダーで計測対象の電圧を指定します。MCP3002の場合は電源電圧の値、MCP3008、MCP3204、MCP3208の場合はVref端子にかけた電圧を指定します。

④A/Dコンバ-タから光センサーの状態を計測した値を取得します。MCP3002を使った場合は0から1023の範囲の値で取得できます。

⑤取得したA/Dコンバータを表示します。

●光センサーで明るさを計測する

raspi_parts/7-1/photo_sensor.py

```
import wiringpi as pi
import time
import mcp_adc ①

SPI_CE = 0
SPI_SPEED = 1000000
READ_CH = 0 ②
VREF = 3.3 ③

adc = mcp_adc.mcp3002( SPI_CE, SPI_SPEED, VREF )

while True:
    value = adc.get_value( READ_CH ) ④
    print ("Value:", value ) ⑤
```

プログラムができたら、次のようにコマンドでプログラムを実行します。

```
sudo python3 photo_sensor.py Enter
```

プログラムを実行して、光を照射したり手で隠したりすると、値が変化します。いずれの光センサーも、明るくすれば値が大きくなり、暗くすれば値が小さくなります。また、同じ光を照射しても光センサーによって表示される値が異なります。

実際に光センサーを活用する場合は、判断に利用する明るさにして光センサーの値を調べます。それよりも数値が大きければ明るいと判断し、明るくなったときの処理を実行するようにします。

なお、フォトダイオードやフォトトランジスタで計測値から照度を求めたい場合は、別途計算が必要です。計算方法は、利用する光センサーや接続した抵抗値によって異なります。

Section 7-2

熱源を検知する焦電赤外線センサー

焦電赤外線センサーを利用すると、近くに人や動物といった「熱を発する動く物体」を検知できます。人が訪れたり、動物が所定の位置に来た場合にセンサーが反応して、写真を撮るなどの応用が可能です。

熱源に反応する「焦電型赤外線センサー」

「**焦電型赤外線センサー**」は、近くに人や動物などの熱源があるのを判断するのに利用できる電子部品です。センサー周辺で赤外線を発する物体（熱源）が動いていると、電気信号を送ります。この信号をRaspberry Piで受信して認識することで、他の制御に繋がります。

例えば、お店で来客があったときにアラームを鳴らして知らせたり、ペットが特定の位置に来たら写真を撮影して飼い主に送信したり、などといった応用ができます。

●人や動物を検知できる焦電型赤外線センサー

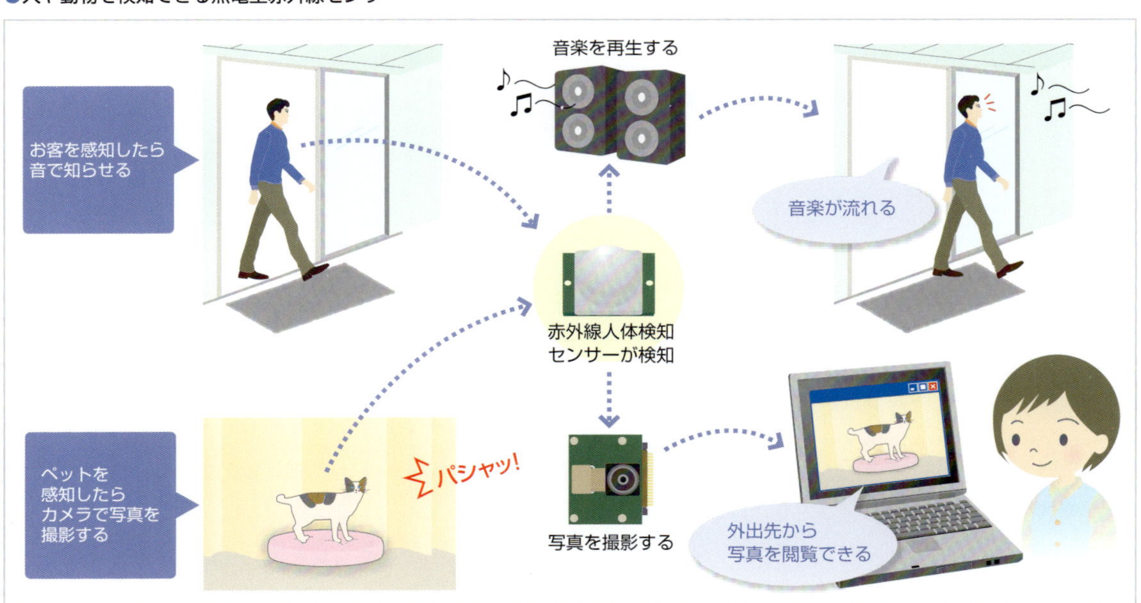

焦電型赤外線センサー

焦電型赤外線センサーは「**焦電体**」という素子を利用して、熱源が近くにあるかを判断しています。焦電体は、赤外線などで熱を与えると、表面に帯電していた電子と正孔が結合して、表面がプラスまたはマイナスに帯電した状態になります。このように、熱の当たり方が変化すると電気的に変化が生じ、この電気的な変化を利用することで熱源を検知します。

●焦電型赤外線センサーの原理

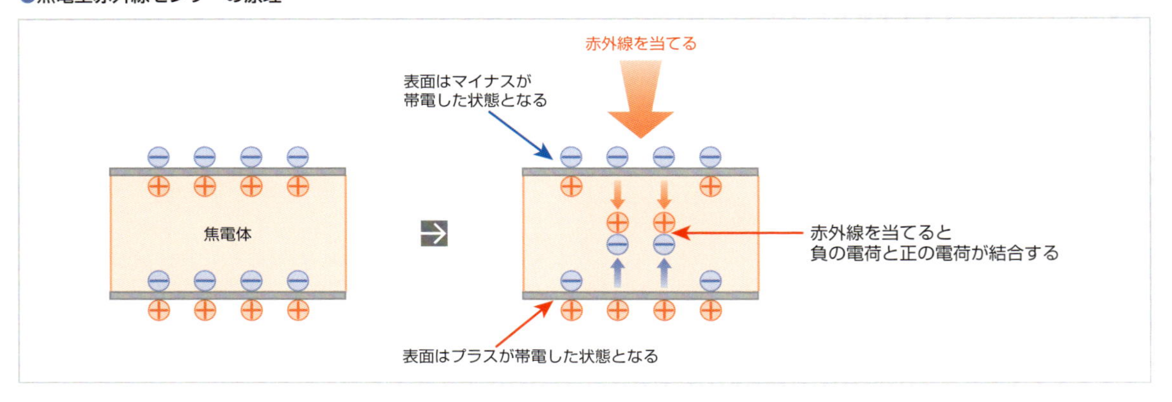

焦電型赤外線センサーの外見

焦電型赤外線センサーは円筒型になっており、上部に焦電体が配置されています。3端子が装備されていて、電源やGNDなどを接続します。

●焦電型赤外線センサーの外見

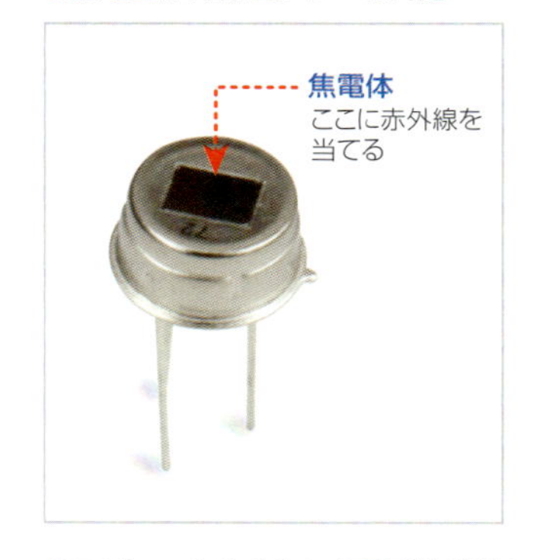

焦電型赤外線センサーは出力が小さいため、利用の際はアンプなどを利用して増幅する必要があります。そこで、アンプなどを接続したモジュールを使うと便利です。

モジュールには、赤外線を集める役目をするフレネルレンズが搭載されています。これによって、熱源を関する感度が良くなっています。また、熱源があるかないかの2値で出力されるようになっているモジュールもあります。電子工作で利用する場合、モジュール化された商品が利用しやすくお勧めです。

●モジュール化された焦電型赤外線センサー

購入可能な、主要なモジュール化された焦電型赤外線センサーを次の表にまとめました。商品によって計測可能な範囲や出力が異なります。

●購入可能な主な焦電型赤外線センサーモジュール

製品名	計測可能距離	検知角度	電源電圧	出力	参考価格
SKU-20-019-157	7m	120度	5～20V	3V(検出時)、0V(未検出時)	400円(秋月電子通商)
SB612A	8m	120度	3.3～12V	3V(検出時)、0V(未検出時)、オープンコレクタ	600円(秋月電子通商)
SB412A	3～5m	100度	3.3～12V	3V(検出時)、0V(未検出時)、オープンコレクタ	500円(秋月電子通商)
PARALLAX PIR Sensor Rev.B	10m	不明	3～6V	電源電圧(検出時)、0V(未検出時)	1,320円(秋月電子通商)
PSUP7C-02-NCL-16-1	2m	130度	3～5.25V	電源の80%以上(検出時)、電源の20%以下(未検出時)	640円(秋月電子通商)
Seeed Studio 101020060	9m	120度	3～5.5V	電源電圧(検出時)、0V(未検出時)	700円(千石電商)

本書では、比較的安価に購入できる「SKU-20-019-157」を利用する方法を紹介します。

Raspberry Piで焦電赤外線センサーの状態を取得する

SainSmart社製の焦電赤外線センサー「SKU-20-019-157」を利用して、近くに人や動物などがいるかを検知してみましょう。

SKU-20-019-1571は、基板に3つの端子が付いています。それぞれ「GND」「出力」「電源」の順に配置されています。

●SKU-20-019-1571の端子

動作には、5Vの電源を接続する必要があります。Raspberry Piの2番端子に接続すると5Vを供給できるようになります。しかし、出力は0Vまたは3Vとなるため、Raspberry PiのGPIOに直接接続して入力しても問題はありません。ここでは、GPIO 23（16番端子）に出力を接続します。

実際の接続は右図のようにします。メス―メス型のジャンパー線を使って直接SKU-20-019-1571に接続しています。もし、メス―メス型ジャンパー線が手元にない場合は、オス―メス型ジャンパー線を使ってブレッドボードを介して接続します。

利用部品

- 焦電赤外線センサー「SKU-20-019-157」……1個
- ジャンパー線（メス―メス）……3本

●Raspberry Piに焦電赤外線センサーを接続

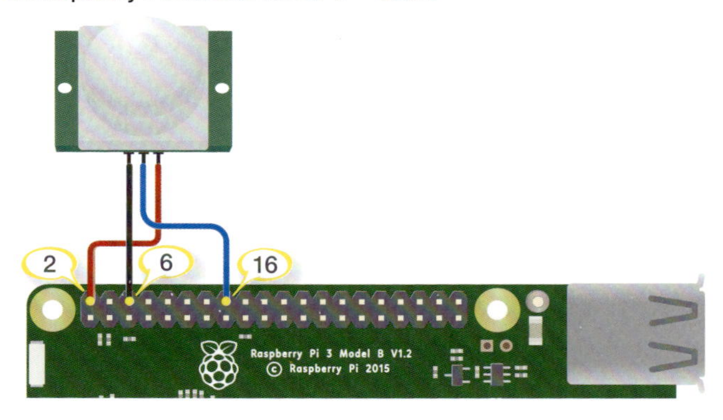

プログラムで人がいるかを確認する

接続したら、プログラムを作成して熱源が検知してみましょう。次のようにプログラムを作成します。

①PIR_PIN変数に、焦電型赤外線センサーを接続しているGPIOの番号を指定しておきます。

②pi.pinMode()に、GPIOの番号と「pi.INPUT」と指定することで、焦電型赤外線センサーを接続したGPIOを入力モードに切り替えます。

③「pi.digitalRead()」では、指定したGPIOの状態を確認して入力をします。誰もいない場合は入力が0Vつまり「pi.LOW」となり、誰かいる場合は入力が3Vつまり「pi.HIGH」となります。if文でそれぞれの状態を分岐して処理します。

④GPIOの入力がpi.HIGNの場合には、「Someone is here.」と表示します。

⑤GPIOの入力がpi.LOWの場合には、「Nobody is here.」と表示されます。

●焦電赤外線センサーで熱源があるかを検知する

raspi_parts/7-2/pir_sensor.py

```
import wiringpi as pi
import time

PIR_PIN = 23 ①

pi.wiringPiSetupGpio() ]
pi.pinMode( PIR_PIN, pi.INPUT ) ②

while True:
    if ( pi.digitalRead( PIR_PIN ) == pi.HIGH ): ③
        print ("Someone is here.") ④
    else:
        print ("Nobody is here.") ⑤

    time.sleep( 1 )
```

プログラムができたら、右ようにコマンドでプログラムを実行します。

```
sudo python3 pir_sensor.py Enter
```

実行し、何も検知しないと「Nobody is here.」、熱源を検知すると「Someone is here.」と表示します。ただし、センサーの前に熱源があったとしても、一定時間動かないとセンサーは「何もない」と判断します。このため、センサーの前に熱源があっても「Nobody is here」と表示されることがあります。そのような場合は、少し熱源を動かすことでセンサーが反応します。

Section 7-3 特定の位置に達したことを検知するセンサー

フォトリフレクタやフォトインタラプタは、赤外線が届いているか遮断されているかを検知できる部品です。この部品を使うことで、モーターを1回転だけ動かす、特定の位置に到達したら動作を止める、といったことが可能です。

動いた位置などを検知する

モーターなどを使って物を動かす場合、特定の位置に止めたいことがあります。例えば、紐をモーターで巻き取り２回転したら止める、車が指定の位置に達したら止まる、といった用途です。

このように「特定の場所に達したことを検知する」のに利用できるのが「**フォトリフレクタ**」と「**フォトインタラプタ**」です。どちらも、一方から赤外線を発してもう一方の受信側で赤外線が到達しているかを判断します。この機能を利用すれば、特定の部分で赤外線が届くようにすれば、位置を判断することができます。

●赤外線を使って場所を特定する

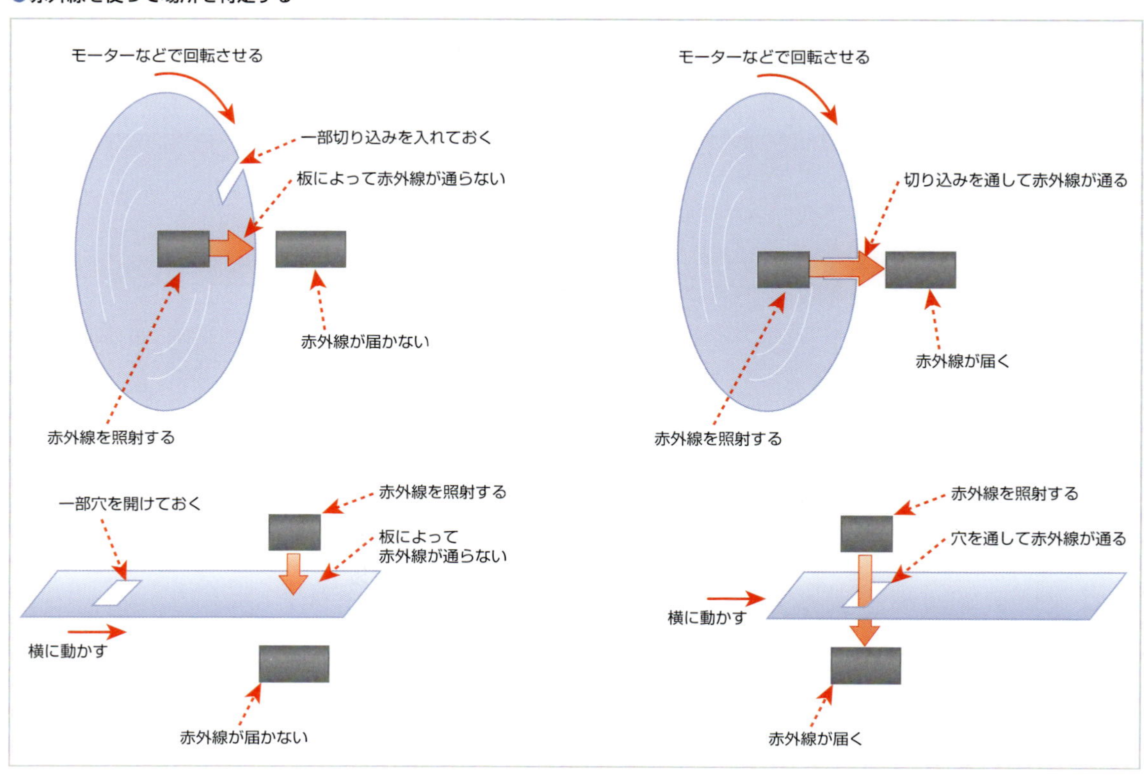

赤外線が遮断されたかを調べる「フォトインタラプタ」

フォトインタラプタは、赤外線を照射する**赤外線LED**と、赤外線を受信する**フォトトランジスタ**の2つを組み合わせて利用します。一方に赤外線LED、赤外線の届く場所にフォトトランジスタやフォトダイオードを配置します。その間に障害物があって赤外線が遮断されれば、フォトトランジスタには電気が通らなくなり、遮断されずに赤外線がフォトトランジスタに達すれば電気が通ります。この電気が通るかどうかを判断することで、遮断されているかを検知できます。

フォトインタラプタは、この赤外線LEDとフォトトランジスタを一体化させた商品です。

●赤外線がフォトトランジスタに達するかで判断できる

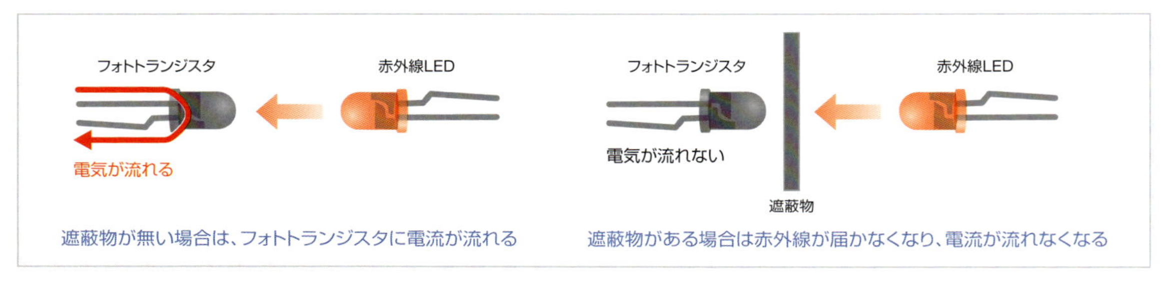

反射を利用して判断する「フォトリフレクタ」

フォトリフレクタは、赤外線LEDから照射された赤外線が、何かに反射してフォトトランジスタに達するかを調べるセンサーです。反射された場合はフォトトランジスタに電気が流れ、反射されない場合は電気が流れません。例えば、あらかじめ停止したい場所に反射板を配置しておいて停止位置を判断したり、穴を開けておいて反射しなくなったら停止位置を判断する、などといった使い方ができます。

●反射した赤外線が届くかで判断するフォトリフレクタ

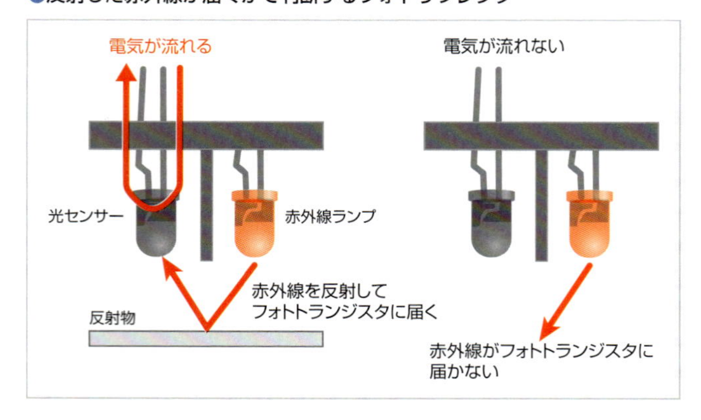

反射物の色も検知

フォトリフレクタは、反射物の色も判断できます。白い紙などは赤外線が反射しますが、黒い紙は赤外線が吸収されて反射が少なくなります。この原理を使って、黒い線で停止位置を示したり、黒い線に沿って動かすということもできます。

フォトリフレクタには、赤外線LEDとフォトトランジスタが並んで配置されています。間に遮へい板が配置されており、直接赤外線がフォトトランジスタに到達しない作りになっています。

●反射物の色を判断できる

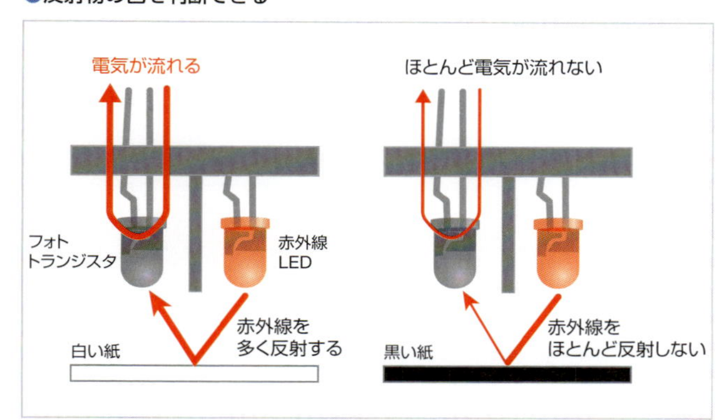

フォトリフレクタは、赤外線LEDを点灯するためのアノード・カソード端子と、フォトトランジスタに電気が通るかを判断するためのエミッター・コレクタ端子の4端子が装備されています。各端子は、フォトリフレクタの端子の長さや切り欠けの場所で判断できます。例えば、Letex Technology社製フォトリフレクタ「LBR-127HLD」の場合は、アノードやエミッタの端子が長くなっています。さらに、フォトリフレクタのケースが一部切り欠けており、その部分の端子が赤外線LEDのアノードになっています。

このように、形状などから各端子がわかるようになっているのが一般的ですが、製品によって判断方法が違うので、仕様書で端子を確認しておきましょう。

回路図は赤外線LEDとフォトトランジスタがパッケージ化されたような形となっています。

●フォトリフレクタの製品の例

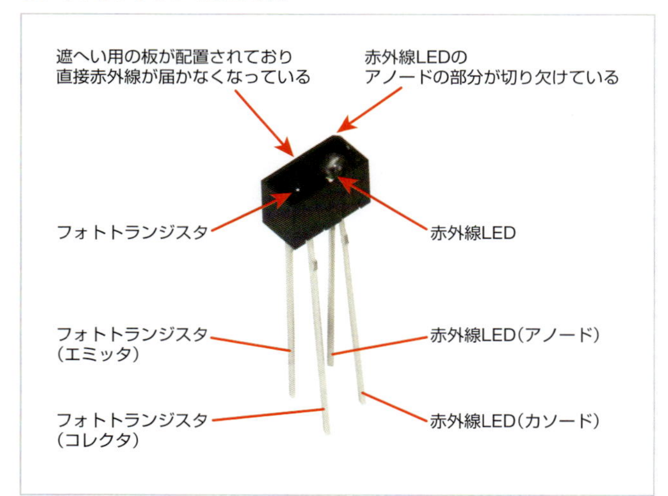

フォトリフレクタは大きさや検出可能な距離など、仕様が様々です。利用用途によって、どの製品を使うかを判断します。購入可能な主なフォトリフレクタを次の表にまとめました。

●購入可能な主なフォトリフレクタ

製品名	大きさ	検出範囲	参考価格
LBR-127HLD	8.7×4.5mm	1～10mm	50円（秋月電子通商）
TPR-105F	3.2×2.7mm	1～10mm	40円（秋月電子通商）
RPR-220	6.4×4.9	6～8mm	100円（秋月電子通商）

遮断されているかを検知できる「フォトインタラプタ」

フォトインタラプタは、赤外線LEDから照射した光が、直接フォトトランジスタに到達する形状をしています。赤外線LEDとフォトトランジスタの間に何もない場合は、赤外線がフォトトランジスタに到達して電気が流れます。間に遮へい物が入ると赤外線が到達せず、電気が流れなくなります。

フォトインタラプタは、赤外線LEDとフォトトランジスタが対面に配置されています。間が空いており、遮へい物を通せるようになっています。

●赤外線が直接届くかで判断するフォトインタラプタ

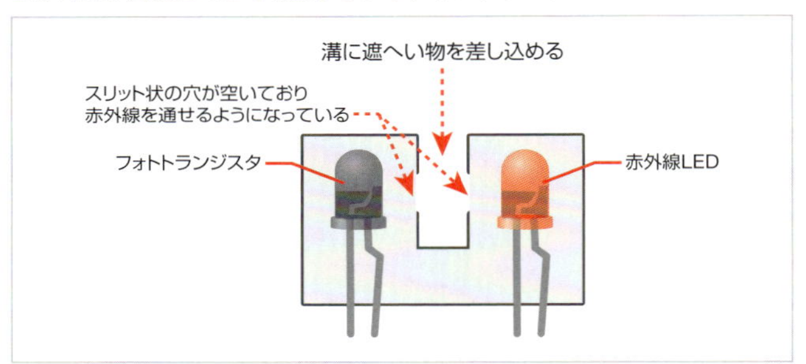

フォトインタラプタは、フォトリフレクタと同様に、赤外線LEDを点灯するためのアノード・カソード端子と、フォトトランジスタに電気が通るかを検知するためのエミッター・コレクタ端子の4端子が装備されています。

各端子は、製品の形状から判断できます。例えばパナソニックのフォトインタラプタ「CNZ1023」の場合は、フォトトランジスタ側にねじ穴が付いている形状となっています。ただし製品によって判断方法が違うので、詳しくは仕様書を確認してください。

回路図はフォトリフレクタと同じです。

●フォトインタラプタの製品の例

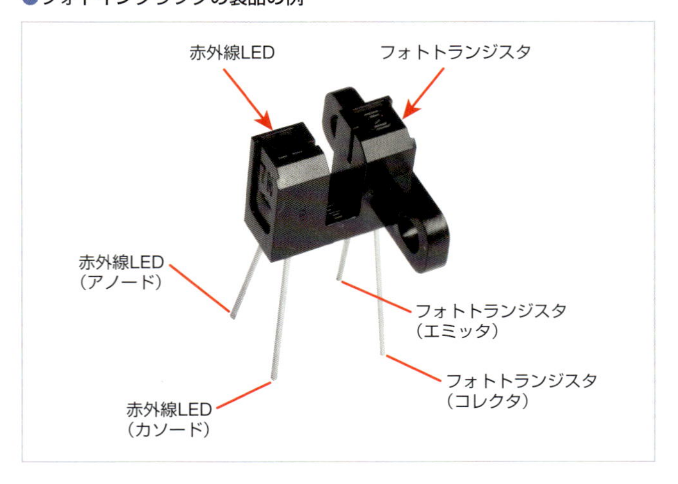

フォトインタラプタは、大きさが様々です。利用用途によってどの製品を使うかを判断します。
購入可能な主要なフォトインタラプタは、次の表のとおりです。

●購入可能な主なフォトインタラプタ

製品名	大きさ	参考価格
KI1233-AA	16.5×13.5mm	30円（秋月電子通商）
KI1138-AA	40.5×15mm	35円（秋月電子通商）
CNZ1023	18×12mm	20円（秋月電子通商）

Raspberry Piでフォトリフレクタ・フォトインタラプタの状態を取得する

フォトリフレクタとフォトインタラプタの状態を、Raspberry Piで取得してみましょう。本書ではLetexテクノロジー製のフォトリフレクタ「LBR-127HLD」およびパナソニック製のフォトインタラプタ「CNZ1023」を利用した方法を説明します。

電子回路は右のように作成します。

●フォトリフレクタとフォトインタラプタの状態を確認する回路

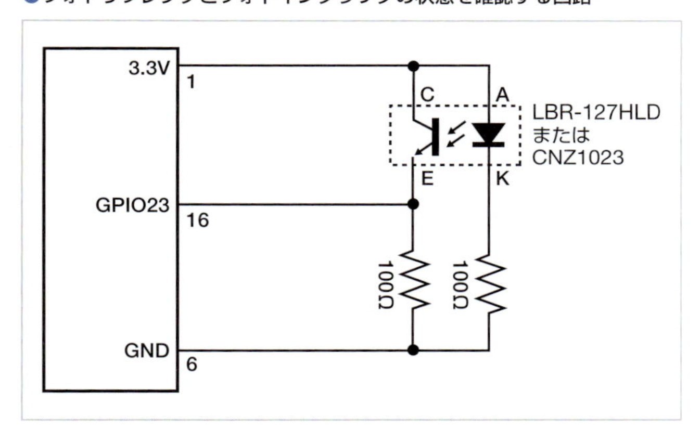

フォトリフレクタやフォトインタラプタは、赤外線LEDを点灯する回路と、フォトトランジスタに電気が流れているかを判断する2つの回路で作れます。赤外線LEDの点灯は、通常のLEDの点灯と同じです。仕様書などにはVfとIfが記載されているので、p.74と同様に電流制御用の抵抗を選択します。ここでは100Ωの抵抗を3.3Vの電源に接続して点灯させます。

赤外線は目に見えないため、点灯させても人の目ではそれが判断できません。そこで、デジタルカメラなどで赤外線LEDを撮影すると、点灯しているか確認できます。ただし、赤外線フィルターが装備されているカメラでは写らないため注意しましょう。

フォトトランジスタ側は、抵抗を直列接続して電源とGNDに接続した分圧回路を作ります（分圧回路については、p.128を参照）。抵抗とフォトトランジスタをRaspberry PiのGPIOに接続して状態を取得できるようにします。なお、抵抗を100kから500kΩ程度の半固定抵抗に変えることで、センサーの感度を調節できます。

ブレッドボードを使った回路を作成すると、次ページのような接続になります。なお、本書ではブレッドボード上にフォトリフレクタやフォトインタラプタを配置していますが、実際に利用する場合は、機器に取り付けた後に、配線などを利用して接続する形になります。

利用部品

- フォトリフレクタ「LBR-127HLD」……1個
- フォトインタラプタ「CNZ1023」………1個
- 抵抗100kΩ……………………………1個
- 抵抗100Ω………………………………1個
- ブレッドボード…………………………1個
- ジャンパー線（オス―メス）……………3本
- ジャンパー線（オス―オス）……………2本

●フォトリフレクタを使った接続図

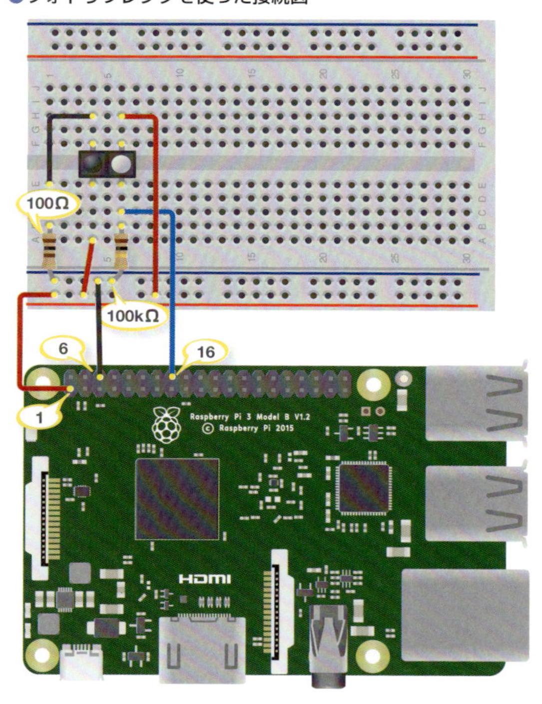

●フォトインタラプタを使った接続図

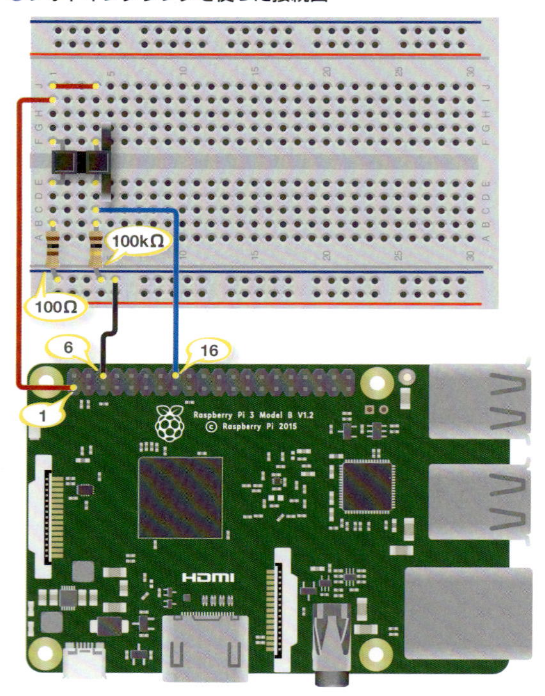

プログラムで状況を確認する

接続したら、プログラムで状況を取得してみましょう。フォトリフレクタとフォトインタラプタは「赤外線が届く」「届かない」の2つの状態を検知します。そこで、スイッチの入力同様に、デジタル入力してどちらの状態であるかを確認できます。

この回路では、赤外線が届いた場合はHIGH、届かなかった場合はLOWになるようになっています。入力によって、if文を使ってどちらの状態かを表示するには次のようなプログラムを作成します。

①PIR_PIN変数に、焦電型赤外線センサーを接続しているGPIOの番号を指定しておきます。

②pi.pinMode()に、GPIOの番号と「pi.INPUT」と指定することで、センサーを接続したGPIOを入力モードに切り替えます。

③「pi.digitalRead()」では、指定したGPIOの状態を確認して入力をします。赤外線が届かなかった場合の入力は「pi.LOW」となり、届いた場合の入力は「pi.HIGH」となります。if文でそれぞれの状態を分岐して処理します。

④GPIOの入力がpi.HIGNの場合には、「IR ON.」と表示します。

⑤GPIOの入力がpi.LOWの場合には、「IR OFF.」と表示されます。

●フォトリフレクタやフォトインタラプタの状態を取得するプログラム

raspi_parts/7-3/photo_sensor.py

```
import wiringpi as pi
import time

PIR_PIN = 23 ①

pi.wiringPiSetupGpio()
pi.pinMode( PIR_PIN, pi.INPUT ) ②

while True:
    if ( pi.digitalRead( PIR_PIN ) == pi.HIGH ): ③
        print ("IR ON.") ④
    else:
        print ("IR OFF.") ⑤

    time.sleep( 1 )
```

プログラムが完成したら、右のようにコマンドでプログラムを実行します。

```
sudo python3 photo_sensor.py Enter
```

フォトリフレクターの場合は、プログラム実行後に、センサー近くに白い紙などの反射物を配置すると「IR ON」、反射物がないと「IR OFF」と表示します。

フォトインタラプタの場合は、溝に遮へい物を差し込むと「IR OFF」、遮へい物がないと「IR ON」と表示します。

NOTE

デジタル入力のスレッショルドについて

電圧が0Vや3.3Vなどでなくても、デジタルICはスレッショルドによってHIGH、LOWのどちらかの状態と判断します。スレッショルドについては、p.44を参照してください。

Section 7-4 温度、湿度、気圧を計測するセンサー

温度や湿度、気圧など気象に関わる状態は、各種気象センサーを使うことで計測できます。温度や湿度などそれぞれについて計測できるセンサーのほか、統合的に温度、湿度、気圧を計測できるセンサーも販売されています。

気象情報を取得できる「温度・湿度・気圧センサー」

「**温度センサー**」「**湿度センサー**」「**気圧センサー**」はその名のとおり、気温や湿度、気圧などの状態を取得できる電子部品です。室温や外気温、湿気、気圧などを計測して機器を動作させて調節したり、温度や湿度を計測して日々の気象情報を記録したりできます。例えば、温度センサーで室温を計測して暑いと判断したら扇風機を作動させたり、湿度を計測して湿気ている場合は除湿器を作動させたり、気圧が急激に低下したら天気が崩れる恐れがあるので自動的に洗濯物を取り入れたり、などの応用が考えられます。

●温度・湿度・気圧センサーを使えば、気象状況によって機器を動作できる

計測目的や範囲、通信方式から利用するセンサーを選択する

気象関連のセンサーには、温度・湿度・気圧を個別に計測するセンサー、温度と湿度を同時に計測できるセンサー、温度・湿度・気圧のすべてを同時に計測できるセンサーなど、様々な製品が販売されています。

すべてを計測できるセンサーを使えば、応用が効く利点があります。ただし、計測できる情報が多いほど価格が高価になるため、目的に合ったセンサーを選択しましょう。

次ページの表は、現在購入できる主要な気象関連センサーです。

●入手可能な主な気象関連のセンサー

製品名	温度	湿度	気圧	通信方式	参考価格
サーミスタ103AT-2	-50～110度	－	－	アナログ	50円（秋月電子通商）
超薄型サーミスタ 103JT-025	-50～125度	－	－	アナログ	60円（秋月電子通商）
温度センサー LM35DZ	0～100度	－	－	アナログ	110円（秋月電子通商）
温度センサー LM61BIZ	-25～85度	－	－	アナログ	80円（秋月電子通商）
温度センサー DS18D20+	-55～125度	－	－	1-wire	250円（秋月電子通商）
温度センサー ADT7410	-50～150度	－	－	I²C	500円（秋月電子通商）
温度センサー ADT7310	-50～150度	－	－	SPI	500円（秋月電子通商）
温度センサー TMP102	-25～85度	－	－	I²C	618円（スイッチサイエンス）
湿度センサー HR202L	－	0～95%	－	アナログ	200円（秋月電子通商）
気圧センサー MPL115A1	－	－	500～1140hPa	SPI	600円（秋月電子通商）
気圧センサー SCP1000	－	－	300～1200hPa	SPI	1,200円（秋月電子通商）
気圧センサー BMP085	－	－	300～1100hPa	I²C	1,250円（秋月電子通商）
気圧センサー LPS331AP	－	－	260～1260hPa	I²C、SPI	1,026円（スイッチサイエンス）
温湿度センサー AM2302	-40～80度	0～99.9%	－	1-wire	950円（秋月電子通商）
温湿度センサー AM2322	-40～80度	0～99.9%	－	1-wire、I²C	700円（秋月電子通商）
温湿度センサー SHT31-DIS	-40～125度	0～100%	－	I²C	950円（秋月電子通商）
温湿度センサー HIH6130	5～50度	10～90%	－	I²C	3,500円（千石電商）
温湿度センサー Si7021	-10～85度	0～80%	－	I²C	972円（スイッチサイエンス）
気温、気圧センサー MPL3115A2	-40～85度	－	500～1100hPa	I²C	1,393円（スイッチサイエンス）
温湿度気圧センサー BME280	-40～85度	0～100%	300～1100hPa	I²C、SPI	1,080円（秋月電子通商）

センサーは計測できる範囲が決まっています。例えば、室温を計測する用途であれば、-10度から40度程度の範囲が計測できれば問題ありません。しかし、加熱する機器の近くを計測したり、北海道の外気を計測するなどの用途であれば、より広範囲の温度を計測できる必要があります。計測の範囲となる温度や湿度、気圧を計測できるセンサーを選択しましょう。

センサーで計測した情報をRaspberry Piへ引き渡す方法として、「アナログ」「1-wire」「I²C」「SPI」の各形式が利用されています。アナログで出力する場合は、A/Dコンバータを利用してRaspberry Piで読み込む必要があります。また、電圧として入力するため、計算して温度や湿度などに変換する必要があります。

一方でI²C、SPI通信であれば、センサー内で計測結果を数値化されるため、それぞれの通信方式でデータを取り込むことで、そのまま利用可能です。

●計測結果をRaspberry Piに送るための通信方式

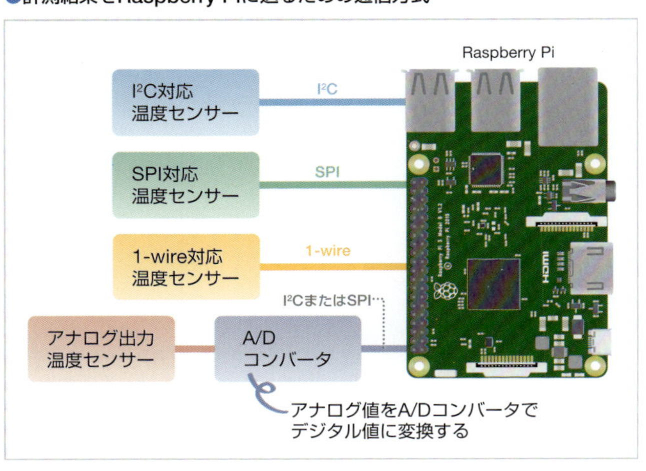

Section 7-4 温度、湿度、気圧を計測するセンサー

計測可能な気象状態、計測範囲、通信方式の3つから自分の利用する用途に合ったセンサーを選ぶようにしましょう。例えば、統合的に気象情報を集めたい場合は、温度、湿度、気圧を計測できるセンサーを選択します。たくさんの場所の温度を計測したい場合は、安価で購入可能なサーミスタ（本ページ下部参照）を選択します。

NOTE

1本の線で通信が可能な「1-wire」

電子部品との通信方法の1つに「1-wire」があります。1-wireはシリアル通信できる方式です。特徴は1本のデータ線のみで送受信が可能なことです。通信線の他にGNDに接続すれば済むので、2本の線だけで通信できます。また、I²Cのように複数のデバイスを接続して選択しながら通信できます。

ただし、1本の線で送信と受信のどちらも行うため、通信速度は低速です。温度センサーのような、通信速度が低速でも問題ないデバイスの通信方式に利用されています。

Raspberry Piで1-wireを使って通信するには、GPIO4に接続します。また、Raspberry Piの設定ツールの「インターフェィス」タブで「1-wire」を「有効」に切り替える必要があります。なお、1-wireを使ったセンサーの利用方法は本書では割愛します。

アナログ温度センサーを利用する

実際に温度センサーを利用してみましょう。

温度センサーには「**サーミスタ**」と呼ばれるセンサーがあります。サーミスタは、マンガンやコバルト、ニッケルなどで構成されたセラミックスを電極で挟んだ構成になっています。温度が変化するとセラミックスの抵抗値が変化します。高温になれば抵抗値が下がり、低温になれば抵抗値が上がります。この抵抗値の変化を読み取ることで温度を計測できます。温度と抵抗値の関係は指数的に変化します。抵抗値を計測したら、変換式を使って計算して温度に変換する必要があります。

サーミスタは構造が単純であることから、1つ数十円程度と安く購入できるのが特徴です。たくさんの場所の温度を計測する際に役立ちます。

● 安価に購入できる温度センサーの「サーミスタ」

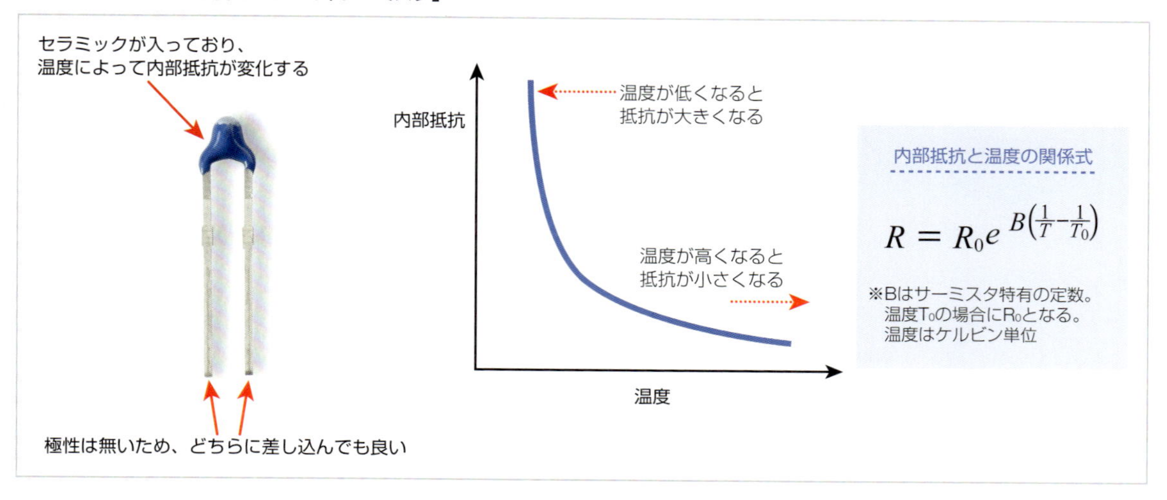

サーミスタは安価ですが、計測した抵抗値から複雑な計算をして温度を求める必要があります。Raspberry Piの数式ライブラリを利用すれば計算は可能ですが、そのぶん計算の処理が必要です。

そこで、ICが同梱された温度センサーを利用するのがお勧めです。テキサス・インスツルメンツ製の温度センサー「LM35DZ」は、計測した値から温度に変換する機能を内蔵しているICです。温度を変換して、結果をアナログ出力します。変換した温度は電圧として出力します。電圧と温度は比例しており、簡単なかけ算で電圧から温度を求めることが可能です。LM35DZでは、計測した電圧に100をかけた値が温度になります。

●温度を扱いやすい信号に変換する温度センサー「LM35DZ」

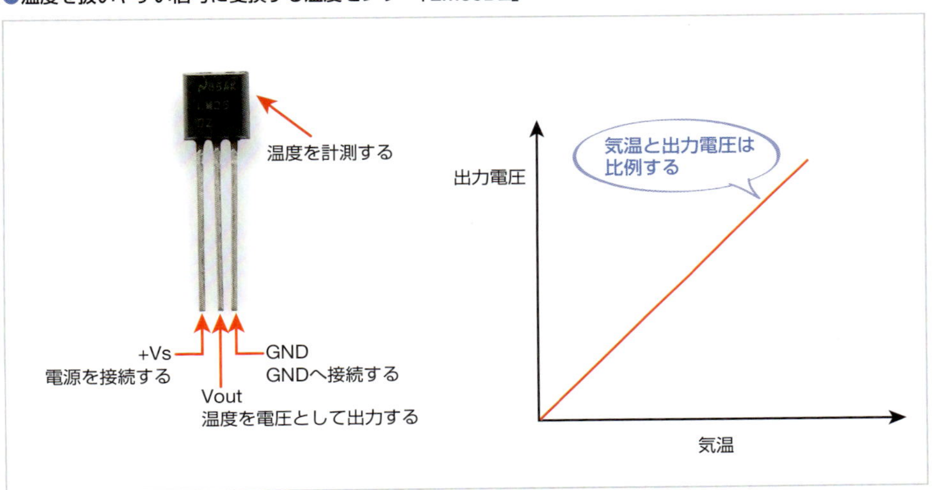

LM35DZを使って温度を計測する

LM35DZを使って温度を計測してみましょう。LM35DZは温度を電圧として出力します。このため、出力をA/Dコンバータに接続して直接アナログ値を読み取るようにします。

回路は右のように作成します。LM35DZは、出力をそのままA/Dコンバータの入力端子に接続します。また、LM35DZは5Vで動作するので、電源として5Vを接続します。

●LM35DZで温度を計測する回路図

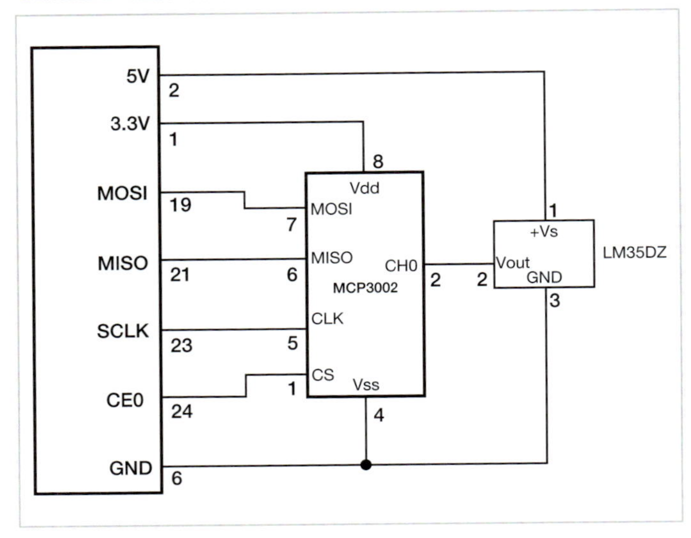

実際の接続は，右の図のようにします。LM35DZには端子の用途が決まっているので間違えないように接続してください。

●LM35DZの接続図

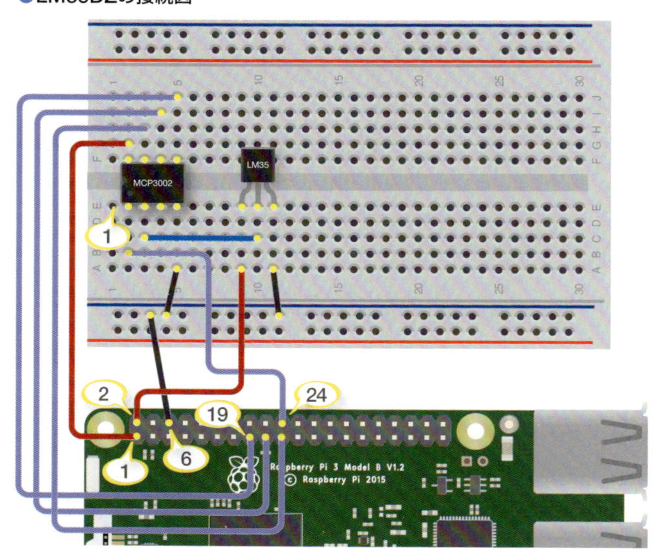

利用部品

- 温度センサー「LM35DZ」……1個
- A/Dコンバータ「MCP3002」……1個
- ブレッドボード……1個
- ジャンパー線（オス―メス）……7本
- ジャンパー線（オス―オス）……3本

接続したらプログラムを作成して温度を計測してみましょう。次のようにプログラムを作成します。なお、プログラムではA/Dコンバータを利用しているので、A/Dコンバータのライブラリ「mcp_adc.py」ファイルをプログラムと同じフォルダーに保存しておきます。

①A/Dコンバータを制御するためのライブラリを読み込みます。

②光センサーをA/Dコンバータのどちらのチャンネルに接続したかを指定します。

③A/Dコンバータで計測対象の電圧を指定します。MCP3002の場合は電源電圧の値、MCP3008、MCP3204、MCP3208の場合はVref端子にかけた電圧を指定します。

④A/Dコンバータから光センサーの状態を計測した値を取得します。MCP3002を使った場合は0から1023の範囲の値で取得できます。

⑤A/Dコンバータから取得した値を電圧に変換します。

⑥電圧に100をかけて温度に変換します。

●アナログ温度センサーで温度を計測する

raspi_parts/7-4/temp_sensor.py

```
import wiringpi as pi
import time
import mcp_adc ①

SPI_CE = 0
SPI_SPEED = 1000000
READ_CH = 0 ②
VREF = 3.3 ③

adc = mcp_adc.mcp3002( SPI_CE, SPI_SPEED, VREF )

while True:
    value = adc.get_value( READ_CH ) ④
    volt = value * 3.3 / 1023.0 ⑤
    temp = volt * 100 ⑥

    print ("Temperature:", temp ) ⑦
    time.sleep(1)
```

⑦計算した温度を表示します。

プログラムができたら次のようにコマンドでプログラムを実行します。

```
sudo python3 temp_sensor.py Enter
```

実行すると計測した温度が表示されます。温度センサーを手で触るなどすると表示する温度が変化します。

複合気象センサーを利用する

温度、湿度、気圧を統合的に計測する場合は、すべてのセンサーが1つにまとまった製品を利用すると便利です。各回路を作成する必要がなく電子部品の点数を減らすことができ、プログラムも各センサーごとの計測値の取得処理の必要が無いため、プログラム自体を短くできます。

温度、湿度、気圧が計測できるセンサーにBosch社の「BME280」があります。様々なメーカーがBME280を利用したモジュールを販売しており、おおよそ同じような接続やプログラムでセンサーの値を取得可能です。ここでは、秋月電子通商で販売している「AE-BME280」で計測してみることにします。

AE-BME280はI^{2}C、SPIでの通信が可能です。I^{2}Cで通信する場合は製品右上のJ3をはんだ付けし、SPIで通信する場合ははんだ付けしない状態にしておきます。ここでは、I^{2}Cで通信するのでJ3をはんだ付けしておきます（はんだ付けについてp.257参照）。

●複合気象センサーの「AE-BME280」

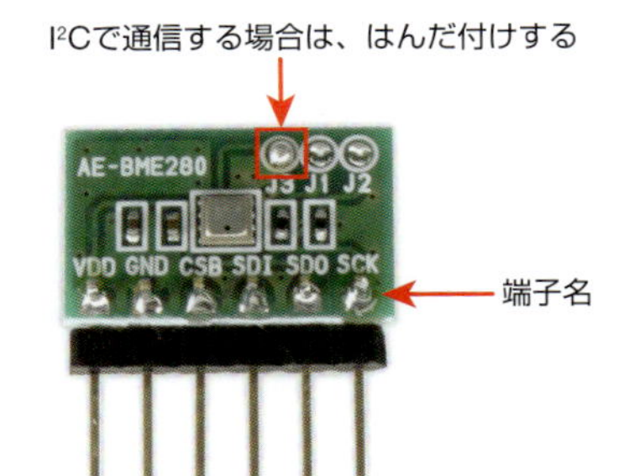

端子名	用途
VDD	電源。3.3Vに接続する
GND	GND
CSB	SPIの場合はCSとして接続する。I^{2}Cの場合は接続不要
SDI	SPIの場合は入力（MOSI）に接続する。I^{2}Cの場合はSDAに接続する。
SDO	SPIの場合は出力（MISO）に接続する。I^{2}Cの場合はI^{2}Cアドレスを選択できる。GNDに接続した場合は０ｘ７６、VDDに接続した場合は0x77となる。
SCK	SPIの場合はSCKLに接続する。I^{2}Cの場合はSCLに接続する。

接続はI^2CのSDAとSCLをRaspberry Piに接続します。AE-BME280は3.3Vで動作するため、電源も3.3Vに接続します。また、I^2Cアドレスを選択するために、SDO端子をGNDに接続しておきます。こうしておくことで、I^2Cアドレスが「0x76」として利用できます。

利用部品

- 温湿度気圧センサー「AE-BME280」…1個
- ブレッドボード……1個
- ジャンパー線(オス―メス)……4本
- ジャンパー線(オス―オス)……2本

●Raspberry PiにAE-BME280を接続

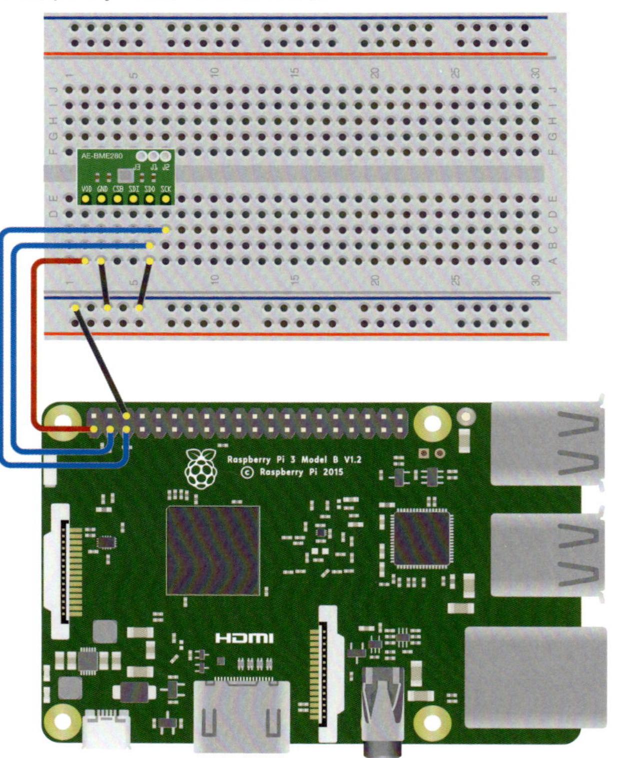

プログラムで温度、湿度、気圧を取得する

接続したらプログラムを作成して加速度を取得してみましょう。次のようにプログラムを作成します。BME280から計測データを取得には、本書で用意した「bme280」ライブラリを利用しています。

●加速度センサーの値を取得するプログラム

raspi_parts/7-4/weather_sensor.py

```
import wiringpi as pi
import time
import bme280 ①

bme280_addr = 0x76 ②

pi.wiringPiSetupGpio()
i2c = pi.I2C() ③
weather = bme280.bme280( i2c, bme280_addr ) ④
weather.setup() ⑤

while True:
    ( temp, humi, press ) = weather.get_value() ⑥

    print("Temperature:", temp ,"C Humidity:", humi ,"% Pressure:", press , "hPa") ⑦
    time.sleep(1)
```

①BME280から計測結果を取得するライブラリを読み込みます。

②BME280のI^2Cアドレスを指定します。SDO端子をGNDに接続している場合は「0x76」、VDDに接続している場合は「0x77」と指定します。

③I^2Cの初期化をします。

④BME280を利用するためインスタンスを作成します。この際、BME280のI^2Cアドレスを指定しておきます。

⑤BME280を初期化します。setup()は初めに1度だけ実行します。

⑥BME280から温度、湿度、気圧を取得します。

⑦取得した値を表示します。

プログラムができたら、次のようにコマンドでプログラムを実行します。温度、湿度、気圧の順に取得できます。

```
sudo python3 weather_sensor.py Enter
```

実行すると、温度、湿度、気圧が表示されます。センサーを暖めたり、息を吹きかけると計測値が変化します。

Section 7-5

加速度を検知する加速度センサー

加速度センサーを利用すると、物体が動き始めたり止まったりといった挙動を検知できます。また、重力は加速度の一種であるため、加速度センサーでどの方向に重力がかかっているかを検知すれば、傾いている角度を検出することも可能です。

加速度を検知する「加速度センサー」

車が動き始めたり、ブレーキをかけたりした場合には「**加速度**」という力がかかります。この加速度を計測するのは「**加速度センサー**」です。

加速度センサーを使えば物体が動き始めたことや、止まろうとしていることを検知できます。また、重力は地球の中心に向かって常にかかり続ける加速度です。どの方向に重力がかかっているかを検知すれば、加速度センサーがどの程度傾いているかを導き出すことも可能です。傾いている角度がわかれば、サーボモーターを使って水平状態に戻す、といったこともできます。

●加速度センサーでものの動きや重力の方向を計測できる

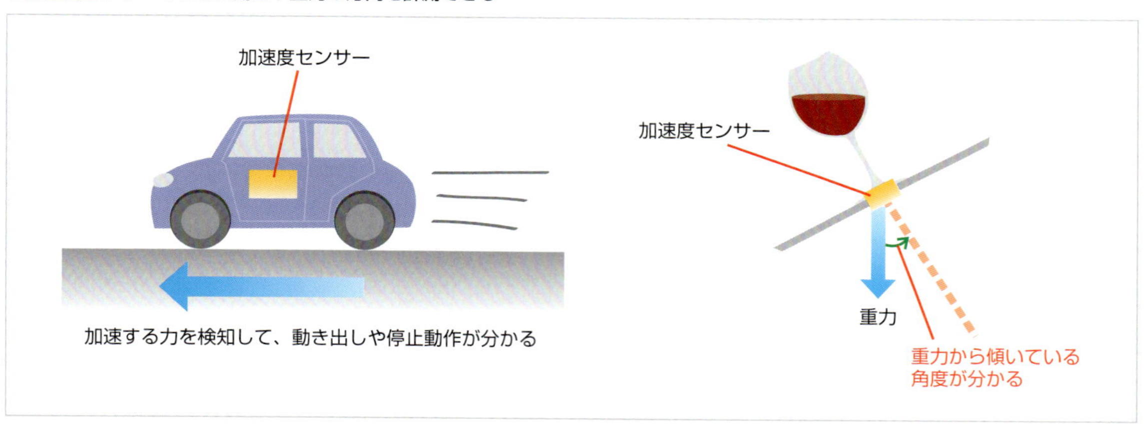

コンデンサーの仕組みを使って加速度を計測する

加速度は、コンデンサーの仕組みを使って検知する仕組みになっています（コンデンサーについてはp.142を参照）。コンデンサーは2つの金属から構成されていて、電圧をかけることで電気を貯めることができます。電気を貯める量は、金属が離れている距離で変化します。金属同士が近いと電荷が多く貯まり、離れていると貯まる電荷が少なくなります。

●距離によって貯まる電荷の量が変化する

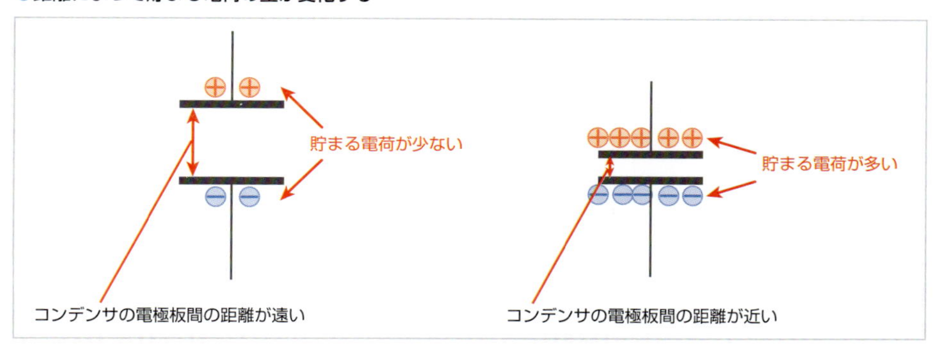

加速度センサーでは、金属同士の距離が変化することで、貯まっている電荷の変化を計測して加速度を検知しています。金属にはバネが取り付けられています。加速度がかかると、その方向に金属板が移動し、貯まっていた電荷の量が変わります。金属が離れる方向に動けば電荷が減り、近づけば電荷が増えます。電荷の増減する際には、電流が流れるため、金属に取り付けた電流検知器で電荷の移動を計測することで加速度がかかっているかが分かります。

●電荷の変化で加速度を計測する

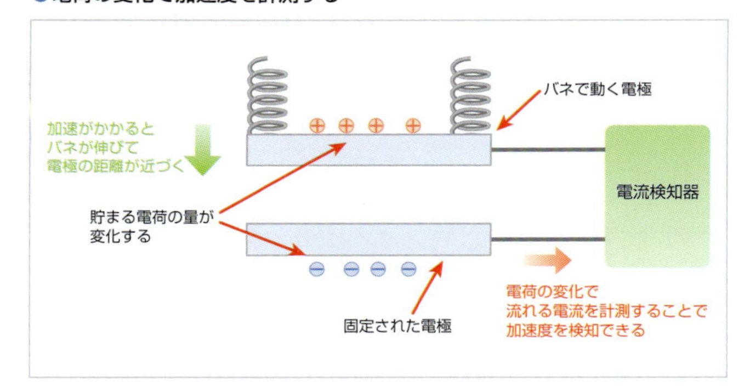

実際の加速度センサーは櫛状になっており、できる限り多くの電荷が変化するように工夫されています。また、上下、左右、垂直方向に櫛を取り付けることで、X軸、Y軸、Z軸のそれぞれの加速度を計測できます。

●櫛状にして多くの電荷が変化するよう工夫されている

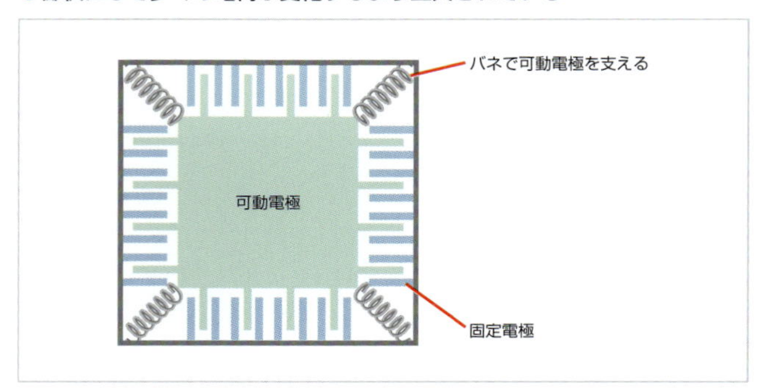

加速度センサーの外見

加速度センサーはICチップ状になっていて、加速度を計測する機構や計測する検知器などは内部に格納されています。このため、外部からは中の構造は見えません。

また、そのままでは利用しづらいため、基板上に取り付けられた加速度センサーも販売されています。ブレッドボードに差し込んで電子回路を作ることも可能です。

加速度センサーは、X軸、Y軸、Z軸に分けてそれぞれの方向の加速度を計測するようになっています。1軸のみ計測する加速度センサーもありますが、現在販売されているほとんどの加速度センサーは3軸を計測できるようになっています。3軸の計測に対応した加速度センサーであれば、加速度の大きさの他に、どの方向に加速しているかを導き出せます。また、重力の方向も導き出せるため、センサーの傾きを求めることもできます。

●チップ状の加速度センサー

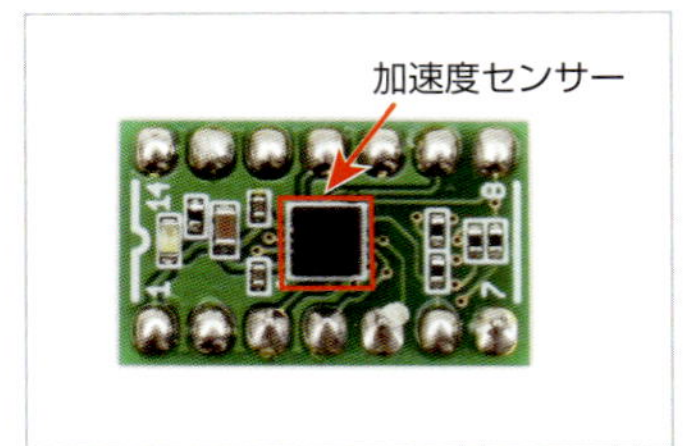

Raspberry Piとの通信方式

加速度センサーで計測した値をRaspberry Piに転送する方法には、値をアナログで出力する方式と、シリアル通信方式のI^2C、SPI通信があります。アナログ方式の場合は、電圧で加速度を出力するため、A/Dコンバータを利用してRaspberry Piに入力する必要があります。I^2CやSPIを利用している場合は、そのままRaspberry Piに接続して通信をします。

●加速度センサーの計測結果をRaspberry Piに送る方法

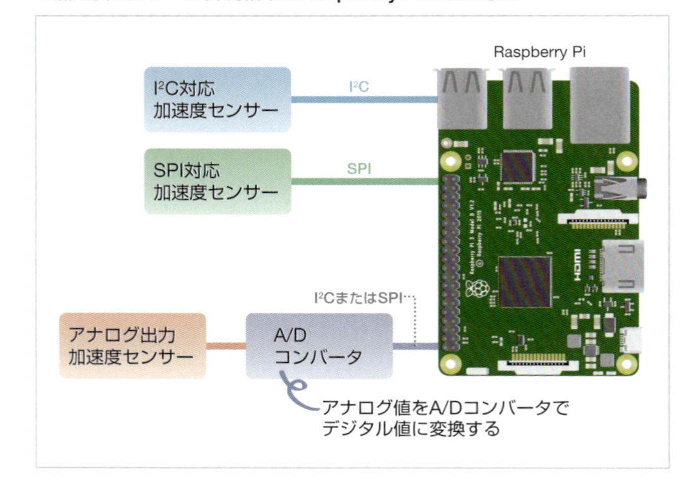

現在購入できる主要なモジュール化された加速度センサーを、次の表にまとめました。計測可能な軸の数や、接続方法を確認して購入しましょう。

●購入可能な主な加速度センサーモジュール

製品名	計測軸数（加速度）	通信方式	付加機能	参考価格
LIS3DH	3軸	I^2C/SPI	ADコンバーターを搭載	600円（秋月電子通商）
KXSC7-2050	3軸	アナログ	-	500円（秋月電子通商）
ADXL335	3軸	アナログ	-	750円（秋月電子通商）
ADXL345	3軸	I^2C/SPI	-	450円（秋月電子通商）
MPU-9250	3軸	I^2C/SPI	地磁気、ジャイロセンサー搭載	1,800円（千石電商）
LSM6DS33	3軸	I^2C/SPI	ジャイロセンサー搭載	1,544円（スイッチサイエンス）
MMA8452Q	3軸	I^2C	-	1,243円（スイッチサイエンス）
MMA8451	3軸	I^2C	-	1,112円（スイッチサイエンス）

ラズベリーパイで加速度センサーの状態を取得する

STマイクロ製の加速度センサー「LIS3DH」を利用して加速度を取得してみましょう。LIS3DHは、3軸に分けて加速度を計測できます。各軸は、14番端子から1番端子の方向がX軸、1番端子から7番端子の方向がY軸、垂直に上方向がZ軸の加速度を計測できるようになっています。なお、実際に計測した値は図の矢印とは逆方向が正の値として表示されます。例えば、下方向に重力がかかっていれば、Z軸の加速度は正の値となります。

計測した加速度はI^2CまたはSPIでRaspberry Piに計測値を送ることができます。さらに、3つのアナログ入出力端子が搭載されており、内蔵のADコンバーターでデジタル値に変換できます。

LIS3DHには14本の端子が搭載されています。電源は1、7番端子に接続します。Raspberry Piの3.3Vに接続します。GNDは2、10、14番端子に割り当てられています。

なお、LIS3DHは利用する通信によって接続方法が異なります。接続は3から6番端子を利用します。I^2Cの場合は3番（SCL）と4番（SDA）、SPIの場合は3番（SCLK）、4番（MOSI）、5番（MISO）、6番（CE）に接続します。また、I^2Cの場合は裏にある「A」をはんだ付けする必要があります。ここでは、SPI通信を利用して加速度を取得できるようにします。

●LIS3DHの端子

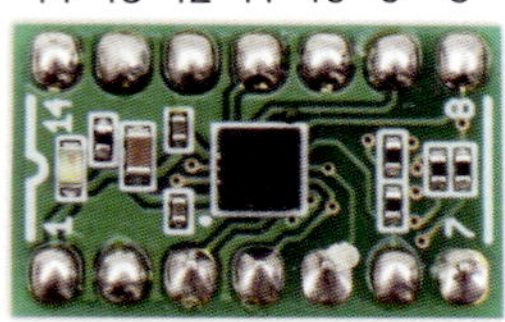

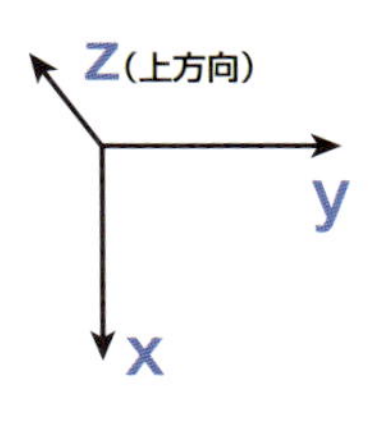

端子番号	端子名称	SPI接続	I²C接続
1	Vdd	電源(1.71～3.6V)	
2	GND	GND	
3	SCL/SPC	SCLK：同期用クロック	SCL：同期用クロック
4	SDA/SDI	MOSI：データ受信	SDA：データ転送
5	SDO/SAO	MISO：データ送信	I²Cアドレス設定
6	CS	デバイス選択	未使用
7	Vdd	電源(1.71～3.6V)	
8	INT2	割り込み2	
9	INT1	割り込み1	
10	GND	GND	
11	ADC3	ADコンバータのアナログ入力3	
12	ADC2	ADコンバータのアナログ入力2	
13	ADC1	ADコンバータのアナログ入力1	
14	GND	GND	

実際の接続は右図のようにします。

利用部品

- 加速度センサー「LIS3DH」……1個
- ブレッドボード……1個
- ジャンパー線(オス―メス)……6本

●Raspberry Piに焦電赤外線センサーを接続

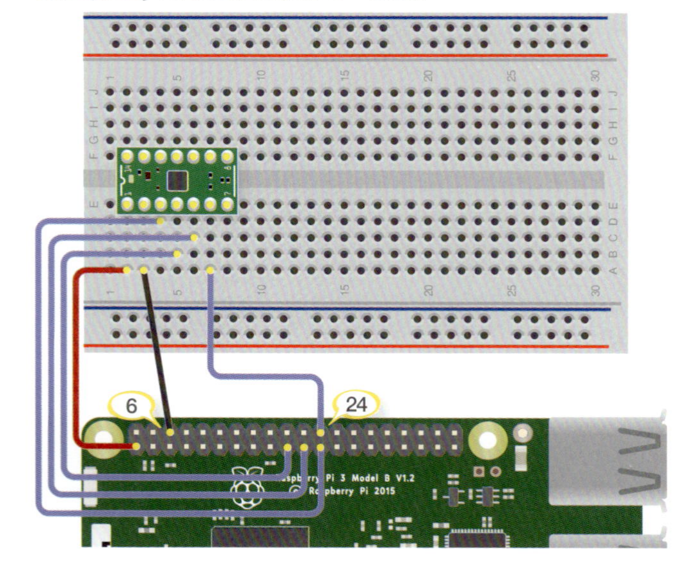

プログラムで加速度を取得する

接続したら、プログラムを作成して加速度を取得してみましょう。次のようにプログラムを作成します。加速度センサーの計測データを取得には、本書で用意した「lis3dh」ライブラリを利用しています。

①LIS3DHから計測結果を取得するライブラリを読み込みます。

②LIS3DHを接続したCSを指定します。24番端子に接続した場合は「0」と指定します。

③SPIの初期化をします。

④lis3dhを利用するためインスタンスを作成します。この際、LIS3DHを接続したCSを指定しておきます。

⑤accel.get_accel()関数を呼び出し、LIS3DHからそれぞれの軸の加速度を取得します。値はx、y、zに分かれて取得できます。

⑥取得した値を表示します。

●加速度センサーの値を取得するプログラム

raspi_parts/7-5/accel_sensor.py

```
import wiringpi as pi
import time
import lis3dh ①

SPI_CS = 0 ②
SPI_SPEED = 100000

pi.wiringPiSPISetup (SPI_CS, SPI_SPEED) ③

accel = lis3dh.lis3dh( SPI_CS ) ④

while True:
    ( x, y, z ) = accel.get_accel() ⑤
    print ("x:", x, "  y:", y, "  z:", z) ⑥

    time.sleep(1)
```

プログラムができたら、次のようにコマンドでプログラムを実行します。

```
sudo python3 accel_sensor.py Enter
```

実行すると、X軸、Y軸、Z軸に分かれた加速度が表示されます。平面に置いた場合は、重力がかかるZ軸方向に1000程度の値が表示されます。また、傾けたり、急激にセンサーを動かすなどすると値が変化するのが変わります。

●計測した加速度

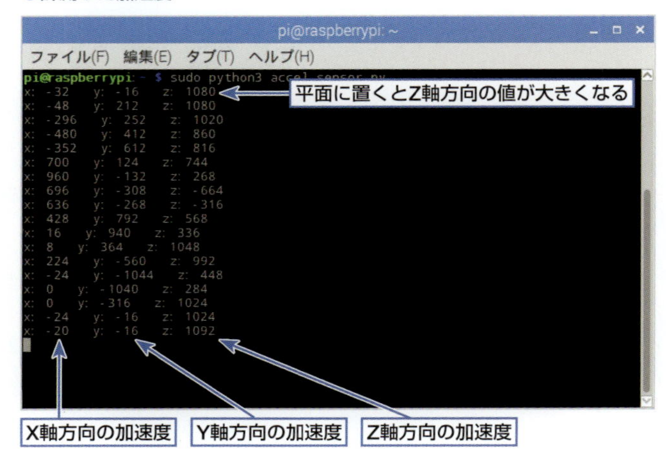

傾きを求める

3軸の加速度が分かると、重力のかかった方向が導き出せます。重力はかならず真下にかかるため、重力の方向を調べることで加速度センサーがどの程度傾いているかを導き出せます。傾きの求め方は、右の図のように考えます。

加速度センサーが静止している状態であると、各軸から取得できる加速度はすべて重力に関わる加速度です。重力が、X軸、Y軸、Z軸の成分に分かれて取得できます。それぞれの成分は、加速度センサーの各軸と重力が斜辺となるような3つの直角三角形で表せます。

●重力と加速度センサーの状態

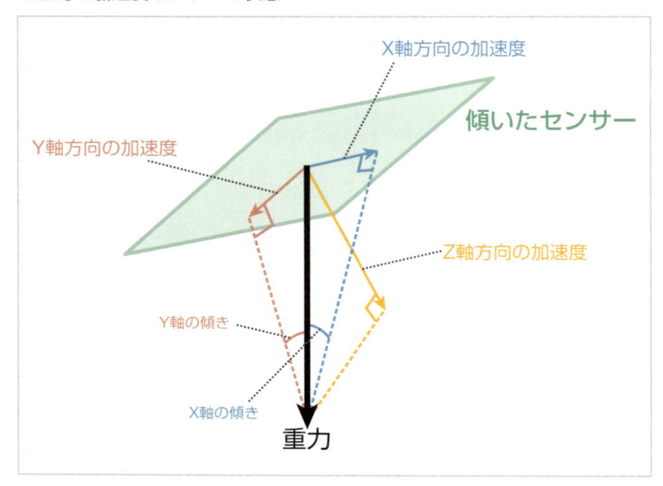

この図では分かりづらいので、Y軸とZ軸の平面での重力の関係を見ると、右図のようになります。

すると、重力とX軸方向の重力成分との関係が直角三角形で表せます。Y軸―Z軸平面と重力の間にできる角度がX軸の傾きとなります。また、X軸の傾きを計算するには、X軸の重力成分（青線）とY軸―Z軸平面の重力成分（赤線）があれば求まることが分かります。そこでまずY軸―Z軸平面の重力成分を求めます。

●Y軸-Z軸平面と重力の関係

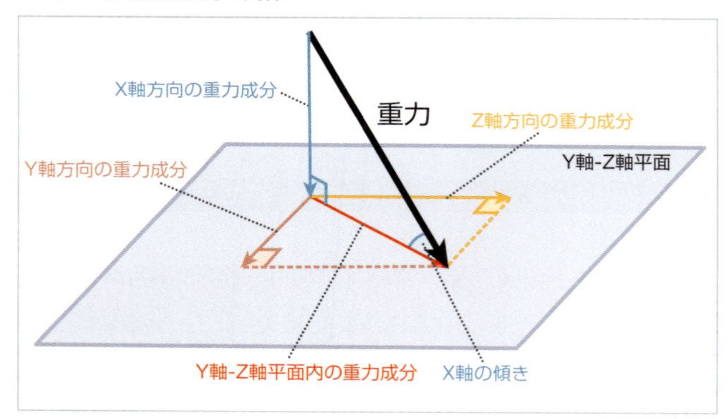

三角形の各辺の関係は右の図のように斜辺を2乗した値とそのほかの辺を2乗して足し合わせた値が同じになります。

●三角形の各辺の関係

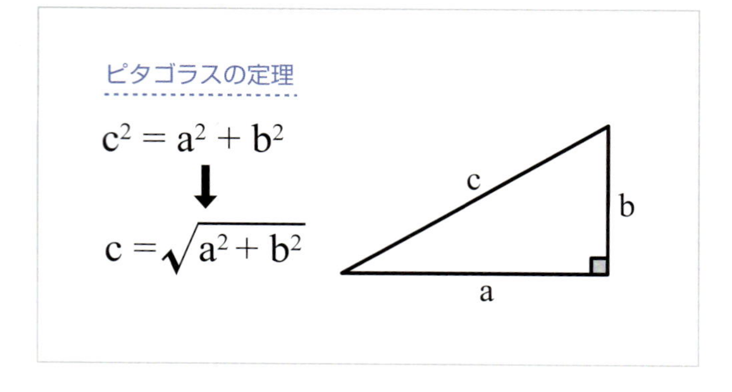

この関係から、Y軸とZ軸平面にある重力成分は右の図のように求まります。

●Y軸-Z軸平面にある重力成分の計算

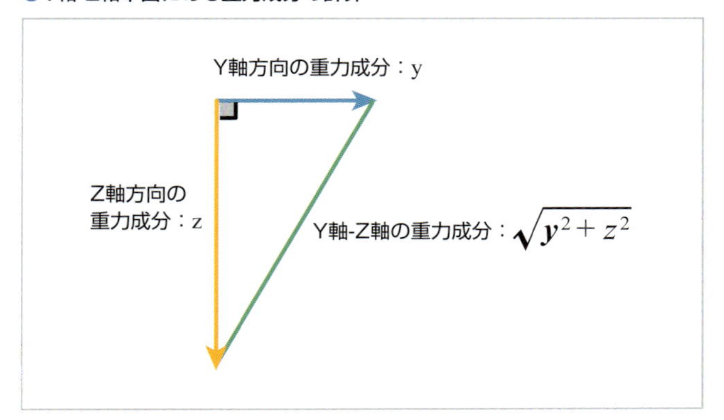

Y軸-Z軸平面の重力成分が求まったらX軸の重力成分を用いてX軸の傾き角を計算します。計算するには、三角形の辺と角度の関係が必要となります。角度は次の図のように正接関数（tan：タンジェント）を利用して表すことができます。

辺から角度を求めるには逆正接関数（$\tan^{-1}$：アークタンジェント）を使って表せます。

●三角形の辺と角度の関係

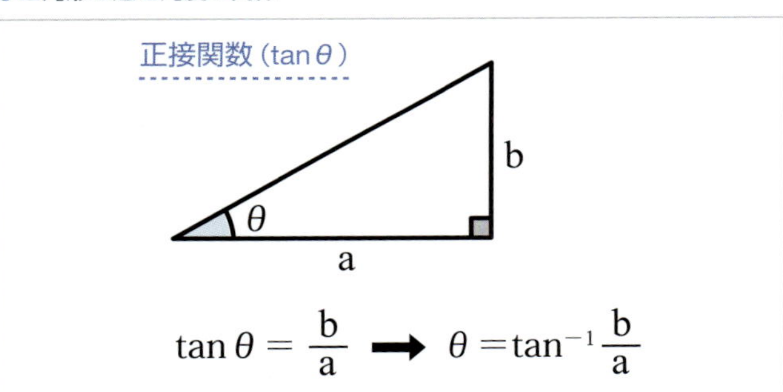

ここにY軸―Z軸平面の重力成分とあてはめます。

●重力の成分を当てはめる

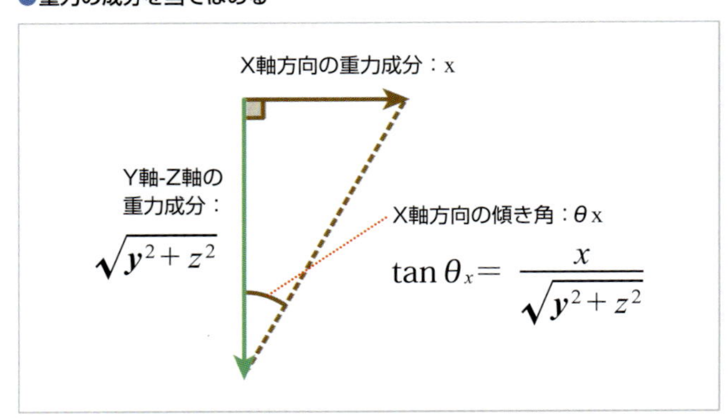

よって、傾き角は逆正接関数を使って計算式が求まります。同様にY軸の傾き成分も求めることができます。

●傾き角を求める数式

X軸方向の傾き角： $\theta_x = \tan^{-1} \dfrac{x}{\sqrt{y^2 + z^2}}$

Y軸方向の傾き角： $\theta_y = \tan^{-1} \dfrac{y}{\sqrt{x^2 + z^2}}$

これを加速度を取得するプログラムに組み込むことで傾き角を求めることができます。プログラムは次のように作成します。逆正接関数といった高度な計算については、Pythonが標準で提供する「math」ライブラリが使えます。

●加速度センサー傾き角を求めるプログラム

raspi_parts/7-5/accel_angle.py

```
import wiringpi as pi
import time, math ①
import lis3dh

SPI_CS = 0
SPI_SPEED = 100000

pi.wiringPiSPISetup (SPI_CS, SPI_SPEED)

accel = lis3dh.lis3dh( SPI_CS )

while True:
    ( x, y, z ) = accel.get_accel() ②

    x_angle = math.degrees( math.atan2( x, math.sqrt( y ** 2 + z ** 2 ) ) ) ③
    y_angle = math.degrees( math.atan2( y, math.sqrt( x ** 2 + z ** 2 ) ) ) ④

    print ("X Angle:", x_angle, "  Y Angle:", y_angle ) ⑤

    time.sleep(1)
```

①逆正接関数を利用するため、計算に関わるライブラリ「math」を読み込みます。

②LIS3DHから各軸の加速度を取得します。

③X軸の傾き角を計算します。math.sqrt()は平方根、math.atan2()は逆正接関数の計算ができます。平方根内の「y ** 2」と表記しているのは、yの値を2乗することを表します。求まった値はラジアン単位となります。これを一般的に利用している度数法に変換するには「math.degress()」関数を利用します。

④③同様にY軸の傾きをx軸と同じように計算します。

⑤求まった傾き角を表示します。

プログラムができたら、次のようにコマンドでプログラムを実行します。

```
sudo python3 accel_angle.py Enter
```

X軸とY軸の傾き角が表示されます。加速度センサーを傾けることで値が変化することが分かります。

●計算した傾き角

なお、本書で提供するlis3dhライブラリには、傾き角を取得できる「get_angle()」関数を用意してます。この関数を呼び出すことで、加速度の取得や傾き角の計算をして、傾き角を取得できます。「accel_angle2.py」サンプルプログラムでは、この関数を利用して傾き角を取得しています。なお、get_angle()では、値は小数点第2位までの表示となっています。

NOTE

ラジアン単位と度数法

一般的に角度を表すのに度数法が利用されています。度数法は1周を360度と表す方法です。一方、ラジアン単位では1周を2πとして表します。

Section 7-6

距離を計測する距離センサー

距離センサーを使うと、センサーから障害物までの距離を計測し、Raspberry Piで活用できます。障害物に衝突しないようにするなどの応用が可能です。距離センサーには主に赤外線距離センサーと超音波距離センサーがあります。

距離を計測する「距離センサー」

車の模型やロボットなどを動作させる際、障害物に衝突しないようにするには距離センサーを利用します。距離センサーは光や音などを照射し、障害物からの反射状況を確認することで、どの程度の距離があるかを計算して求めます。

電子工作で一般的に入手できる距離センサーには、「**赤外線距離センサー**」と「**超音波距離センサー**」があります。

赤外線距離センサー

赤外線距離センサーは、赤外線を利用して距離を計測するセンサーです。赤外線は目に見えない光で、リモコンの操作などに活用されています。センサーから赤外線を照射し、反射して戻ってきた赤外線の状態を確認して距離を求めています。

センサーには2つのレンズ状の窓がついているのが一般的です。片方の窓から赤外線を照射し、もう片方の窓で受光します。

照射した赤外線は、障害物で反射します。反射した光を赤外線距離センサーの受光用の窓で受けます。受光用の窓には、センサーが面状に配置されており、どこに光が照射されたかを計測します。障害物が近ければセンサーの面の外側付近に照射され、遠ければ中央付近に照射されます。どこに赤外線が照射されたかを計算することで距離を求めています。

●赤外線距離センサーの外見

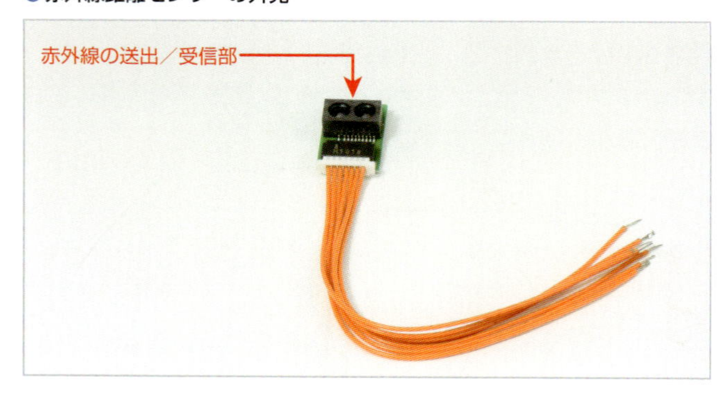

●赤外線距離センサーの計測方法

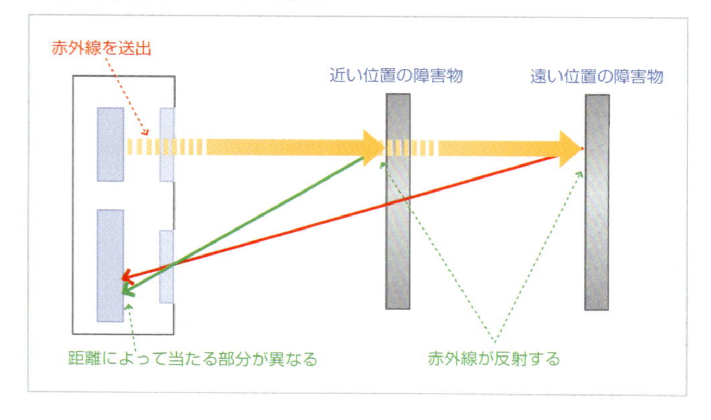

現在購入可能な赤外線距離センサーは、右表のとおりです。商品によって計測可能な距離が異なるほか、Raspberry Piへ距離データを受け渡す方法が異なります。

●購入可能な主な赤外線距離センサー

製品名	計測可能距離	通信方式	参考価格
GP2Y0E03	4～50cm	I²C、アナログ	760円（秋月電子通商）
GP2Y0E02A	4～50cm	アナログ	740円（秋月電子通商）
GP2Y0A21YK	10～80cm	アナログ	450円（秋月電子通商）
GP2Y0A02YK	20～150cm	アナログ	800円（秋月電子通商）
GP2Y0A710K	1～5.5m	アナログ	1,200円（秋月電子通商）

本書では、I²Cで計測した距離を取得できるシャープ製の距離センサー「GP2Y0E03」を利用する方法を紹介します。利用方法は、p.204以降を参照してください。

超音波距離センサー

超音波距離センサーは、超音波を利用して距離を計測するセンサーです。超音波は、人間には聞こえない高い振動数を持つ音波です。コウモリやイルカなどの動物が、障害物がどこにあるかを調べるために利用していることでも知られています。

超音波センサーでは、超音波が障害物に跳ね返ってくる時間を計測することで距離を求めています。

●超音波センサーの外見

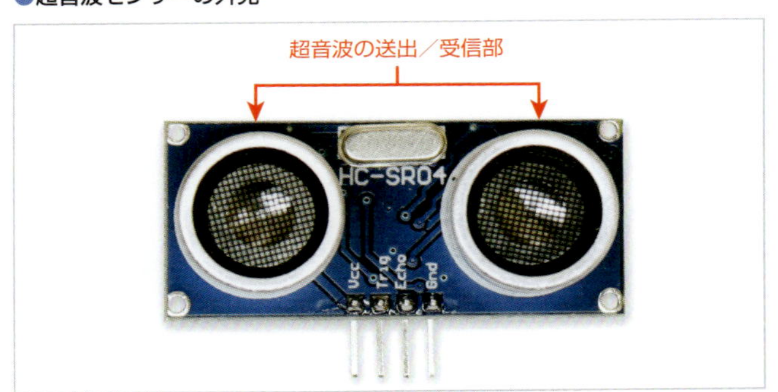

センサーには、超音波を送出する部品と、反射した超音波を受信する部品の2つを搭載しています（ただし、1つで送出と受信を併用する製品もあります）。

パルス状の超音波を送出し、障害物に反射して戻ってくるまでの時間を計測します。音の速度はほぼ一定なので、反射した超音波が戻る半分の時間を音速と掛け合わせることで障害物までの距離が求まります。

●超音波距離センサーの計測方法

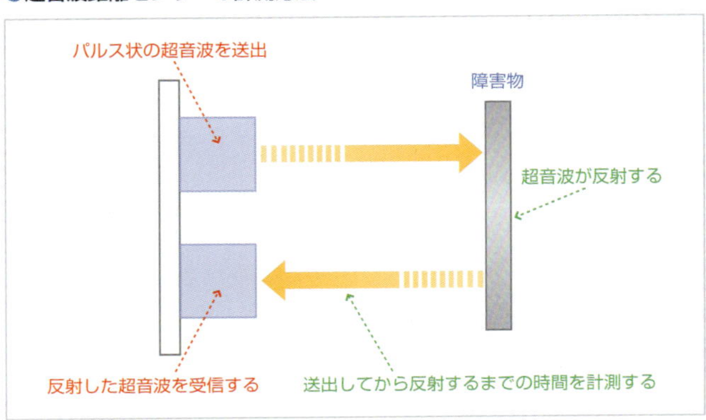

次の表は、現在入手可能な主要な超音波距離センサーです。商品によって計測可能な距離が異なり、また計測する手順が異なります。

●購入可能な主な超音波距離センサー

製品名	計測可能距離	参考価格
HC-SR04	2～400㎝	400円（秋月電子通商）
PING))) Ultrasonic Distance Sensor	2～300㎝	3,980円（秋月電子通商）
Ultra Sonic range measurement module	3～400㎝	2,240円（千石電商）

本書では、SainSmart製の超音波距離センサー「HC-SR04」を使って距離を計測する方法を紹介します。利用方法は、p.207以降を参照してください。

距離センサーの選択

赤外線距離センサーと超音波距離センサーのどちらかを利用するかは、使う環境や計測する対象を考えて選択します。

赤外線距離センサーは、赤外線が強い環境には向いていません。例えば、太陽光下や遠赤外線ヒーターなどを使っている場合は不向きです。ただし、センサーに他の赤外線が入りにくいようひさしを付けることで、影響を低減できます。なお、赤外線が反射しにくい素材の障害物は計測できないことがあります。

超音波距離センサーは、超音波が多く発生する場所での利用は向いていません。例えば、超音波洗浄機などの超音波を発生する機械が近くにある場合は不向きです。また、超音波に反応しやすい動物の近くで利用するのは控えましょう。なお、超音波が反射しにくい素材の障害物を計測できないことがあります。

計測距離は商品によって異なります。3cm以下の近距離はどちらのセンサーも正しく計測できません。動く物体や、斜めに反射してしまう物体を計測した場合、計測距離がずれることがあります。

赤外線距離センサーを使う

赤外線距離センサーを使う例を解説します。ここでは前述のGP2Y0E03を用います。GP2Y0E03は4～50cmの範囲で距離を計測できます。4cm以下を計測しようとすると、逆に数十cmと大きな値で計測されてしまいます。障害物が4cm以下の範囲に入らないよう、物理的に囲いを付けたり、筐体の端から4cm奥に赤外線距離センサーを配置するなど工夫をしましょう。

計測した距離はI^2Cを使ってRaspberry Piで取得できます。I^2Cアドレスは「0x40」となっています。

GP2Y0E03は、付属のケーブルをコネクタに差し込んで配線します。それぞれの線は右の図のような用途となっています。

1番に電源端子（3.3V）、3番にGND端子に接続します。4番端子は動作する電圧を設定します。今回は3.3Vで動作させるので電源端子（3.3V）へ接続します。

I^2C通信するために6番をSCL、7番をSDAへ接続します。

5番端子は、計測するかスタンバイ状態にするかを切り替えられる端子です。計測する場合は3.3Vへ接続します。もしGNDへ接続すると、計測しなくなります。

2番端子は、計測結果を電圧で出力（アナログ）する端子です。今回はI^2Cで計測結果を取得するため利用しません。

●GP2Y0E03の端子

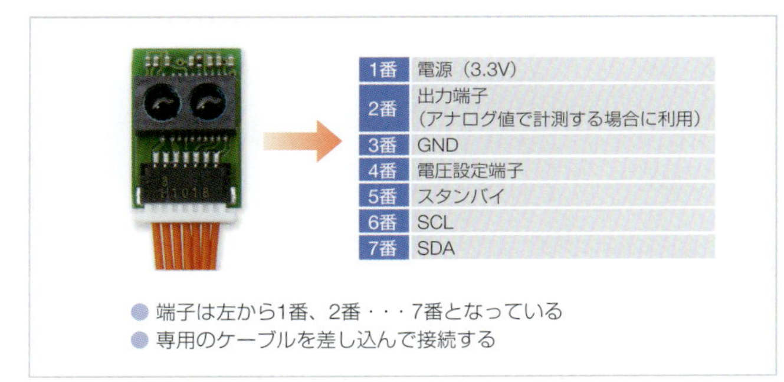

Raspberry Piへは右の図のように接続します。GP2Y0E03の付属のケーブルをそのままRaspberry Piへ接続はできないので、ブレッドボードを介して接続するようにします。

利用部品

- 赤外線距離センサー「GP2Y0E03」……1個
- ブレッドボード……1個
- ジャンパー線（オス―メス）……4本
- ジャンパー線（オス―オス）……3本

●Raspberry Piに赤外線距離センサーを接続

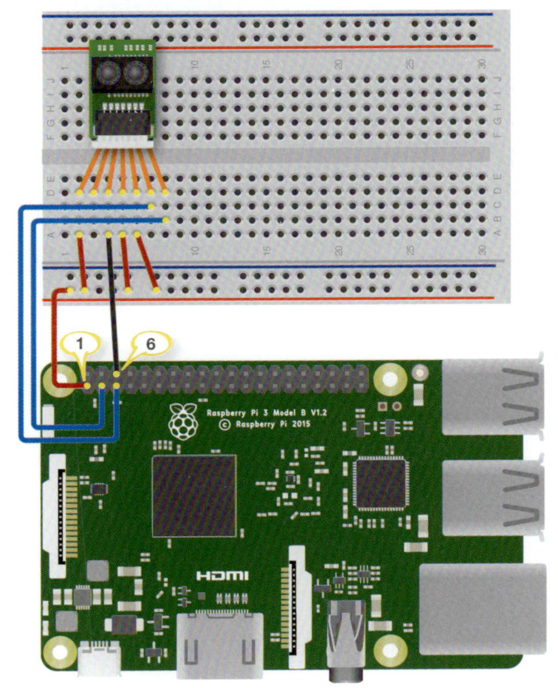

赤外線距離センサーの距離を計測するプログラム

接続したらプログラムを作成して距離を取得してみましょう。今回はI^2Cで通信するため、p.51を参照してI^2C通信ができるように設定しておきます。

次のようにプログラムを作成します。距離計測用のライブラリ「gp2y0e03.py」を本書サポートページから入手して同じフォルダ内に保存しておきます。

①GP2Y0E03を制御するためのライブラリを読み込みます。

②GP2Y0E03のI^2Cアドレスを指定しておきます。

③I^2Cを使うために初期化およびインスタンス「i2c」を作成します。

④GP2Y0E03を初期化します。i2cのインスタンスと、GP2Y0E03のI^2Cアドレスを指定します。また、インスタンスを「ir_dev」と指定し、距離を読み込む際に使えるようにします。

⑤ir_dev.read_distance()で計測した距離を取得します。

⑥計測した距離を表示します。取得した距離の単位は「cm」となります。

●赤外線距離センサーから値を取得する

raspi_parts/7-6/length_ir.py

```
import wiringpi as pi
import time
import gp2y0e03 ①

GP2Y0E03_ADDR = 0x40 ②

i2c = pi.I2C() ③

ir_dev = gp2y0e03.gp2y0e03( i2c, GP2Y0E03_ADDR ) ④

while True:
    distance = ir_dev.read_distance() ⑤

    print ("Distance:", distance , "cm" ) ⑥

    time.sleep(1)
```

プログラムができたら、右のようにコマンドでプログラムを実行します。

```
sudo python3 length_ir.py Enter
```

プログラムを実行すると、1秒間隔で計測して距離が表示されます。試しにセンサーの前に手をかざして近づけたり遠ざけたりすると、表示する距離が変化します。

超音波距離センサーを使う

サインスマート製の超音波距離センサー「HC-SR04」を使って距離を計測してみましょう。HC-SR04は2cm～400cmと幅広い範囲の計測ができます。2cm以下を計測しようとすると、正しい距離が計測できません。障害物が2cm以下の範囲に入らないよう、物理的に囲いを付けたり、筐体の端から2cm奥に赤外線距離センサーを配置するなど工夫をしましょう。

HC-SR04は、右の図のように4本の端子を搭載しています。

●HC-SR04の端子

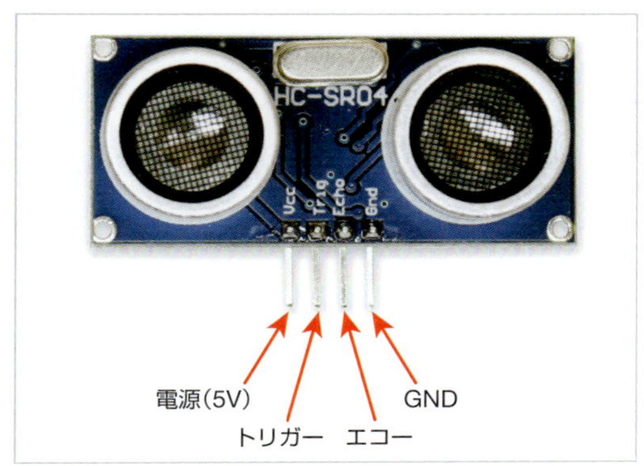

電源端子にRaspbery Piの電源端子を接続します。HC-SR04の動作には5V必要なため、Raspberry Piの5Vの電圧が出力する電源端子に接続します。「GND」はGND端子に接続します。

「トリガー」は、超音波を送出する際に使います。GPIOに接続してデジタル出力することで制御します。「エコー」は反射した超音波を受信すると出力される端子です。Trigで送出してEchoで受信するまでの時間を計測して距離を求めます。

Raspberry Piとは図のように接続します。HC-SR04は、ブレッドボードに直接差し込めます。もし、取り回しが難しいようでしたら、オス－メス型ジャンパー線などを使ってブレッドボードとHC-SR04を切り離して取り付けるようにすると良いでしょう。

HC-SR04は5Vで動作します。しかしRaspberry PiのGPIOは3.3Vで動作するため、直接接続すると電圧の差が生じてしまい、不要な電流が流れてしまいます。

そこで、エコーからの出力を分圧回路を使って3.3Vに降圧します。1kΩと2kΩの抵抗を使うことで、5Vから3.3Vに変換できます。

なお、GPIOからの出力は3.3Vですが、トリガー端子からの入力は3.3VでHighと判断されるため、直接接続しても動作します。

●Raspberry Piに超音波距離センサーを接続

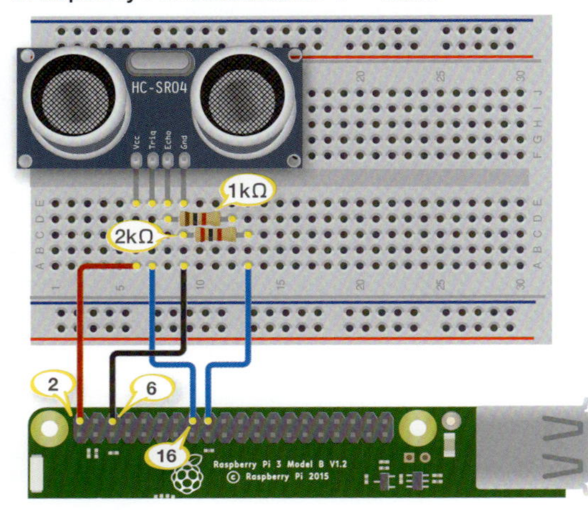

利用部品

- 超音波距離センサー「HC-SR04」……1個
- 抵抗 1kΩ……1個
- 抵抗 2kΩ……1個
- ブレッドボード……1個
- ジャンパー線（オス－メス）……4本

NOTE

分圧回路

分圧回路についてはp.128を参照してください。

超音波距離センサーの距離を計測するプログラム

接続したらプログラムを作成して距離を取得してみましょう。

次のようにプログラムを作成します。距離計測用のライブラリ「hssr04.py」を本書サポートページから入手して同じフォルダ内に保存しておきます。

①HS-SR04を制御するためのライブラリを読み込みます。

②HS-SR04のトリガーとエコーを接続したGPIOの番号を指定します。

③HS-SR04を初期化します。トリガーとエコーを接続したGPIOの番号を指定します。また、インスタンスを「us_dev」と指定し、距離を読み込む際に使えるようにします。

④us_dev.read_distance()で計測した距離を取得します。

⑤計測した距離を表示します。取得した距離の単位は「cm」となります。

●超音波距離センサーから値を取得する

raspi_parts/7-6/length_us.py

```
import wiringpi as pi
import time
import hssr04 ①

TRIG_PIN = 23 ②
ECHO_PIN = 24 ②

pi.wiringPiSetupGpio()

us_dev = hssr04.hssr04(TRIG_PIN,ECHO_PIN) ③

while True:
    distance = us_dev.read_distance( ) ④

    print ("Distance:", distance, "cm" ) ⑤
    time.sleep(1)
```

プログラムができたら右のようにコマンドでプログラムを実行します。

```
sudo python3 length_us.py Enter
```

プログラムを実行すると、1秒間隔で計測して距離が表示されます。試しにセンサーの前に手をかざして近づけたり遠ざけたりすると、表示する距離が変化します。

Chapter 8

数字や文字などを表示するデバイスの制御

センサーで計測した値などを知るには、情報を表示する電子部品を利用できます。表示器には数字を表示できるものやアルファベットなどの文字を表示できるなどさまざまです。それぞれの表示デバイスを動作させてみましょう。

Section 8-1 数字を表示する(7セグメントLED)

電子部品を使えば、ディスプレイを使わずユーザーに情報を伝えることが可能です。7セグメントLEDは、数字の形状をしており、自由に数字を伝えることができます。7セグドライバー ICを使えば、10進数の数値を2進数で出力した値を7セグLEDに表示できます。

数字を表示できる「7セグメントLED」

「**7セグメントLED**」は、数字状に7つのLED(ドットを含む8個のLED)を配置した電子部品です。LEDを点灯させて簡単に数字を表すことができます。各LEDの点灯で数字を表せるため、Chapter 3で説明したような簡単なLED制御方法を使って表示ができる利点があります。Raspberry PiのGPIOに接続すれば、GPIOの出力HIGH、LOWを切り替えることで自由に数字を表示できます。

表示を工夫すれば、数字だけでなく簡単なアルファベットも表すことも可能です。

●LEDで数字を表せる「7セグメントLED」

7セグメントLEDの外観

一般的な7セグメントLEDは、「8」の字と右下に「.」(ドット)があります。それぞれの部分にLEDが入っており、特定のLEDを点灯させると、数字の1辺が点灯します。

各LEDにはアルファベットで名称が付いています。例えば上辺は「a」、右上辺は「b」、右下のドットは「DP」です。このアルファベットの名称は、点灯する際に制御する端子との関係を調べるのに利用します。

●8の字状にLEDが配置された「7セグメントLED」の外観

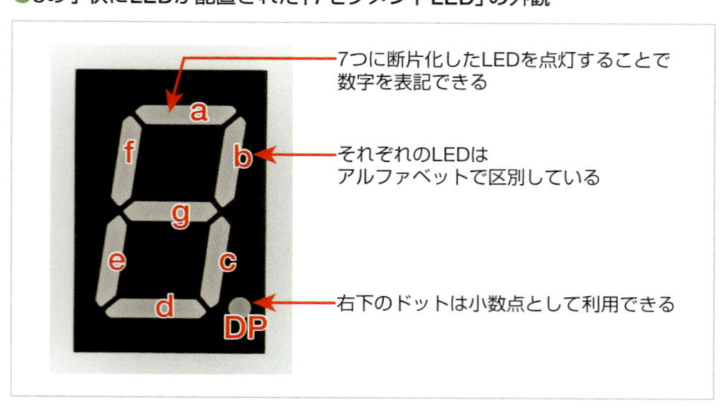

7セグメントLEDの端子

7セグメントLEDの背面には、制御用端子が備わっています。それぞれのLEDにアノードとカソードがあります。このうち一方が独立した端子として7セグメントLEDに装備されており、もう一方の端子はまとめられています。アノードとカソードのどちらがまとめられているかは、製品によって異なります。まとめられている端子は**アノードコモン**と**カソードコモン**があり、アノードコモンは各LEDのアノードをまとめ、カソードコモンは各LEDのカソードがまとまっています。

ほとんどの7セグメントLEDは、端子の配置が同じです。中央上下の2端子はアノードコモンまたはカソードコモンです。どちらを利用しても動作します。それ以外は各LEDに接続されています。

なお、端子は表から見た状態で左下が1番、その右が2番……と反時計回りに番号が割り当てられています。裏返した場合は、右下が1番、その左が2番……と時計回りになるので注意しましょう。

例えば「a」のLEDであれば7番端子、「b」は6番端子、「g」は10番端子、「DP」は5番端子となっています。

ただし、すべての7セグメントLEDがこのように配置されているわけではありません。サイズの小さな製品の場合は、左右に端子が配置されていることもあります。必ず製品のデータシートを確認しておきましょう。

●「7セグメントLED」の端子

●アノードコモンとカソードコモン

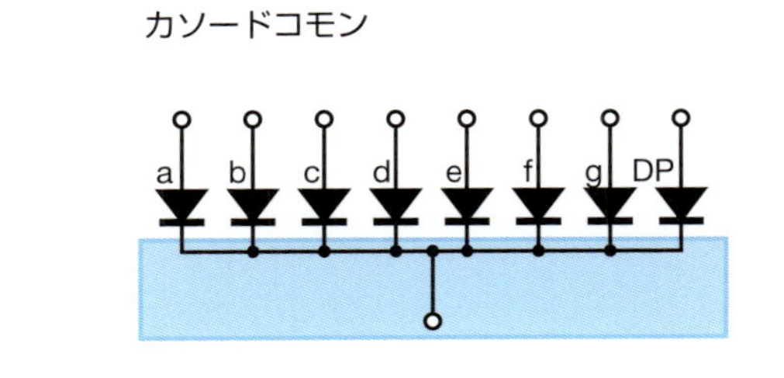

LEDのカソードがまとまっている

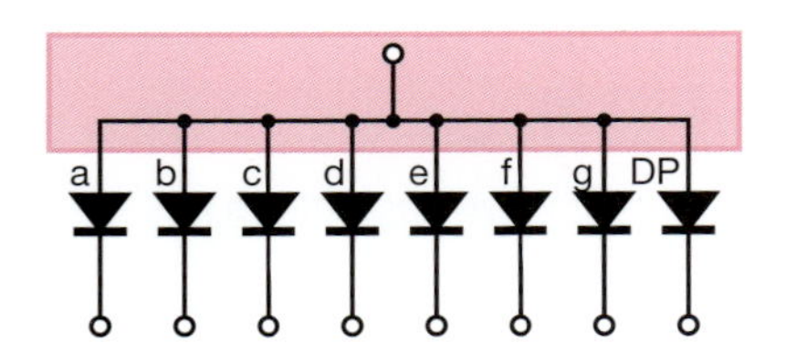

LEDのアノードがまとまっている

7セグメントLEDの種類

サイズ、点灯色、明るさが異なった様々な形状の7セグメントLEDが販売されています。例えば、秋月電子通商の「7ｾｸﾞﾒﾝﾄLED」カテゴリーや千石電商の「7セグ」カテゴリーなどから探せます（いずれも表記はサイトのまま）。

7セグメントLEDを選択する場合には「大きさ」「点灯色」「コモンの種類」に注意します。

大きさは、高さが1cmの小さいものから、3cmを超えるものなど様々です。小さな7セグメントLEDを選択する場合は、端子の位置が横に付いていることがあるので注意しましょう。

色は赤、青、緑、黄色、白など様々な種類があります。ただし、色によってはLEDのVfやIfが異なります。高い電圧や大きな電流が必要となる7セグメントLEDを利用する場合は、直接Raspberry PiのGPIOには接続できないので注意しましょう。

また、アノードコモンかカソードコモンかどちらを利用するかは間違えないようにします。電子回路を考えたうえで、どちらを利用するかを選択しましょう。

直接GPIOに接続して7セグメントLEDを点灯する

実際に7セグメントLEDを利用してみましょう。本書ではPara Light Electronics製カソードコモンの7セグメントLED「C-551SRD」を利用した例を紹介します。他の7セグメントLEDを使う場合は、端子の位置や接続する抵抗などに注意して利用しましょう。

7セグメントLEDを点灯する場合には、それぞれのLEDに電流制御用の抵抗を接続する必要があります。LED同様にそのまま接続すると、大電流が流れて7セグメントLEDが壊れてしまう恐れがあります。また、抵抗はそれぞれのLEDに接続するようにします。コモンに1つ抵抗を接続しただけでは、点灯するLEDの数によって各LEDに流れる電流が異なってしまい、点灯する明るさが異なります。

●それぞれのLEDに抵抗を付ける

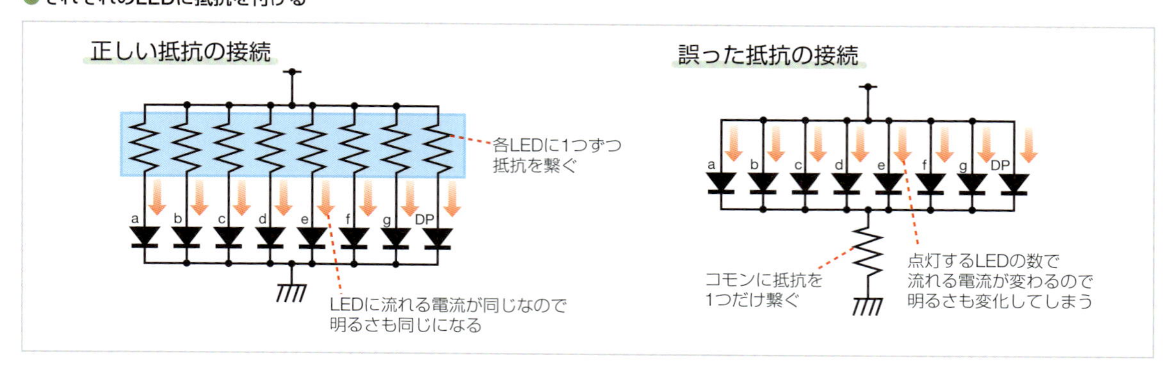

抵抗は、7セグメントLEDのVfとIf、Raspberry PiのGPIOに流せる電流によって考慮する必要があります。C-551SRDのVfは1.8V、Ifは20mAであるため、計算すると75Ωと求まります。

しかし、Raspberry PiのGPIOは1端子あたり16mAまで、すべてのGPIOの電流が合計で50mAの制限があります。これ以上の電流が流れると、Raspberry Pi自体が故障する恐れがあります。

7セグメントLEDは、数字部分の7個のLEDとドットの合計8個のLEDが同時に点灯する場合があります。もし75Ωの抵抗を選択してしまうと、1つのLEDあたり20mAが流れるので、すべてのLEDを点灯すると160mAもの電流が流れることになり、制限である50mAの3倍以上の電流が流れることになります。そこで、制限内の電流に抑えるよう抵抗を選択する必要があります。

全GPIOの合計で50mAの制限があるので、1つのLEDあたり約6.2mAに抑える必要があります。また余裕を考え、5mA程度に抑えるとよいでしょう。電流を抑えるとLEDの明るさが落ちます。もし、明るさを落としたくない場合は、トランジスタなどを利用してGPIO以外から電源を供給する必要があります。

5mAで計算するとVfを1.8Vとした場合には、抵抗値が300Ωと求まります。ここでは300Ωより多少大きい330Ωの抵抗を利用します。

電子回路は右のようになります。7セグメントLEDのアノードに330Ωの抵抗をそれぞれ接続し、GPIOの31番から40番のそれぞれの端子に接続するようにしました。

●7セグメントLEDを点灯する回路

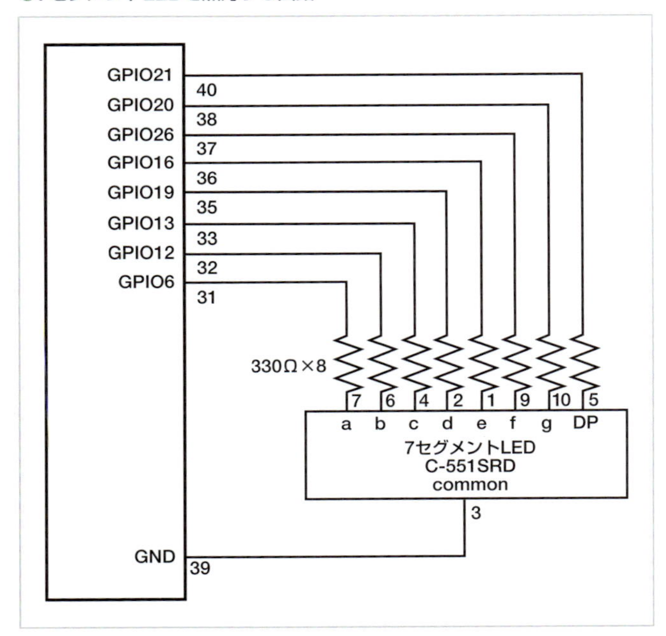

実際の配線は右の図のように接続します。配線が多くなるので間違えないように接続しましょう。

> **NOTE**
> **LEDの電源制御用抵抗について**
> LEDに接続する抵抗値を求める方法については、p.74を参照してください。

利用部品

- 7セグメントLED「C-551SRD」……1個
- 抵抗 330Ω……8個
- ブレッドボード……1個
- ジャンパー線(オス―メス)……8本

●7セグメントLEDの接続図

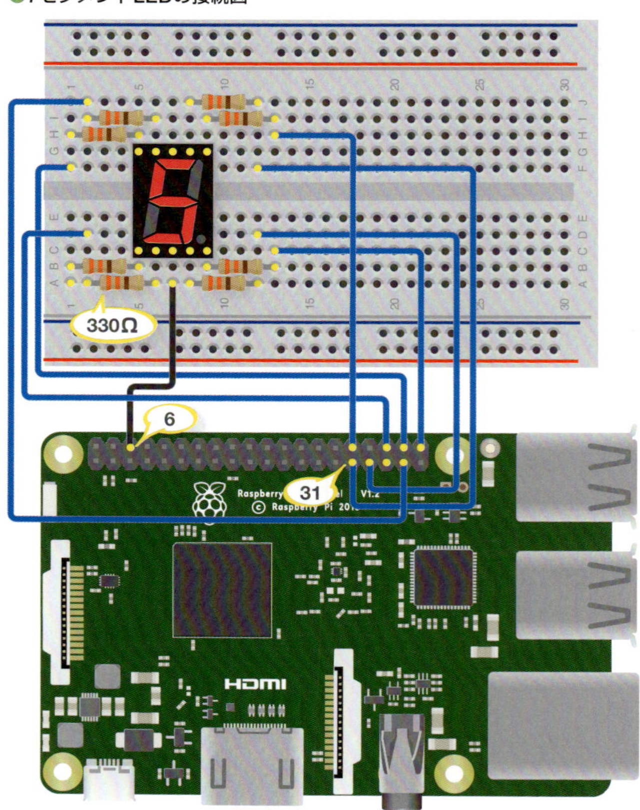

7セグメントLEDを点灯する

回路ができあがったら7セグメントLEDを点灯してみましょう。7セグメントLEDに接続したGPIOを出力に設定して、HIGHにすると点灯、LOWにすると消灯します。例えば、「5」と表示する場合は次のようなプログラムのようにします。

①7セグメントLEDの各LEDに接続したGPIOの番号を定義します。リストを使って順にa、b、……gのGPIO番号を列挙します。

②右下のドットに接続したGPIOの番号を指定します。

③各端子を出力モードに切り替えます。この際、for文を使うことでSEG_PINリストに列挙したGPIOを繰り返して出力モードに切り替えられます。

●7セグメントLEDに「5」と表示するプログラム

raspi_parts/8-1/7seg_five.py

```
import wiringpi as pi

SEG_PIN = [ 6, 12, 13, 19, 16, 26, 20 ] ①
DP_PIN = 21 ②

pi.wiringPiSetupGpio()
for pin in SEG_PIN: ③
    pi.pinMode( pin, pi.OUTPUT )
pi.pinMode( DP_PIN, pi.OUTPUT )

pi.digitalWrite( SEG_PIN[0], pi.HIGH )
pi.digitalWrite( SEG_PIN[1], pi.HIGH )
pi.digitalWrite( SEG_PIN[2], pi.LOW )
pi.digitalWrite( SEG_PIN[3], pi.HIGH )   ④
pi.digitalWrite( SEG_PIN[4], pi.HIGH )
pi.digitalWrite( SEG_PIN[5], pi.LOW )
pi.digitalWrite( SEG_PIN[6], pi.HIGH )
pi.digitalWrite( DP_PIN, pi.LOW )⑤
```

④各端子の出力を設定します。「5」と表示する場合は、cとfをLOW、それ以外をHIGHと指定します。
⑤ドットを点灯するかを指定します。

プログラムが完成したら、右のようにコマンドでプログラムを実行します。

```
sudo python3 7seg_five.py Enter
```

7セグメントLEDが「5」という形状で点灯します。各端子の出力を変更すると、表示を変更できます。

数字の形状をあらかじめ決めて7セグメントLEDに表示する

前述した方法では点灯の都度、表示するLEDをdigitalWrite()で指定する必要があって手間がかかります。例えば、5の次に8と表示するには、同じ行数だけ出力を変更するプログラムを記述する必要があります。

表示する数字の形状があらかじめ決まっているのであれば、表示する数字の形状をリストなどに格納しておくことで、簡単に数字を変更できるようになります。例えばSEG_SHAPEというリストを用意しておき、0番目のリストには「0」の点灯パターン、1番目は「1」の点灯パターン……のように格納しておきます。こうすることで、「SEG_SHAPE[5]」と指定するだけで「5」を表示するパターンを取り出せるようになります。

パターンは数字で表してリストに格納する必要があります。そこで、次の図のように0ビット目はa、1ビット目をbのように各LEDを2進数で表すようにします。こうすることでパターンを数値化できます。

●表示パターンを数値化する

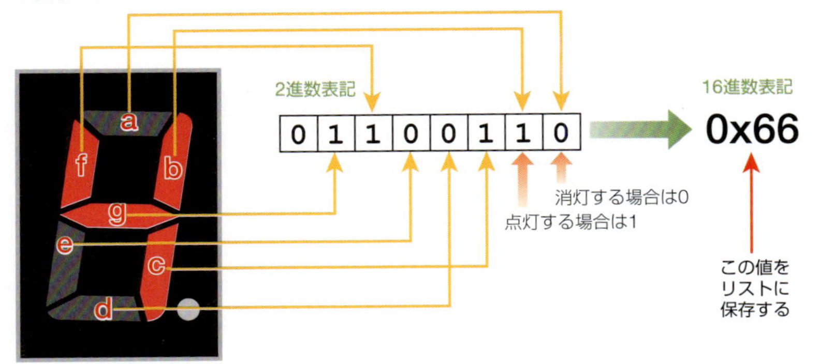

表示数字	2進数表記	16進数表記
0	00111111	0x3f
1	00000110	0x06
2	01011011	0x5b
3	01001111	0x4f
4	01100110	0x66
5	01101101	0x6d
6	01111101	0x7d
7	00000111	0x07
8	01111111	0x7f
9	01101111	0x6f

保存していた表示パターンは、論理演算の「AND」を利用することで簡単に取り出せます。AND論理演算では、2つの値でどちらも1の場合は「1」となり、それ以外の場合は「0」となるようになっています。

●AND論理演算

A	B	結果
0	0	0
0	1	0
1	0	0
1	1	1

← どちらも1の場合のみ結果が「1」になる

Pythonの表記： A & B

利用したいパターンと取り出したいビットだけを1にした2進数とANDをとると、特定のビットだけ取り出すことができます。

この結果をそのままdigitalWrite()で出力することで点灯、消灯を切り替えられます。なお、pi.LOWは「0」、pi.HIGHは「0以外」となるため、どこかのビットが1となっている場合は点灯するようにできます。このため、3ビット目を取り出して結果が「100」のようになった場合でもLEDが点灯できます。

●AND論理演算で特定のビットを取り出す

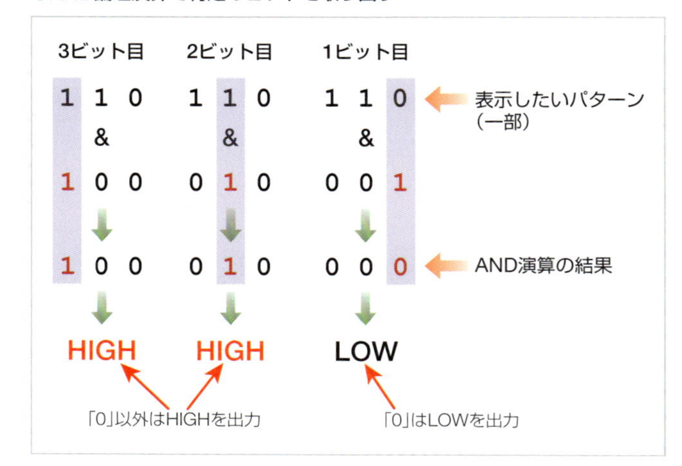

実際のプログラムは次のようになります。

raspi_parts/8-1/7seg_pattern.py

```
import wiringpi as pi

DISP_NUMBER = 5  ①
DISP_DP = 0  ②

SEG_PIN = [ 6, 12, 13, 19, 16, 26, 20 ]
DP_PIN = 21

SEG_SHAPE = [ 0x3f,0x06,0x5b,0x4f,0x66,0x6d,0x7d,0x07,0x7f,0x6f ]  ③

pi.wiringPiSetupGpio()
for pin in SEG_PIN:
    pi.pinMode( pin, pi.OUTPUT )
pi.pinMode( DP_PIN, pi.OUTPUT )

shape = SEG_SHAPE[DISP_NUMBER]  ④
pi.digitalWrite( SEG_PIN[0], shape & 0x01 )  ┐
pi.digitalWrite( SEG_PIN[1], shape & 0x02 )  │
pi.digitalWrite( SEG_PIN[2], shape & 0x04 )  │
pi.digitalWrite( SEG_PIN[3], shape & 0x08 )  ├⑤
pi.digitalWrite( SEG_PIN[4], shape & 0x10 )  │
pi.digitalWrite( SEG_PIN[5], shape & 0x20 )  │
pi.digitalWrite( SEG_PIN[6], shape & 0x80 )  ┘
pi.digitalWrite( DP_PIN, DISP_DP )
```

①表示したい数字を指定します。

②ドットを表示する場合は「1」、表示しない場合は「0」と指定します。

③表示パターンをリストに格納します。

④表示する数字のパターンを取り出し、shape変数に入れます。

⑤各LEDに出力します。andで各ビットの状態を確認して「1」なら点灯、「0」なら消灯します。

プログラムができたら、DISP_NUMBERに表示したい数字を指定してから、右のようにコマンドでプログラムを実行します。

```
sudo python3 7seg_pattern.py [Enter]
```

なお表示部分は、次のようにwhile文を使って記述を短くすることもできます。

●表示部分を短く記述したプログラム

raspi_parts/8-1/7seg_pattern_short.py

```
import wiringpi as pi

DISP_NUMBER = 5
DISP_DP = 0

SEG_PIN = [ 6, 12, 13, 19, 16, 26, 20 ]
DP_PIN = 21

SEG_SHAPE = [ 0x3f, 0x06, 0x5b, 0x4f, 0x66, 0x6d, 0x7d, 0x07, 0x7f, 0x6f ]

pi.wiringPiSetupGpio()
for pin in SEG_PIN:
    pi.pinMode( pin, pi.OUTPUT )
pi.pinMode( DP_PIN, pi.OUTPUT )

shape = SEG_SHAPE[DISP_NUMBER]

i = 0
while ( i < 7 ):
    pi.digitalWrite( SEG_PIN[i], shape & ( 0x01 << i ) )   ①
    i = i + 1

pi.digitalWrite( DP_PIN, DISP_DP )
```

①プログラムでは、0から6まで繰り返し、SEG_PINリストで対象のピンを順に選択します。ビットは1を左にいくつシフト（<<）させるかで指定しています。

NOTE

ビット演算のシフト

ビット演算でシフトを利用すると、ビットを右または左に移動させることができます。左側にシフトするには「 値 << シフトの数」のように記述します。例えば、2進数で「0b00000001」を左に3つシフトして「0b00001000」としたい場合は「0x01 << 3」と指定します。

7セグメントドライバーICを使う

7セグメントLEDの点灯で役立つ電子部品に「**7セグメントドライバーIC**」があります。7セグメントドライバーICは、表示したい数値を2進数で入力すると、その数字に合った数字の形状に7セグメントLEDを点灯させることができるICです。これを使うと、前述したような数字の形状を準備する必要がありません。

表示する数字を2進数（4ビット）で出力するため、数字部分の表示はGPIOを4本接続するだけですみ、それぞれのLEDに接続するより3本節約できます。

さらに、LEDを点灯する電源はICに接続した電源を利用するため、GPIOの電流の制限を考える必要がなくなります。ただし、部品点数が増えるため、接続が多少複雑になります。

7セグメントLEDを動かす7セグメントドライバーIC「74HC4511」

7セグメントドライバーICにはいくつかの種類があります。アノードコモン向けやカソードコモン向け、数字の形状が違うなど様々です。テキサス・インスツルメンツ社製の「74HC4511」は、カソードコモン向け7セグメントドライバーICです。

74HC4511は、右のような一般的なICの形状をしています。16番端子に電源、8番端子にGNDに接続します。Raspberry Piから表示したい数字は1、2、6、7番の4端子に接続して入力します。すると9から15番端子から出力します。ここに7セグメントLEDを接続すれば、数字が表示されます。接続する端子は7セグメントLEDの所定の端子に接続します。

●7セグメントLEDを点灯制御する7セグメントドライバー「74HC4511」

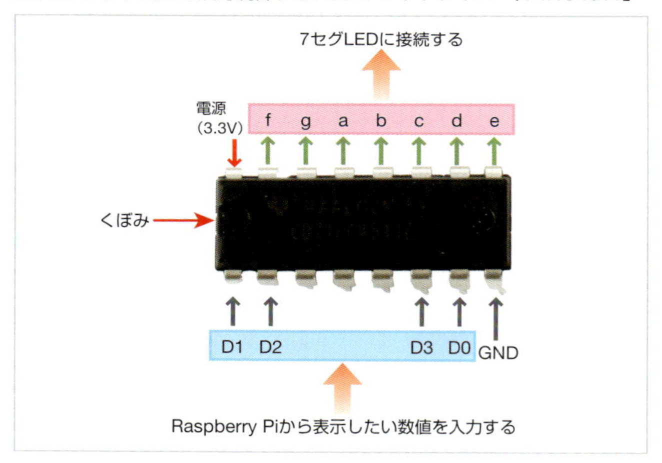

74HC4511を使って7セグメントLEDを点灯する

74HC4511を使って、7セグメントLEDに数字を表示してみましょう。

74HC4511を使った回路図は右のようにします。入力はGPIO14、15、23、24を利用しました。

74HC4511は数字のみの表示を処理するため、右下のドットは別途GPIOに接続して制御するようにします。74HC4511の3から5番端子は複数の桁を表示する場合に利用します。今回は1桁のみなので、3、4番端子は3.3Vに、5番端子はGNDに接続しておきます。

●74HC4511を使った7セグメントLED点灯回路

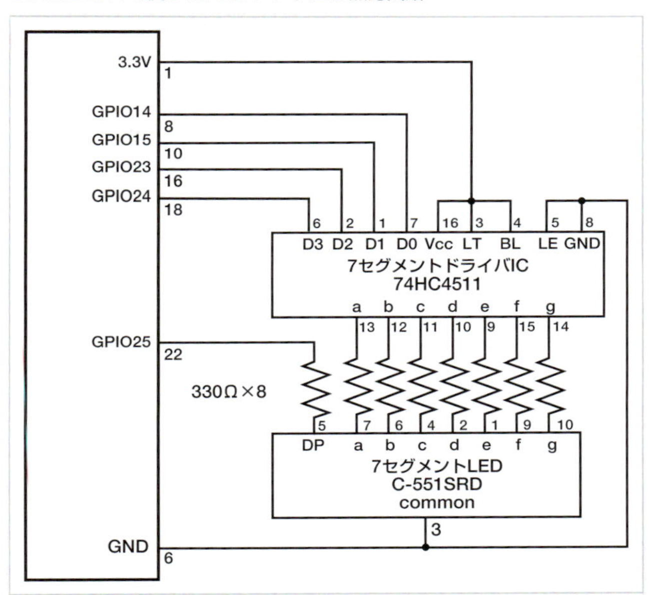

実際に接続するには次の図ように配線します。

●74HC4511と7セグメントLEDの接続図

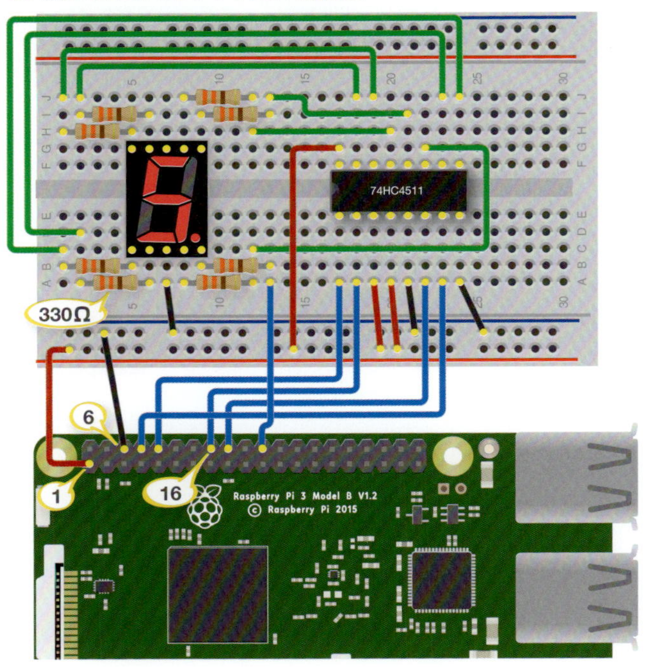

利用部品

- 7セグメントLED「C-551SRD」……1個
- 7セグドライバ「74HC4511」……1個
- 抵抗 330Ω……8個
- ブレッドボード……1個
- ジャンパー線(オス―メス)……7本
- ジャンパー線(オス―オス)……13本

プログラムで7セグメントLEDを点灯する

回路ができたら7セグメントLEDに数字を表示してみましょう。次のようなプログラムを作成します。

●74HC4511を使って7セグメントLEDに表示するプログラム

raspi_parts/8-1/7seg_driver.py

```
import wiringpi as pi

DISP_NUMBER = 5  ①
DISP_DP = 0  ②

BIT_PIN = [ 14, 15, 23, 24 ]  ③
DP_PIN = 25

pi.wiringPiSetupGpio()
for pin in BIT_PIN:
    pi.pinMode( pin, pi.OUTPUT )
pi.pinMode( DP_PIN, pi.OUTPUT )

i = 0
while ( i < 4 ):
    pi.digitalWrite( BIT_PIN[i], DISP_NUMBER & ( 0x01 << i ) )  ④
    i = i + 1

pi.digitalWrite( DP_PIN, DISP_DP )
```

①表示する数字を指定します。

②右下のドットを点灯するには1、点灯しない場合は0にします。

③74HC4511に接続したGPIOの番号を指定します。順にD0、D1、D2、D3に対応するように指定します。

④digitalWriteで74HC4511に数字を送ります。1ビット1つの線で送ります。数字をビットに分けるため、p.216で説明したように数字をandで特定のビットを取り出して出力します。

プログラムができたら、DISP_NUMBERに表示したい数字を指定してから、右のようにコマンドでプログラムを実行します。

```
sudo python3 7seg_driver.py Enter
```

Section 8-2 複数の数字を表示する

複数の7セグメントLEDを使って、価格や時間、センサーで計測した結果などを表示してみましょう。複数の7セグメントLEDを点灯するには、ダイナミック制御という動作方法で制御します。

複数の7セグメントLEDを使って数字を表示

7セグメントLEDは1桁の数字を表示します。複数の7セグメントLEDを並べて利用すれば、表示する数字の桁を増やすことができます。4つの7セグメントLEDを並べれば0～9999まで表示でき、カウントや時間、計測した値などを表示できます。右下のドットも使えば、「4.136」のような小数も表示できます。

●複数の7セグメントLEDを接続して多数の桁の数字を表示する

ダイナミック制御で複数の7セグメントLEDを表示する

7セグメントLEDは、アノードが7端子（ドットを除く）、カソードが1端子の8端子を接続する必要があります。複数の桁の7セグメントLEDを接続する場合は、その分接続する端子数も増えます。仮に4桁であれば、アノードは7×4＝28端子必要です。

Raspberry Piで利用できるGPIOの出力端子は24端子であるため、アノード28端子分を用意することができません。

●7セグメントLEDを別々に接続する端子が多くなる

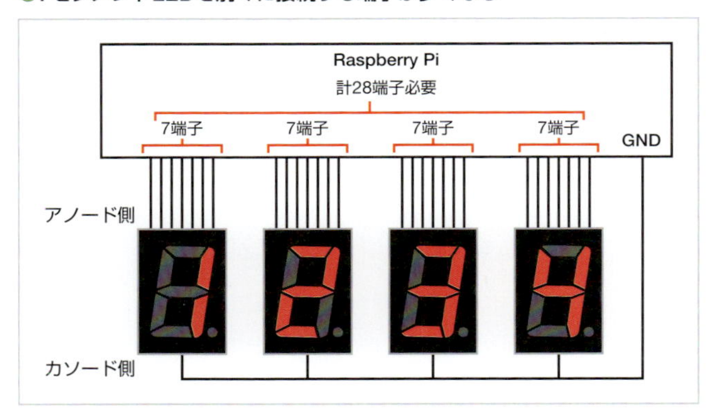

そこで、複数の7セグメントLEDを点灯するに「**ダイナミック制御**」と呼ばれる方法を利用して点灯制御します。ダイナミック制御は、各桁を順に点灯する方法です。4桁の7セグメントLEDを点灯する場合には、1桁目を点灯した後、2桁目、3桁目、4桁目と順に点灯します。4桁目まで達したら、再度1桁目から点灯を繰り返します。これを短い時間で切り替えれば、人の目にはすべての桁の7セグメントLEDが点灯しているように見えます。

●高速に切り替えて点灯する「ダイナミック制御」

ちなみに、前述のようなすべての7セグメントLEDを別々に制御する方法を「**スタティック制御**」と呼びます。

ダイナミック制御する場合は、7セグメントLEDのアノード各端子をまとめて接続します。4桁であれば、1桁目、2桁目、3桁目、4桁目の「a」の端子をまとめて、GPIOに接続します。同様に「b」「c」……「g」とまとめておきます。こうすることで、スタティック制御では28端子必要だったのが、ダイナミック制御では7端子だけで済みます。

また、それぞれの桁のカソードは別々にGPIOに接続します。4桁の場合はGPIOに4端子接続することとなります。よって、計13端子のGPIOに接続することとなり、スタティック制御の28端子よりもGPIOに接続する端子数は大幅に少なくできます。

●ダイナミック制御の接続

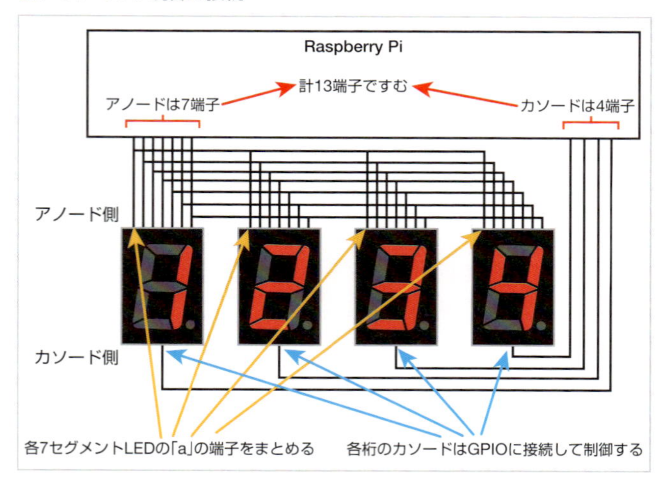

アノード側のGPIOの出力を制御して4桁目に表示したい数字を出力します。例えば、「1」と表示する場合は「b」と「c」にHIGHを出力し、それ以外は「LOW」を出力します。カソード側は表示対象の4桁目をLOWに出力し、点灯しない桁はHIGHを出力します。

p.70で説明したように、LEDはアノードがHIGH、カソードがLOWになっているLEDのみが点灯できるため、カソード側がHIGHになっている7セグメントLEDはすべて点灯しなくなり、4桁目が表示されることとなります。

1桁目、2桁目、3桁目、4桁目、1桁目……の順に点灯することで、すべての桁の数字を表示できます。

●点灯する桁だけカソードをLOWにする

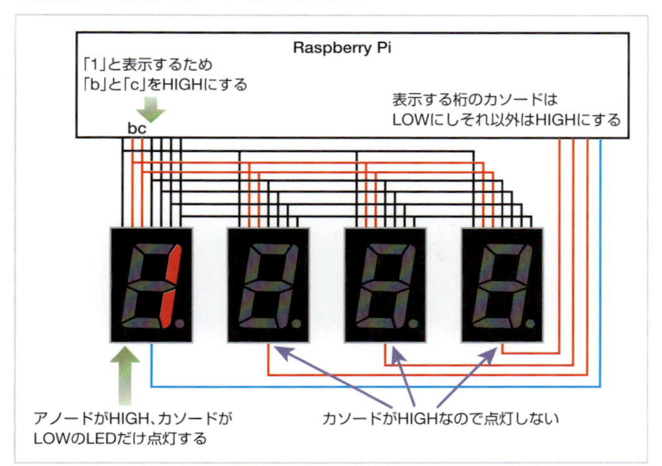

複数がまとまった7セグメントLED

2桁、4桁など複数の桁がまとまった7セグメントLEDが販売されています。1桁の7セグメントLEDを複数使う場合は、前述したようにアノードをそれぞれ接続する手間がかかりますが、複数桁の7セグメントLEDでは、内部でアノードがまとまっているため、アノードを接続する手間がありません。

●4桁表示の7セグメントLED

端子番号	用途	端子番号	用途
1	e（アノード側）	7	b（アノード側）
2	d（アノード側）	8	2桁目（カソード側）
3	小数点（アノード側）	9	3桁目（カソード側）
4	c（アノード側）	10	f（アノード側）
5	g（アノード側）	11	a（アノード側）
6	1桁目（カソード側）	12	4桁目（カソード側）

なお、複数桁の7セグメントLEDでもアノードコモンとカソードコモンの製品があるため、利用用途によってどちらを使うかを選択します。

4桁の7セグメントLEDを表示する

4桁表示できる7セグメントLEDを使って数値を表示してみましょう。ここではOptoSupply社製の4桁7セグメントLED「OSL40562-LRA」を例に解説します。

数を表示する場合は、p.218で説明した「7セグメントドライバーIC」が利用できます。7セグメントドライバーを使えば、アノード側は4端子で済むため、GPIOに接続する端子数がさらに少なくなります。

回路は右の図のように作成します。LEDの電流制御抵抗は、アノード側に1つずつ取り付けておきます。また、カソードは表示する桁を制御するため、GPIOへ接続しておきます。

●4桁表示の7セグメントLEDを点灯する回路図

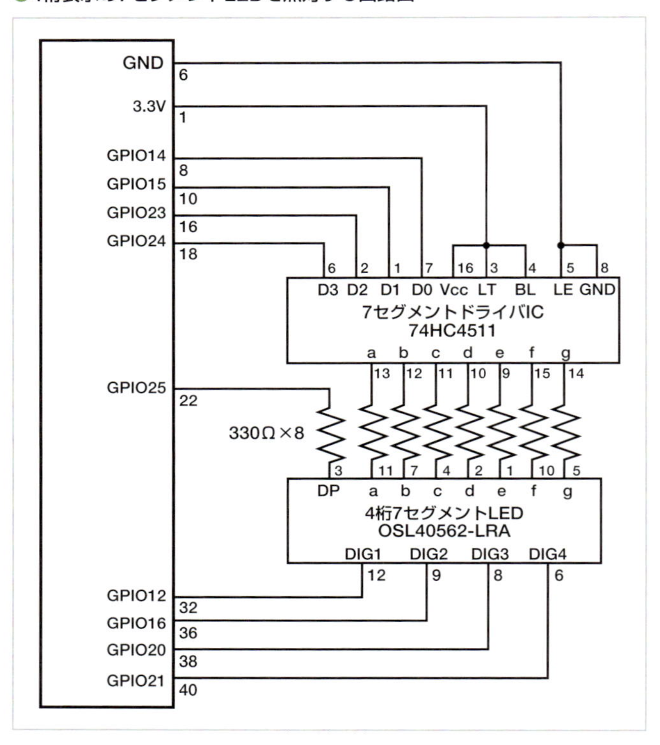

NOTE

63列のブレッドボード

本書ではここまで、一般的に利用されている30列のブレッドボードを使ってきました。しかし、次ページで図示している4桁表示できる7セグメントLEDの配線では、63列のブレッドボードを使用して配線しています。63列のブレッドボードは300円程度で入手可能です（p.254を参照）。

次の図のように接続します。接続するジャンパー線が多いため、間違えないよう注意しましょう。

●4桁表示の7セグメントLEDを点灯する接続図

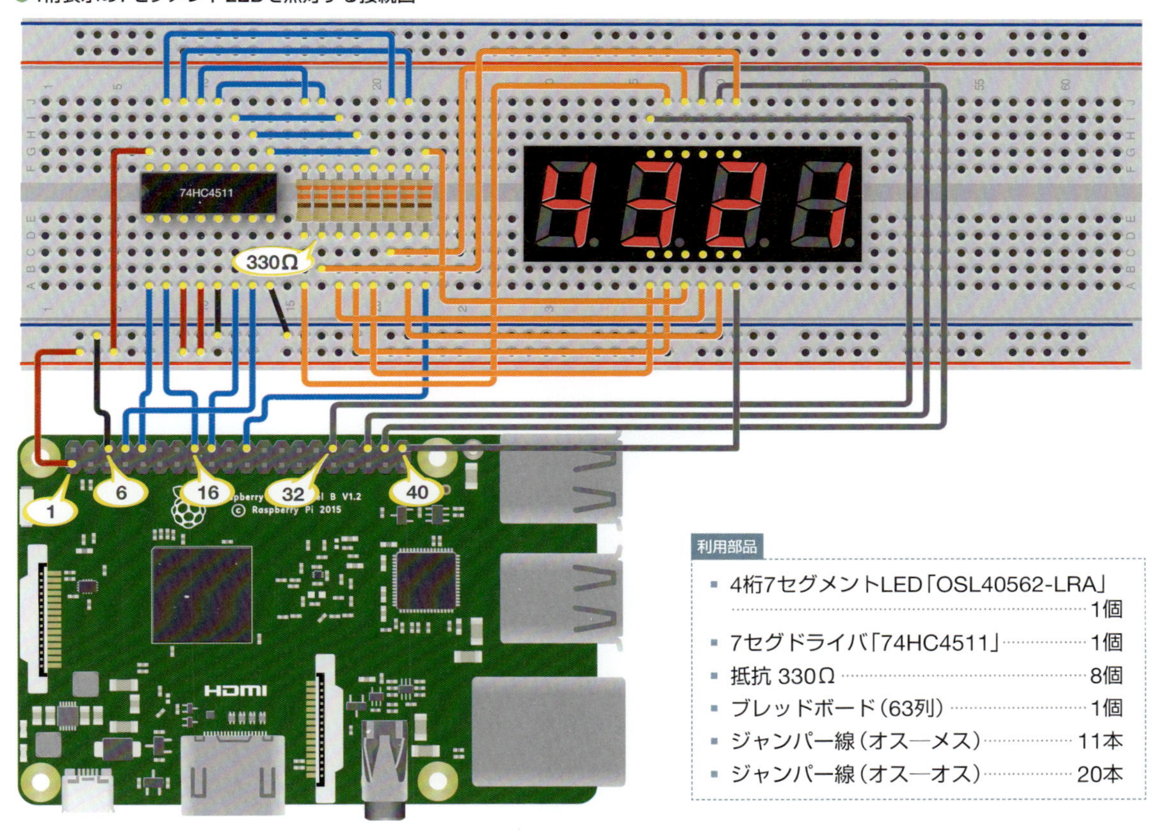

利用部品

- 4桁7セグメントLED「OSL40562-LRA」……1個
- 7セグドライバ「74HC4511」……1個
- 抵抗 330Ω……8個
- ブレッドボード（63列）……1個
- ジャンパー線（オス―メス）……11本
- ジャンパー線（オス―オス）……20本

NOTE

LEDの電源制限用抵抗について

LEDに接続する抵抗値を求める方法については、p.74を参照してください。

NOTE

4桁7セグメントLEDのカソードの表記

4桁7セグメントLEDのOSL40562-LRAではカソードの端子が「DIG1」、「DIG2」のように表記されています。DIGの後に記載されている数値は左から何番目の7セグメントLEDであるかを表しています。そのため、4桁目はDIG1、3桁目はDIG2のように実際の桁数とは逆になるので注意しましょう。

プログラムで点灯制御する

回路ができたら、4桁の数を表示するプログラムを用意しましょう。次ページのように作成します。

●4桁の7セグメントLEDを表示する

raspi_parts/8-2/7seg_4dig.py

```
import time, wiringpi as pi

DISP_NUMBER = [ 1, 2, 3, 4 ] ①
DISP_DP = [ 0, 0, 0, 0 ] ②

BIT_PIN = [ 14, 15, 23, 24 ] ③
DIG_PIN = [ 21, 20, 16, 12 ] ④

DP_PIN = 25

DIG = 4 ⑤
WAIT_TIME = 0.05 ⑥

pi.wiringPiSetupGpio()
for pin in BIT_PIN:
    pi.pinMode( pin, pi.OUTPUT )
for pin in DIG_PIN:                        ─┐
    pi.pinMode( pin, pi.OUTPUT )            ├⑦
    pi.digitalWrite( pin, pi.HIGH )         │
pi.pinMode( DP_PIN, pi.OUTPUT )            ─┘


while True:
   dig = 0
    while ( dig < DIG ): ⑧
        i = 0
        while ( i < 4 ):
            pi.digitalWrite( BIT_PIN[i], DISP_NUMBER[dig] & ( 0x01 << i ) ) ⑨
            i = i + 1

        pi.digitalWrite( DP_PIN, DISP_DP[dig] ) ⑩
        pi.digitalWrite( DIG_PIN[dig], pi.LOW ) ⑪

        time.sleep( WAIT_TIME ) ⑫
        pi.digitalWrite( DIG_PIN[dig], pi.HIGH ) ⑬
        dig = dig + 1
```

①表示する数字を指定します。指定は各桁を分けて、1桁目から順にカンマで区切りながら列挙します。例えば、「4321」と表示する場合は「[1, 2, 3, 4]」と指定します。

②右下のドットを桁ごとに指定します。点灯するには1、点灯しない場合は0にします。例えば、3桁目の後にドットを点灯したい場合は「[0, 1, 0, 0]」と指定します。

③74HC4511に接続したGPIOの番号を指定します。順にD0、D1、D2、D3に対応するように指定します。

④7セグメントLEDのカソードに接続したGPIOの番号を指定します。1桁目から順にGPIOの番号をカンマで区切りながら列挙します。

⑤表示する桁数を指定します。今回は4桁の7セグメントLEDを利用するので「4」と指定します。

⑥1桁を点灯する時間を指定します。点灯時間を短くすれば連続して点灯しているように見えます。

⑦カソード側のGPIOの設定を出力に設定します。この際、出力をHIGHに切り替え、すべての桁が表示されないようにしておきます。

⑧各桁を順に点灯制御します。1桁ずつの点灯処理を4回繰り返すことで、4桁の数値が表示できます。

⑨対象の桁に点灯する数値を2進数にして74HC4511に数値を送ります。対象の数値はDISP_NUMBERリストに保存された値を利用します。

⑩ドットを点灯するかを指定します。

⑪表示対象の桁のカソードをLOWにしてLEDを点灯します。

⑫指定した時間だけ待機して、LEDを短い時間だけ点灯状態にします。

⑬カソードをHIGHに切り替えて、LEDを消灯します。

プログラムができたら、DISP_NUMBERに表示したい数字を指定します。数値は各桁で分けて、1桁目から順にカンマで区切りながら列挙します。

右のようにコマンドでプログラムを実行します。

```
sudo python3 7seg_4dig.py Enter
```

7セグメントLEDに4桁の数値が表示されます。動作を詳細に確認したい場合は、プログラム内の「WAIT_TIME」を「1」などに変更して、1桁を点灯する時間間隔を長くしてみましょう。1桁目から順にLEDが点灯するのが分かります。

NOTE

表示する数を数値で指定する

今回作成したプログラムは表示する数の指定を1桁ずつにわけ、それぞれのリストに格納するようにしました。しかし実際は、数値が1桁ずつ分かれているわけではありません。この場合は、数値を各桁に分けるプログラムで変換することで、一般的な数値で指定できます。
変換するプログラムは、本書のサポートページで「dig_sprit.py」ライブラリとして準備しています。このライブラリファイルをプログラムと同じフォルダーに保存しておきます。次に、「7seg_4dig.py」のはじめの2行を右のように変更します。

●元プログラム

```
import time, wiringpi as pi

DISP_NUMBER = [ 1, 2, 3, 4 ]
```

↓

●変更後のプログラム

```
import wiringpi as pi
import dig_sprit

DISP_NUMBER = [ 0, 0, 0, 0 ]
DISP_NUMBER = dig_sprit.dig_sprit( 1234, 4 )
```

表示したい数は「dig_sprit.dig_sprit()」で指定します。はじめの「1234」は表示する数値、「4」は接続した7セグメントLEDの桁数となります。

表示をLEDマトリクスドライバーモジュールに任せる

前述した7セグメントLEDは、プログラムで点灯制御をするため、プログラムが停止してしまったり、プログラムの一部の処理が遅延したりした場合に、表示処理が停止してしまいます。停止すると、現在対象の桁だけが表示された状態となり、他の桁は消灯した状態となってしまいます。

これは、7セグメントLEDの表示をRaspberry Piが処理していることによって発生する問題です。解決策として、7セグメントLEDを独自に点灯制御する部品を利用する方法があります。この種の部品は独自に表示パターンを保管しており、そのパターンを使って7セグメントLEDを点灯します。数値を変更する場合は、Raspberry Piから点灯制御する部品へ表示したい値を送信します。これでRaspberry Piとのプログラムとは独立するため、Raspberry Pi側でプログラムが止まってしまっても点灯し続けることができます。

●プログラムが停止すると表示がおかしくなる

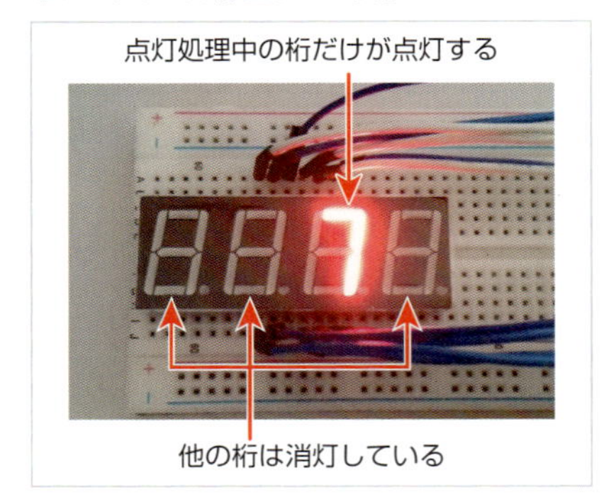

7セグメントLEDの点灯制御をする部品に、Adafruit社製のLEDマトリクスドライバーモジュール「HT16K33」があります。各端子に出力する状態をモジュール内で保管しておき、一定の間隔で点灯処理をします。

HT16K33では、表示したい値をI^2Cを介してRaspberry Piから受け取るようになっています。このため、Raspberry Piとの接続はSDAとSCLの信号線で済むため、配線が少なくて済む利点もあります。

●LEDマトリクスドライバーモジュール「HT16K33」

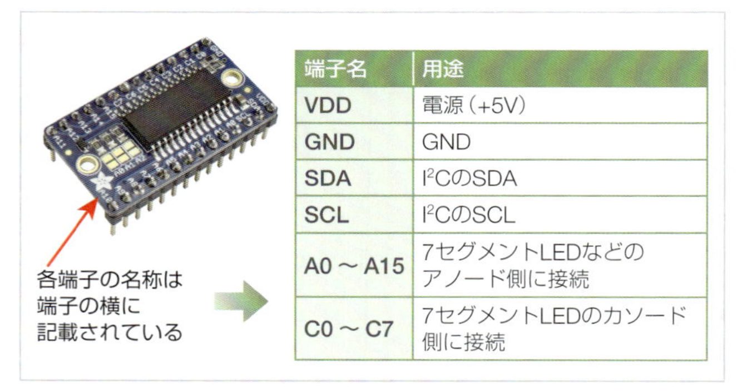

端子名	用途
VDD	電源（+5V）
GND	GND
SDA	I^2CのSDA
SCL	I^2CのSCL
A0 ～ A15	7セグメントLEDなどのアノード側に接続
C0 ～ C7	7セグメントLEDのカソード側に接続

HT16K33は5Vで動作します。しかし、Raspberry PiのI^2Cの信号は3.3Vであるため、HT16K33とは異なります。動作電圧が異なる機器同士を直接接続すると、思わぬ量の電流が流れ部品を破壊しかねません。

そこで、3.3Vと5Vを変換する「**電圧レベル変換モジュール**」を介して接続するようにします。例えば、秋月電子通商が製造・販売するI^2Cバス用双方向電圧レベル変換モジュール「PCA9306」などがあります。

一方にRaspberry PiのI^2Cの端子と電源（3.3V）を接続し、もう一方にHT16K33のI^2Cの端子と電源（5V）を接続するだけで利用できます。

●I^2Cバス用双方向電圧レベル変換モジュール「PCA9306」

HT16K33を使って7セグメントLEDを点灯する

HT16K33を利用して4桁の7セグメントLEDを点灯してみましょう。HT16K33には、「A」から始まる名称の端子と「C」から始まる名称の端子があります。「A」から始める名称の端子には7セグメントLEDのアノードに接続します。この際、LEDの電流制御用の抵抗を接続しておきます。例えば、「A0」には7セグメントLEDの「a」、「A1」には「b」、「A2」には「c」……のように接続します。

カソードは「C」から始まる端子に接続します。例えば、「C0」に「DIG1」、「C1」に「DIG2」、「C2」に「DIG3」……のように接続します。

Raspberry PiからのSDAとSCLは、PCA9306を介してHT16K33のSDAとSCLへ接続します。

●HT16K33を利用した回路図

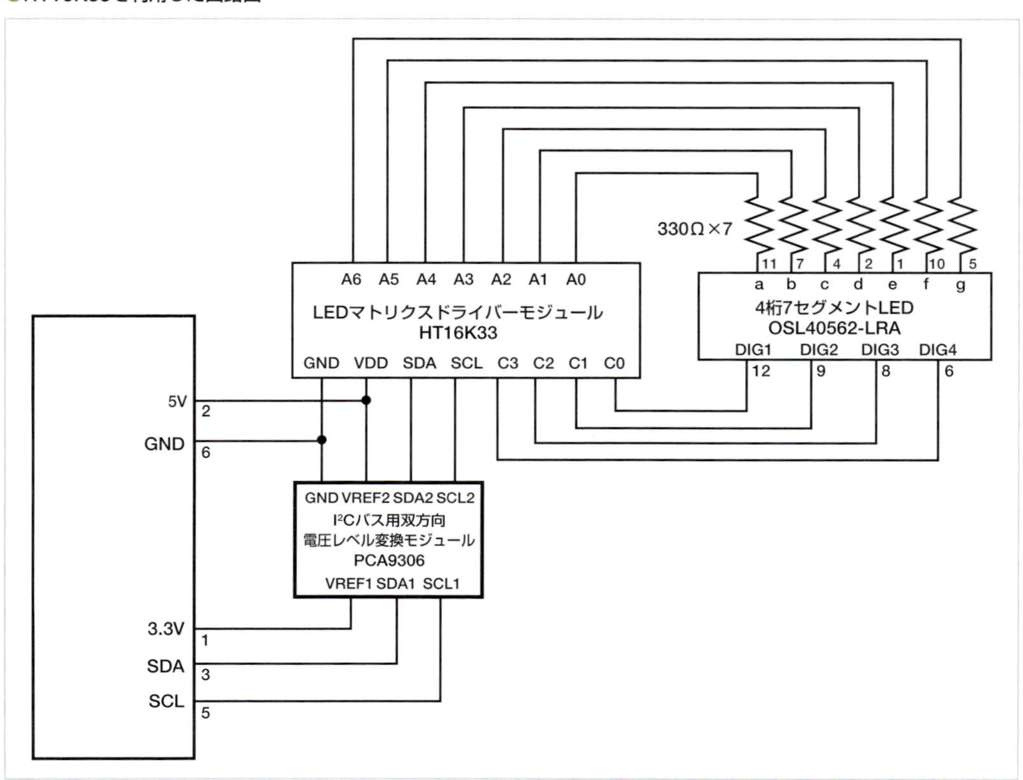

実際には次のように接続します。接続するジャンパー線が多くなるため、間違えないよう注意しましょう。

●HT16K33を利用した接続図

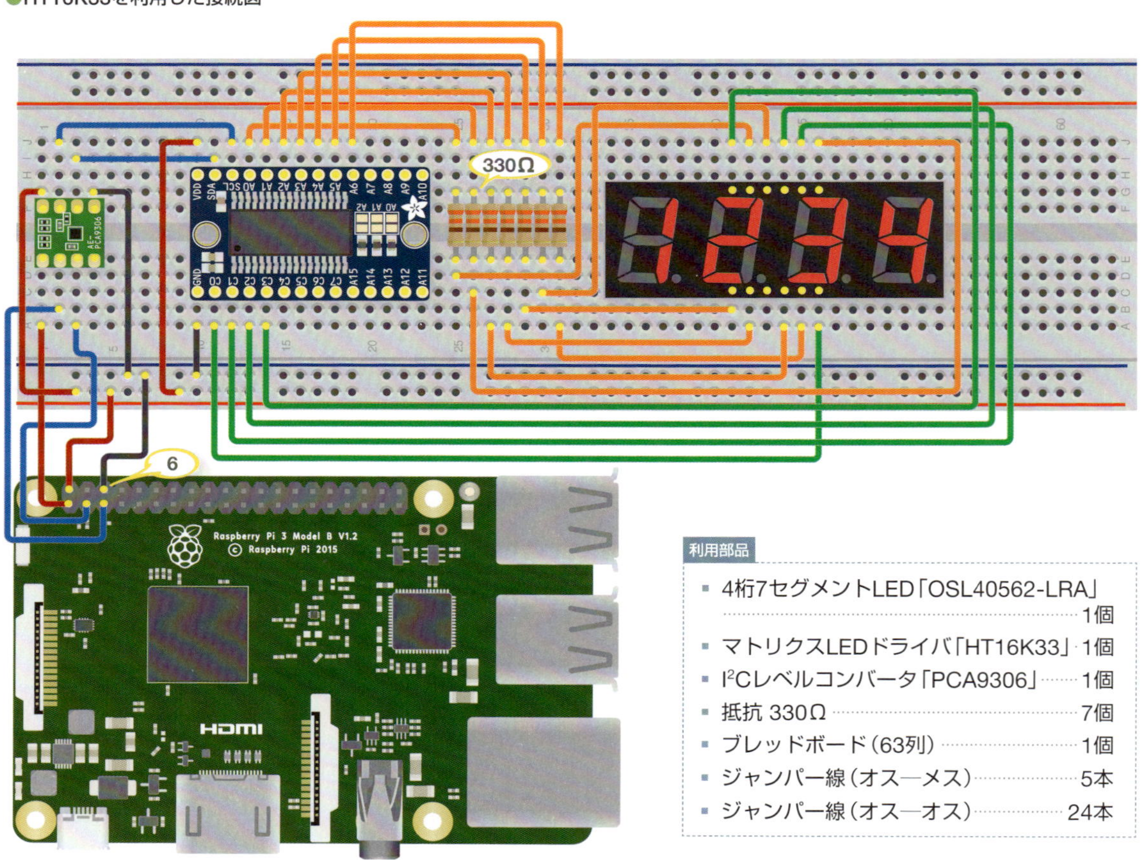

利用部品

- 4桁7セグメントLED「OSL40562-LRA」……1個
- マトリクスLEDドライバ「HT16K33」……1個
- I²Cレベルコンバータ「PCA9306」……1個
- 抵抗 330Ω……7個
- ブレッドボード（63列）……1個
- ジャンパー線（オス―メス）……5本
- ジャンパー線（オス―オス）……24本

NOTE

LEDの電源制限用抵抗について

LEDに接続する抵抗値を求める方法については、p.74を参照してください。

NOTE

ドット表示は非対応

ここで紹介する回路およびプログラムは、7セグメントLEDの右下にあるドットの点灯には対応していません。

プログラムで点灯制御する

回路ができたら数値を表示するプログラムを用意しましょう。また、I²Cで通信するため、p.51を参照してI²C通信ができるようにしておきます。プログラムは次ページのように作成します。

●4桁の7セグメントLEDを表示する

raspi_parts/8-2/7seg_driver.py

```
import time, wiringpi as pi
import dig_sprit

number = 1234  ①

HT16K33_ADDR = 0x70  ②
DIGIT = 4  ③

SEG_CHAR = [ 0x3f, 0x06, 0x5b, 0x4f, 0x66, 0x6d, 0x7d, 0x07, 0x7f, 0x67 ]  ④

DISP_NUMBER = [ 0, 0, 0, 0 ]
DISP_NUMBER = dig_sprit.dig_sprit( number, DIGIT )  ⑤

i2c = pi.I2C()

ht16k33 = i2c.setup( HT16K33_ADDR )  ⑥
i2c.writeReg8( ht16k33, 0x21, 0x01 )
i2c.writeReg8( ht16k33, 0x81, 0x01 )

time.sleep(0.1)

i = 0
while (i < DIGIT ):  ⑦
    i2c.writeReg8( ht16k33, i * 2, SEG_CHAR[ DISP_NUMBER[i] ] )  ⑧
    i = i + 1
```

①numberに表示したい数値を指定します。

②HT16K33_ADDRには、HT16K33のI^2Cアドレスを指定します。I^2Cアドレスは0x70となっています。

③7セグメントLEDの桁数を指定します。今回は4桁の7セグメントLEDを利用するので「4」と指定します。

④表示する数の形状を設定します（詳しくは、p.215を参照）。

⑤表示する数値をリストに変換します。

⑥HT16K33の初期設定をします。ht16k33をインスタンスとして作成しておきます。また、初期設定をして、7セグメントLEDを点灯制御できるようにします。

⑦数値を繰り返して1桁ずつHT16K33に送ります。

⑧HT16K33に値を書き込みます。この際、SEG_CHARで指定した数値の形状を送るようにします。

プログラムができたら、numberに表示したい数字を指定し、右のようにコマンドでプログラムを実行します。

```
sudo python3 7seg_driver.py Enter
```

プログラムを実行すると、7セグメントLEDに数値が表示されます。プログラムが終了してもHT16K33が点灯制御を続けているため、数値が表示され続けます。

Section 8-3

ドットで絵を表示する（マトリクスLED）

ドットマトリクスLEDは、多数のLEDが碁盤の目のように配置された部品です。特定のLEDを点灯させることで、簡単な絵を表示させることが可能です。点灯制御には、LEDマトリクスドライバーモジュールを利用します。

ドット状のLEDを点灯して絵を表示できるマトリクスLED

小さなドット状のLEDをたくさん集めれば、絵を表示できます。LEDを碁盤の目のように並べれば、特定のLEDだけを点灯させることで自由な絵を表示することができます。右上から左下、左上から右下に向かって斜めにLEDを点灯させれば「×」を表すことができるでしょう。

「**マトリクスLED**」は、あらかじめ多数のLEDが碁盤の目のように配置されている電子部品です。例えば、8×8のLEDが配置されたマトリクスLEDであれば、64個のLEDのうちの必要な部分だけを点灯すると、絵を表示できます。右の写真のように顔を表示することも可能です。

●マトリクスLEDで顔を表示する

マトリクスLEDの仕組み

マトリクスLEDには、たくさんのLEDが配置されています。すべてのLEDに端子を用意されていると、膨大な端子数になります。

そこで、マトリクスLEDでは7セグメントLEDと同じように、アノードやカソードを共有して端子に接続されています。縦の列が同じLEDのアノードに接続され、横の行が同じLEDのカソードに接続されています。

LEDはアノードを電源の＋側、カソードを－側に接続すれば点灯します。マトリクスLEDでも、点灯対象のアノードがある列を電源の＋側に、カソードがある行を電源の－側

●マトリクスLEDの内部構造

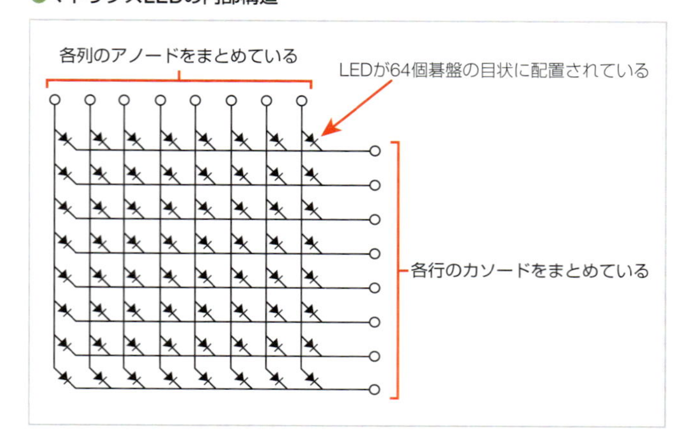

に接続すれば点灯します。

マトリクスLEDを点灯するには、7セグメントLEDの点灯方法で説明した**ダイナミック制御**を使います。7セグメントLEDのダイナミック制御では、それぞれの桁のカソードを制御することによって点灯対象の桁を選択しました。

マトリクスLEDの場合は、それぞれの列を制御して、点灯対象の行を選択するようにします。点灯したい行だけをLOWにし、他の行はHIGHにしておきます。次に点灯したいLEDのある列だけをHIGHにします。すると、LOWにしている行と、HIGHにした列が交わるLEDだけが点灯します。

あとは、各行を短い時間で切り替えて全体のLEDが点灯しているようになります。

●ダイナミック制御でのマトリクスLEDの点灯制御

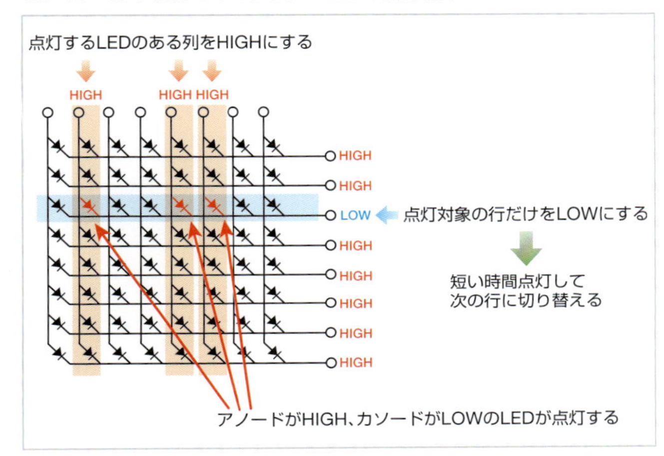

> **NOTE**
> **ダイナミック制御について**
> ダイナミック制御の詳しい説明についてはp.221を参照してください。

多数のLEDが並んだマトリクスLED

マトリクスLEDには碁盤の目状にLEDが配置されています。LEDの配置数は商品によって異なります。縦8個×横8個の計64個のLEDが配置されているのが一般的ですが、中には縦7個×横5個の計35個のLEDが配置されているマトリクスLEDもあります。

●配置されるLEDの数が異なるマトリクスLED

また、マトリクスLEDは点灯色が赤、青、黄色、白など様々です。3色のLEDが格納されているフルカラーのマトリクスLEDもあります。フルカラーのマトリクスLEDは、各LEDについて自由な色で点灯できるため表現力も向上します。

マトリクスLEDは、LEDで構成されているため、点灯のためのVfとIfが示されています。例えば、OptoSupply社製の、赤色に点灯する8×8マトリクスLED「OSL641501-BRA」であれば、Vfが2.1V、Ifが20mAとなっています。実際に点灯する場合は、この値を確認して電流制限抵抗を接続します。

NOTE

LEDの電源制限用抵抗について

LEDに接続する抵抗値を求める方法については、p.74を参照してください。

マトリクスLEDの端子

マトリクスLEDは、列、行それぞれの端子が搭載されています。8×8のマトリクスLEDであれば、8行、8列、計16端子が備わっています。各端子がどの行、列に接続されているかは、商品のデータシートを確認するようにします。OSL641501-BRAであれば、右の図のように割り当てられています。多くのマトリクスLEDでは、同じような端子配列になっていますが、異なる場合もあるので、必ずデータシートを確認しておきましょう。

●マトリクスLEDの端子

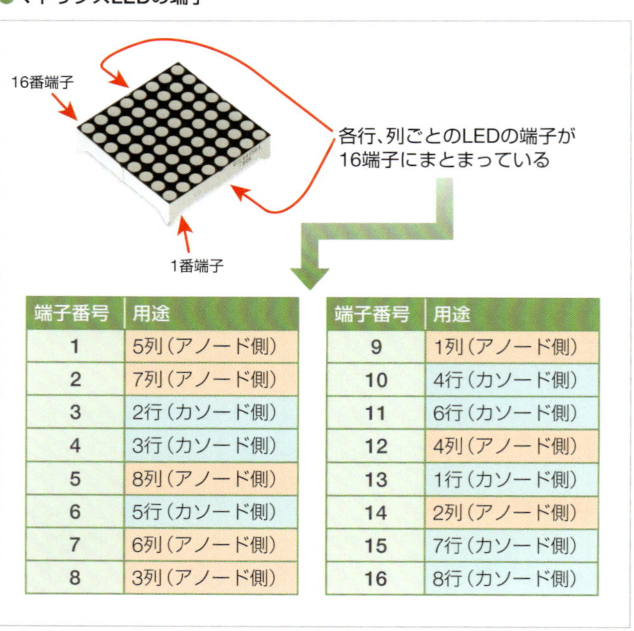

端子番号	用途
1	5列（アノード側）
2	7列（アノード側）
3	2行（カソード側）
4	3行（カソード側）
5	8列（アノード側）
6	5行（カソード側）
7	6列（アノード側）
8	3列（アノード側）

端子番号	用途
9	1列（アノード側）
10	4行（カソード側）
11	6行（カソード側）
12	4列（アノード側）
13	1行（カソード側）
14	2列（アノード側）
15	7行（カソード側）
16	8行（カソード側）

マトリクスLEDを表示する

マトリクスLEDを使って簡単な絵を表示してみましょう。ここでは、先にも紹介したOSL641501-BRAを利用する方法を説明します。

マトリクスLEDを直接Raspberry Piに接続して点灯制御する場合、16端子のGPIOが必要で、Raspberry Piに搭載されているGPIOの半分以上の端子を占有してしまいます。また、常にプログラムで点灯制御をする必要があるため、他の処理でプログラムの実行が遅くなると、点灯が一時的に消えてしまう恐れもあります。

そこで、p.228で説明した「**LEDマトリクスドライバーモジュール**」を利用します。各LEDの点灯状態を記録しておき、自動的にマトリクスLEDを点灯制御します。また、電源電圧が異なるため、I²Cの信号電圧を変換するI²Cバス用双方向電圧レベル変換モジュールも利用します。

マトリクスLEDの点灯回路は次のように作成します。

●マトリクスLEDを点灯する回路図

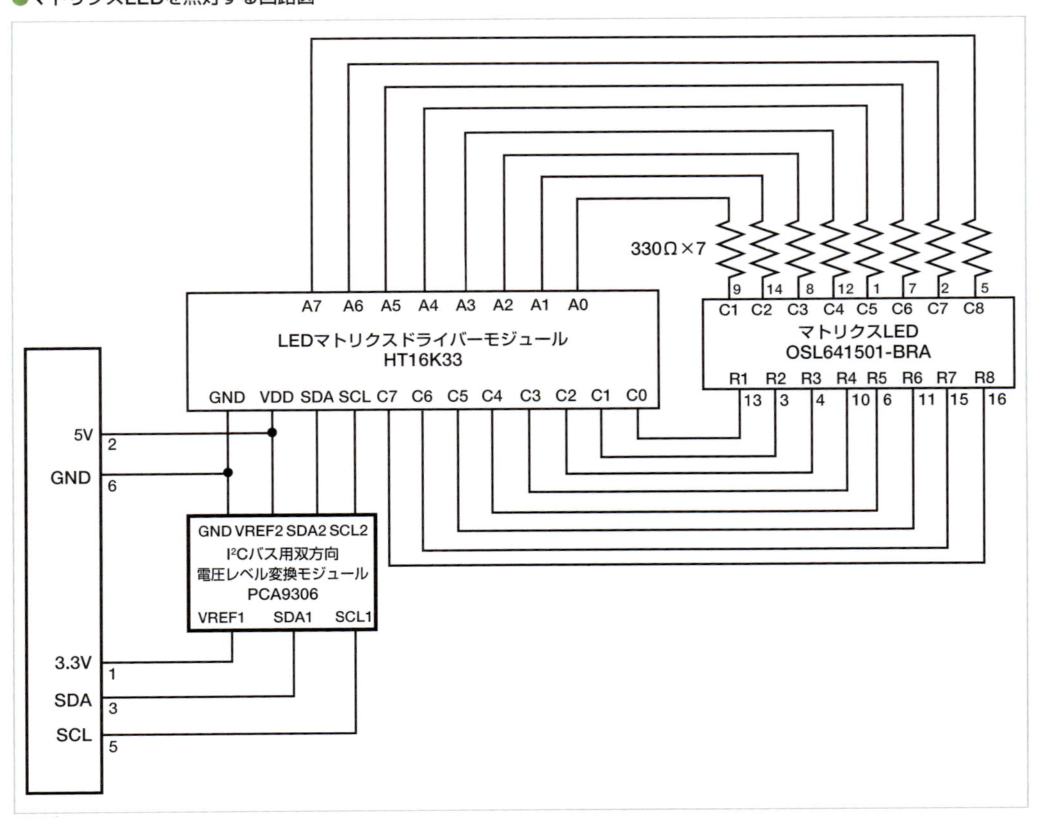

実際には次のように接続します。マトリクスLEDは、1つのブレッドボード上に配置できません。そこで、もう一枚のブレッドボードを用意し、橋渡しするようにマトリクスLEDを接続するようにします。接続する際には、ジャンパー線が多くなるため、間違えないよう注意しましょう。また、接続する先が遠い箇所にある場合は、長いジャンパー線を使うようにします。

●4桁表示の7セグメントLEDを点灯する接続図

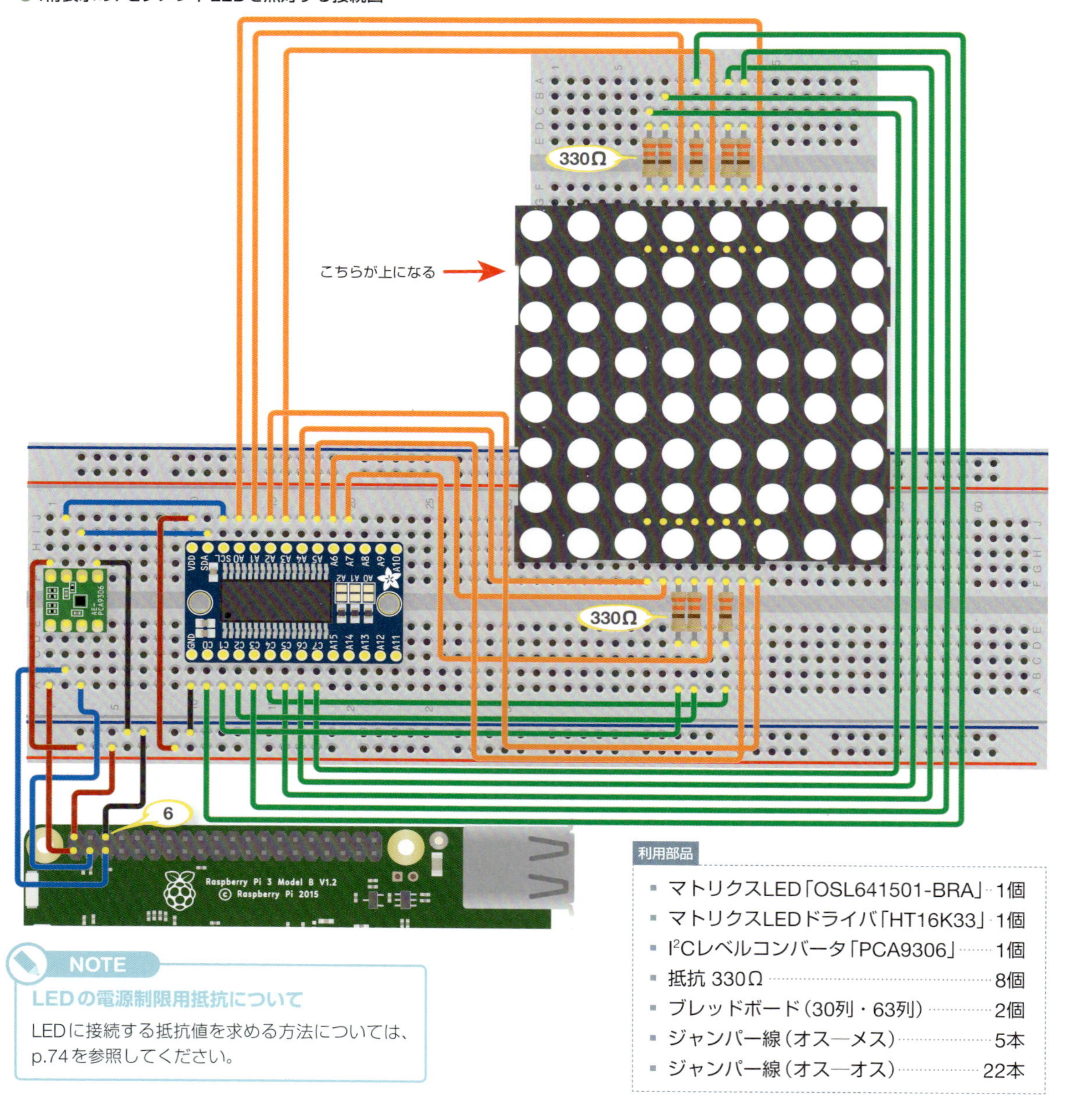

利用部品

- マトリクスLED「OSL641501-BRA」…1個
- マトリクスLEDドライバ「HT16K33」…1個
- I²Cレベルコンバータ「PCA9306」…1個
- 抵抗 330Ω…8個
- ブレッドボード(30列・63列)…2個
- ジャンパー線(オス―メス)…5本
- ジャンパー線(オス―オス)…22本

NOTE

LEDの電源制限用抵抗について

LEDに接続する抵抗値を求める方法については、p.74を参照してください。

プログラムで点灯制御する

回路ができたら顔の絵を表示するプログラムを用意しましょう。次のように作成します。

①マトリクスLED表示するパターンを設定します。データはそれぞれの行がマトリクスLEDの各行に当たります。「1」としている場所を点灯､「0」としている場所を消灯します。データの指定方法については次ページで解説します。

②マトリクスLEDに配置されたLEDの行数、列数を指定します。「matrix_row」に行の数､「matrix_col」に列の数を指定します。

③各行ごとに点灯制御します。そのため、while文で繰り返しながら、各行の点灯するパターンをLEDマトリクスドライバーモジュールに送りします。

④各行のパターンをLEDマトリクスドライバーモジュールに送ります。①で指定したデータの対象の行のデータを送り込みます。これを行の数だけ繰り返せば、すべての表示パターンがLEDマトリクスドライバーモジュールに送り込まれます。

●マトリクスLEDを点灯する

raspi_parts/8-3/matrix.py

```
import time, wiringpi as pi

HT16K33_ADDR = 0x70

output = [ 0b00111100, ①
           0b01000010,
           0b10100101,
           0b10000001,
           0b10100101,
           0b10011001,
           0b01000010,
           0b00111100 ]

matrix_row = 8 ┐②
matrix_col = 8 ┘

pi.wiringPiSetupGpio()
i2c = pi.I2C()

ht16k33 = i2c.setup( HT16K33_ADDR )
i2c.writeReg8( ht16k33, 0x21, 0x01 )
i2c.writeReg8( ht16k33, 0x81, 0x01 )

time.sleep(0.1)

row = 0
while ( row < matrix_row ): ③
    i2c.writeReg8( ht16k33, row * 2, output[row] ) ④
    row = row + 1
```

①で説明した点灯パターンのデータは、1と0の2進数で表記するようにします。「1」は点灯、「0」は消灯を表します。各行がそれぞれのマトリクスLEDの行にあたり、行内の8個の0または1が列にあたります。なお、はじめの「0b」は2進数を表すための記号となり、実際のデータが「0b」の後からの8個の数字となります。

データは、Pythonのリストとして格納します。特定の行のデータを取得する場合はoutput[2]のように指定します。④では表示パターンを送るために「output[row]」としてリスト内の1つのデータを取り出しているのが分かります。

NOTE

複数のデータを格納しておくリスト

リストについての詳しい説明は、p.277を参照してください。

●表示パターンのデータ形式

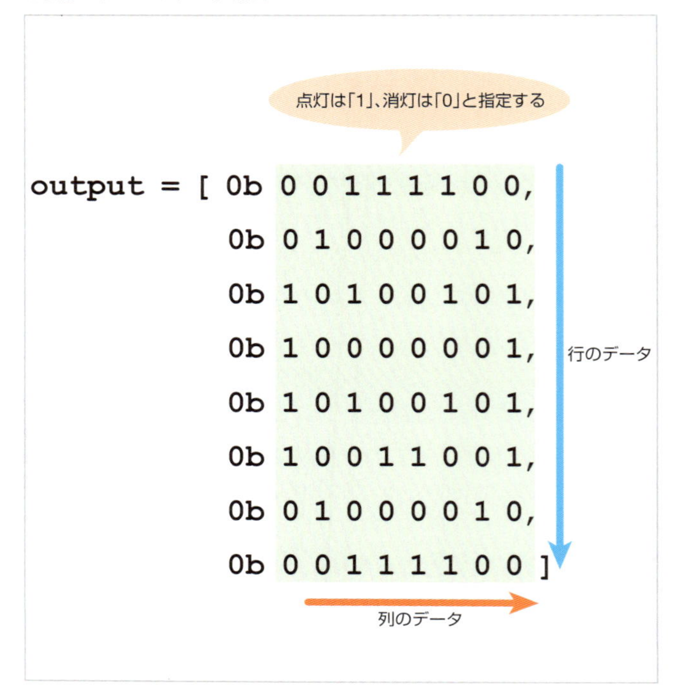

プログラムができたら、右のようにコマンドでプログラムを実行します。

```
sudo python3 matrix.py Enter
```

プログラムを実行すると、表示パターンがLEDマトリクスドライバーモジュールに送られ、マトリクスLEDに表示されます。なお、実行後すぐにプログラムが終了しますが、点灯制御はLEDマトリクスドライバーモジュールが独自に行っているため、マトリクスLEDは点灯し続けます。

Section 8-4

文字を表示する（キャラクターディスプレイ）

キャラクターディスプレイは、画面上にアルファベットや数字などの文字を表示させることができる部品です。表示したい文字データを送るだけで良いため手軽に表示処理が可能です。メッセージを表示したり、センサーで計測した結果を表示するなどの用途で活用できます。

文字を表示できるキャラクターディスプレイ

表示したい情報は、数字や簡単な絵だけではありません。アルファベットや数字などの文字で文章を表示できれば、多くの情報を発信できます。例えば、センサーで計測した結果を表示したり、メールを受信したらメールの送り主を表示したり、操作手順を文章で表示したりと、文字情報を使った様々な応用が可能です。

LEDで文字を表示するのは限界があります。先のマトリクスLEDを使っても、表示文字数分のマトリクスLEDを用意する必要がありますし、制御用の回路を製作する手間もあります。

文章を表示するのに便利な電子部品が、**キャラクターディスプレイ**です。画面上に数十文字程度のアルファベットや数字、記号を表示できる部品で、簡単な文章などを手軽に表示できます。一般的なディスプレイのような絵や写真は表示できませんが、文字ベースの情報を知らせるには十分役立ちます。

表示には数本のデータ線をRaspberry Piと接続するか、I²Cで通信するため、線を繋ぐだけで利用できる利点があります。

●アルファベットや数字などの文字を表示できるキャラクターディスプレイ

液晶や有機ELの製品が販売

キャラクタディスプレイには表示方式がいくつかあります。液晶方式を利用している場合は、省電力で駆動できる利点があります。ただし、暗い場所では見えないためバックライトの点灯が必要です。

一方、有機ELを利用したキャラクターディスプレイは、文字自体が発光するため暗い場所でも表示できます。また視認性が高いため、明るい場所でも文字をはっきりと見ることができます。

●液晶方式と有機EL方式

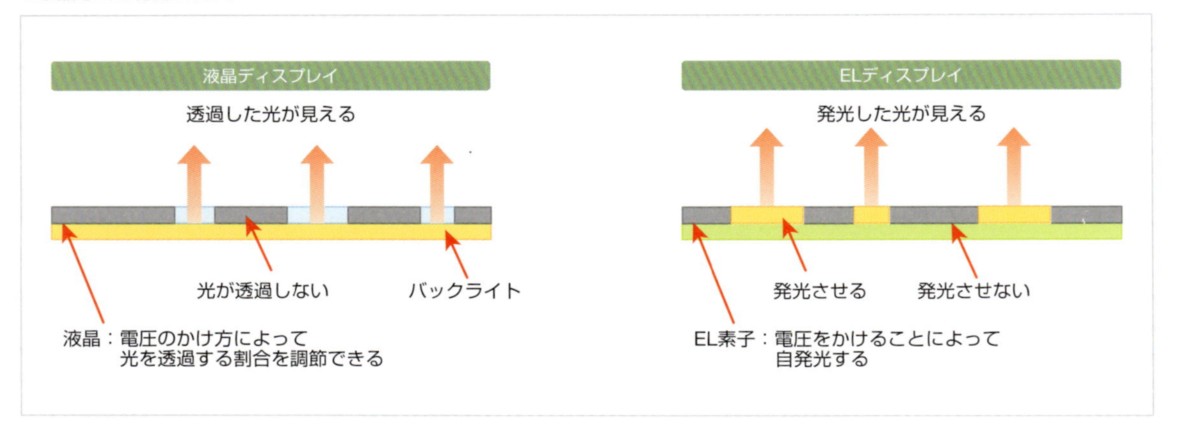

パラレルやI²Cで通信

キャラクタディスプレイをRaspberry Piで制御する場合、Raspberry Piとのデータをやりとりする方式が重要です。キャラクターディスプレイには、デジタル入出力端子を複数本まとめて利用するパラレル通信方式と、I²C通信方式があります。

パラレル通信方式はI²Cを使わずにGPIOのデジタル入出力だけで通信できる利点があります。しかし、データ線に4または8本、制御用の通信線に4本程度接続する必要があり、接続の手間がかかります。

一方でI²C方式を利用している場合は、2本の通信線を接続するだけで動作します。ただし、Raspberry Pi側でI²C通信を利用するための設定などが必要です。

●キャラクターディスプレイとの主な通信方式

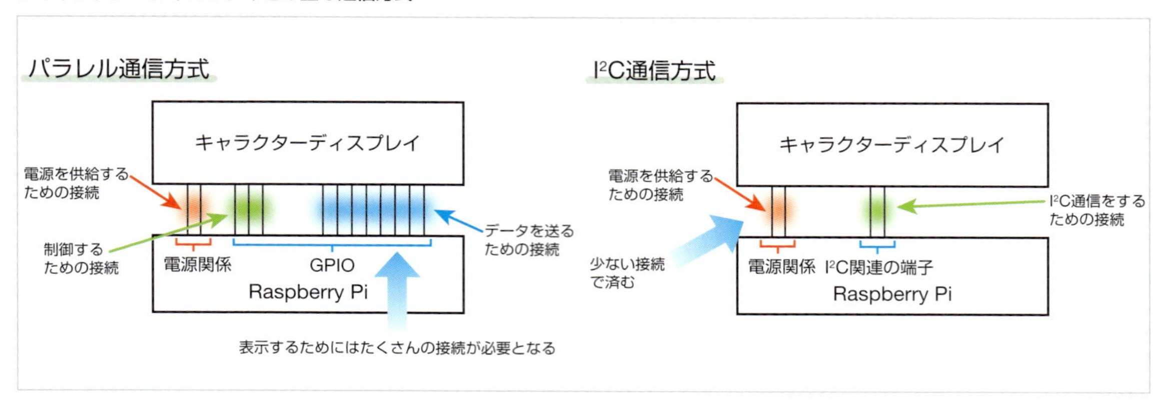

表示文字数と表示可能な文字

キャラクターディスプレイでは、画面上に表示できる文字数が限られています。このため、商品のページには、何文字表示できるかが記載されています。例えば、Sunlike Display Tech社製の有機ELディスプレイ「SO1602AWWB」の場合、2行16文字の計32文字まで表示可能です。さらに、1行に20文字表示できたり、4行表示できるなど、より多くの文字を表示できる製品もあります。

表示できる文字の種類も製品によって異なります。数字やアルファベットなどの基本的な記号の他に、「¥」や「£」「€」「Å」といった各国特有の記号や文字、カタカナなどをを表示できる製品もあります。さらに、ユーザーが独自に製作した文字を登録できる製品もあります。

表示可能な文字は、各商品のデータシートに記載されています。

●表示可能な文字が記載されたデータシート

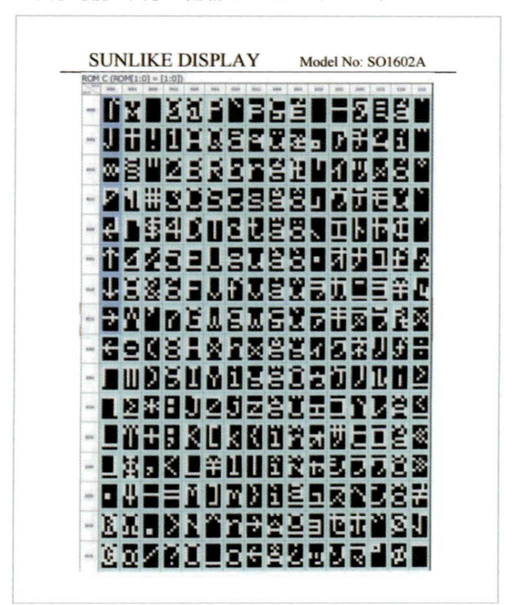

購入可能なキャラクターディスプレイ

購入可能な主要キャラクターディスプレイには、次の表のような製品があります。キャラクターディスプレイを選択する場合は、表示方式、通信方式、表示文字数などから選択しましょう。

●購入可能な主なキャラクターディスプレイ

製品名	表示文字数	表示形式	バックライト	色	通信方式	参考価格
SC1602BS-B	16文字×2行	液晶	無	黒文字	パラレル	500円（秋月電子通商）
SC1602BSLB	16文字×2行	液晶	有	黒文字	パラレル	700円（秋月電子通商）
SC1602BBWB	16文字×2行	液晶	有	白文字	パラレル	800円（秋月電子通商）
ACM1602NI	16文字×2行	液晶	有	黒文字	I^2C	1,280円（秋月電子通商）
SC2004CSLB	20文字×4行	液晶	有	黒文字	パラレル	1,500円（秋月電子通商）
SC2004CSWB	20文字×4行	液晶	有	青文字	パラレル	1,700円（秋月電子通商）
SC2004CBWB	20文字×4行	液晶	有	白文字	パラレル	1,700円（秋月電子通商）
AQM0802A-FLW-GB	8文字×2行	液晶	有	黒文字	I^2C	470円（秋月電子通商）
IAE-AQM1602A	16文字×2行	液晶	無	黒文字	I^2C	550円（秋月電子通商）
SO1602AWWB	16文字×2行	有機EL	ー	白文字*1	I^2C	1,580円（秋月電子通商）
SO2002AWYB	20文字×2行	有機EL	ー	黄色文字	I^2C	1,680円（秋月電子通商）
LCD-09053	16文字×2行	液晶	無	黒文字	パラレル	1,900円（千石電商）

＊1　文字色が黄色、緑の商品もある

キャラクターディスプレイごとに表示方法は異なります。本書では、Sunlike Display Tech社製の有機ELキャラクターディスプレイ「SO1602AW」シリーズ、および「SO2002AW」シリーズの2種類の使い方を解説します。他のキャラクターディスプレイを利用する場合は、通信プログラムを別途用意する必要がありますので、ご注意ください。

有機ELキャラクターディスプレイに文字を表示する

有機ELキャラクターディスプレイの画面上部に、接続端子が搭載されています。出荷状態ではピンヘッダは取り付けられていないため、ブレッドボードなどに差し込んで利用する場合は、同梱されているピンヘッダーをはんだ付けします。

端子は、1番、2番端子に電源とGNDを接続すると電源を供給できます。3番端子の「/CS」はLOWにすることで、キャラクターディスプレイを制御対象にできます。4番端子はI^2Cアドレスを選択できます。3.3Vに接続した場合、I^2Cアドレスは「0x3d」、GNDに接続した場合は「0x3c」になります。

7番端子にI^2CのSCLに接続します。SDAは、8番端子が入力、9番端子が出力に分かれています。Raspberry Piに接続する場合は、8番、9番端子どちらもRaspberry PiのSDAに接続します。そのほかの端子は利用されていないので何も接続しません。

また、20文字2行が表示できるSO2002AWシリーズは左側に端子が搭載されていますが、利用する端子はSO1602AWシリーズと同様です。

●有機ELキャラクターディスプレイの端子

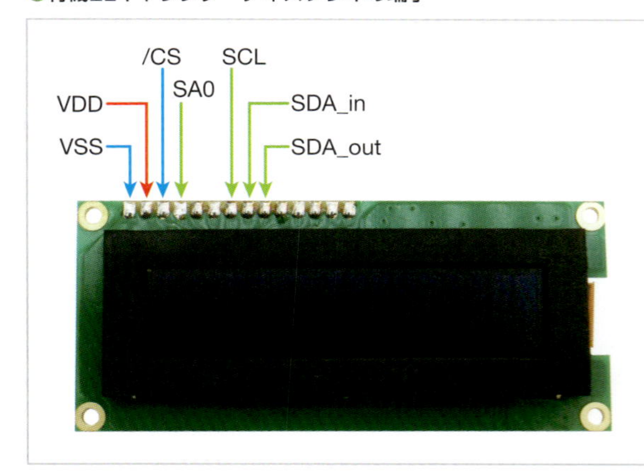

端子番号	名称	用途
1	VSS	GNDに接続
2	VDD	電源に接続。Raspberry Piの3.3Vに接続する
3	/CS	LOWにした場合に制御可能となる。通常はGNDに接続しておく
4	SA0	I^2Cアドレスの選択。接続先がGNDの場合は「0x3c」、VDDの場合は「0x3d」
7	SCL	I^2Cの同期信号
8	SDA_in	I^2Cのデータ入力
9	SDA_out	I^2Cのデータ出力

Raspberry Piに接続するには、右の回路図のようにします。4番端子はI^2Cアドレスを選択できます。2つの有機ELディスプレイを同時に制御する場合は、異なるI^2Cアドレスになるように接続します。ここでは、GNDに接続してI^2Cアドレスを「0x3c」としています。

●有機ELキャラクターディスプレイに文字を表示する回路図

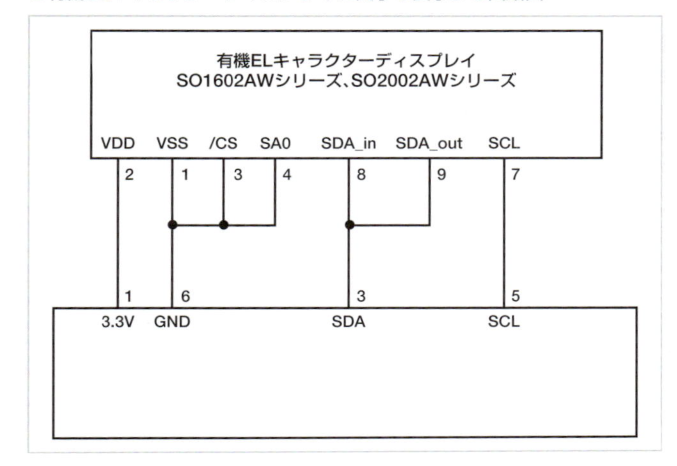

実際の配線は右の図のように接続します。ここではディスプレイの端子位置がわかりやすいように、これまでとはRaspberry Piの天地を逆にして配置しています。ディスプレイ上側に端子が付いているので、方向を間違えないようにしましょう。接続する際、ディスプレイの8番と9番端子の間にジャンパー線で接続するのを忘れないようにします。

●有機ELキャラクターディスプレイの接続図

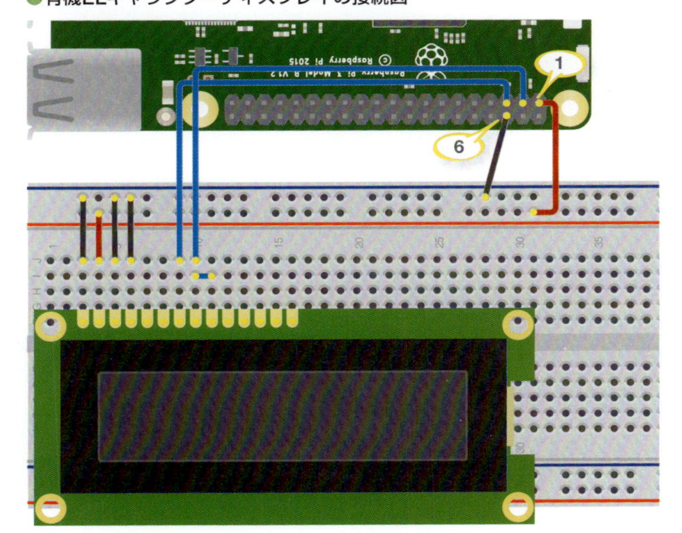

利用部品

- キャラクタELディスプレイ……1個
- ブレッドボード……1個
- ジャンパー線（オス—メス）……4本
- ジャンパー線（オス—オス）……4本

プログラムで文字を表示する

回路ができたら、プログラムで文字を表示してみましょう。文字の表示のためには、様々なコマンドを有機ELキャラクタディスプレイに送信する必要があり、それをいちいち製作していては手間がかかります。

そこで、本書ではSO1602AWシリーズとSO2002AWシリーズを制御するためのライブラリ「SO1602.py」を用意しました。本書のサポートページからダウンロードして、プログラムと同じフォルダ内に保存しておきましょう。

また、I^2Cで通信するため、p.51を参照してI^2C通信ができるように設定をしておきます。

プログラムは次ページのように作成します。

●キャラクタディスプレイに文字を表示する

raspi_parts/8-4/char_disp.py

```
import wiringpi as pi
from so1602 import so1602 ①

so1602_addr = 0x3c ②

i2c = pi.I2C() ③
so1602 = so1602( i2c, so1602_addr ) ④

so1602.move_home( i2c ) ⑤
so1602.set_cursol( i2c, 0 ) ⑥
so1602.set_blink( i2c, 0 ) ⑦

so1602.clear(i2c) ⑧
so1602.move( i2c, 0, 0 ) ⑨
so1602.write( i2c, "Let's Enjoy" ) ⑩
so1602.move( i2c, 2, 1 ) ⑪
so1602.write( i2c, "Raspberry Pi !" )
```

①有機ELキャラクターディスプレイ表示用のライブラリを読み込みます。ライブラリ名がSO1602ですが、SO2002AWシリーズでも利用可能です。

②有機ELキャラクターディスプレイのI²Cアドレスを指定します。4番端子のアドレス設定を変更している場合は「0x3d」のように変更しておきます。

③I²Cで通信できるように、インスタンスを作成します。

④有機ELキャラクターディスプレイ制御用のインスタンスを作成します。この際、I²Cのインスタンスと、有機ELキャラクターディスプレイのI²Cアドレスを指定します。

⑤カーソルを左上に移動します。

⑥下線状のカーソルを表示するか指定します。「0」で非表示、「1」表示します。

⑦四角状のカーソルを表示するか指定します。「0」で非表示、「1」表示します。

⑧画面内の文字をすべて消去します。

⑨表示位置を移動します。「i2cインスタンス, 桁, 行」の順に指定します。「i2c,0,0」で一番左上に移動します。

⑩指定した文字を表示します。

⑪2行目に移動して文字を表示します。

プログラムができたら、右のようにコマンドでプログラムを実行します。

```
sudo python3 char_disp.py Enter
```

プログラムを実行すると、1行目に「Let's Enjoy」、2行目に「Raspberry Pi !」と表示されます。

Chapter 9

ブザー

音は離れた場所でも聞こえるため、異常を警告するなどの用途に活用できます。電子部品ではブザーを利用することで、音を鳴らせます。

Section 9-1

ブザーで警告音を発する

圧電ブザーは電源に接続すると、ブザーが鳴る電子部品です。Raspberry PiのGPIOに接続すれば、警告音としてブザーを鳴らすことができます。プログラムや制御している工作に異常が発生した際に、ブザーを鳴らして知らせることができます。

ブザーを鳴らす「圧電ブザー」

電子工作の作品の動作がおかしくなることがあります。ロボットが転んでしまって動けなくなったり、プログラムに異常が発生して動作がおかしくなったり、誰かに不正制御されたりといったとき、いち早く異常を知らせるのに役立つのがブザーです。LEDやディスプレイで異常を表示した場合、注視していないと異常に気づかないことがあるためです。

「**圧電ブザー**」を利用すると、電子工作で手軽に警告のブザーを鳴らせます。

圧電ブザー

圧電ブザー（電子ブザー）は、端子に電源を接続することでブザーが鳴る電子部品です。電圧をかけるだけで鳴動するので手軽に音を鳴らせます。

圧電ブザーには極性があるので、端子の長さや刻印を確認して正しく電源への接続が必要です。

●圧電ブザーの外見

圧電ブザーは、内部に発振回路が内蔵されており、そのまま電圧をかければ音が鳴ります。しかし、パーツショップなどでは圧電ブザーに似た形状の「**圧電スピーカー**」が販売されています。圧電スピーカーには発振回路が内蔵されていないため、別途発振回路を接続して鳴らす必要があります。購入する際は間違わないようにしましょう。

圧電ブザーを購入する際には、**動作電圧**を確認します。動作電圧が高すぎると、Raspberry Piの電源出力では鳴動しなかったり、音が小さくなってしまうためです。Raspberry Piで動作させるには、3～5Vで動作する圧電ブザーを選択しましょう。なお、これよりも高い電圧で動作する圧電ブザーを使う場合は、別途電源を接続し、トランジスターを用いて制御するようにします。

現在購入できる主要な圧電ブザーを右の表にまとめました。

NOTE

圧電ブザーの音量

圧電ブザーによっては非常に大きな音を鳴らす場合があります。このため、圧電ブザーを鳴らすには、タオルなどをかぶせてから試すようにしましょう。

●購入可能な主な圧電ブザー

製品名	動作電圧	参考価格
HDB06LFPN	4～8V	100円（秋月電子通商）
UGCM1205XP	4～7V	70円（秋月電子通商）
UDB-05LFPN	3～7V	80円（秋月電子通商）
SDC1610MT-01	8～16V	100円（秋月電子通商）
PB04-SE12HPR	3～16V	100円（秋月電子通商）
PKB24SPCH3601	3～20V	150円（秋月電子通商）
PB10-Z338R	3～24V	250円（秋月電子通商）
EB30D-31C150-9V	2.4～32V	557円（千石電商）
TMB-05	4～6.5V	273円（千石電商）

圧電ブザーを使う

DB Products社製の圧電ブザー「HDB06LFPN」を利用してRaspberry Piから制御してみましょう。HDB06LFPNは4から8Vの電圧をかける必要があり、直接Raspberry PiのGPIOに接続しても動作しません。また、圧電ブザーの動作には数十mAの電流が流れます。このため、GPIOに流せる電流よりも大きくなってしまいます。このため、直接Raspberry PiのGPIOに接続しないようにします。

Raspberry Piで制御するには、トランジスタを用います。トランジスタに圧電ブザーを動作させる回路を接続してトランジスタでオン・オフを切り替えるようにします。

Raspberry Piとは図のように接続します。HDB06LFPNは、5Vの電源で動作します。そこで、Raspberry Piの+5V端子に接続します。また、GPIOからトランジスタを介して圧電ブザーの回路に接続するようにします。今回はGPIO 23（16番端子）に接続して制御します。

●Raspberry Piに圧電ブザーを接続

NOTE

トランジスタでの制御

トランジスタについてはp.79を参照してください。

利用部品

- 圧電ブザー「HDB06LFPN」……1個
- トランジスタ「2SC1815」……1個
- 抵抗　10kΩ……1個
- ブレッドボード……1個
- ジャンパー線（オス―メス）……3本
- ジャンパー線（オス―オス）……1本

Raspbery Piで圧電ブザーを鳴動するプログラム

接続したらプログラムを作成して圧電ブザーを鳴らしてみましょう。圧電ブザーの制御は、LEDの点滅制御同様に、GPIOの出力をHIGHまたはLOWに切り替えることでブザーの鳴動を切り替えられます。

次のようにプログラムを作成します。

①圧電ブザーを接続したGPIOの番号を指定します。

②GPIOを出力モードに切り替えます。

③GPIOの出力をHIGHに切り替え、圧電ブザーを鳴らします。その後time.sleep()で3秒間待機してブザーを3秒間鳴らします。

④GPIOの出力をLOWに切り替えブザーを停止します。10秒間待機してから再度ブザーを鳴らすようにしています。

●圧電ブザーを鳴動する

raspi_parts/9-1/buzzer.py

```
import wiringpi as pi
import time

BUZZER_PIN = 23 ①

pi.wiringPiSetupGpio()
pi.pinMode( BUZZER_PIN, pi.OUTPUT ) ②

while True:
    pi.digitalWrite( BUZZER_PIN, pi.HIGH ) ┐
    time.sleep(3) ──────────────────────────┘③

    pi.digitalWrite( BUZZER_PIN, pi.LOW ) ┐④
    time.sleep(10) ────────────────────────┘
```

プログラムが完成したら、右のようにコマンドでプログラムを実行してブザーを鳴らします。

```
sudo python3 buzzer.py Enter
```

Appendix

付録

ここでは、Raspberry Piや電子回路に必要な部品の購入方法や、本書で利用した部品の一覧などを紹介します。また、Raspberry Piの操作に必要なコマンドやパッケージの管理方法、プログラムの基本的な作り方についても紹介します。

Appendix 1 電子工作に必要な機器・部品

Raspberry Piを使う上で必要な機器や部品を紹介します。さらに、電子工作を楽しむための基本的な電子部品について、その機能などについて解説します。

Raspberry Piの入手

Raspberry Piは、秋葉原や日本橋など電子パーツを扱う店舗で扱っています。秋葉原であれば、千石電商や若松通商などで購入が可能です。また、一部の家電量販店でも購入できるようになっています。

オンラインショップでも購入可能です。Raspberry Piを取り扱うオンラインショップを次に示しました。各Webサイトにアクセスし、検索ボックスで「Raspberry Pi」と検索したりカテゴリーからたどったりすることで、商品の購入画面に移動できます。

- **KSY**
  https://raspberry-pi.ksyic.com/
- **Amazon**
  http://www.amazon.co.jp/
- **若松通商**
  http://www.wakamatsu-net.com/biz/
- **スイッチサイエンス**
  http://www.switch-science.com/
- **せんごくネット通販**
  http://www.sengoku.co.jp/
- **ヨドバシ.com**
  http://www.yodobashi.com/

NOTE

個人で購入する場合

Raspberry Piの正規日本代理店はRSコンポーネンツですが、RSコンポーネンツのオンラインサイトは法人向けです。個人で購入する場合は、KSYなどのRSコンポーネンツの代理店から購入します。

Raspberry Piのターゲット価格は、Raspberry Pi 3 Model Bが「35米ドル」となっています。日本国内でRaspberry Piの生産が開始されているため、現在では約5,000円程度で購入できます。

どのモデルを購入したらよいか分からない場合は、高速に動作してネットワークインタフェースや無線LANアダプタなどが備わった「Raspberry Pi 3 Model B」を選択するのが無難です。

本書では、原則としてRaspberry Pi 3 Model Bを使った方法を解説しています。ただし、他のモデルでも動作します。小型のRaspberry Pi Zeroや、無線LANなどの機能を備えたRaspberry Pi Zero Wにも対応しています。

必要な周辺機器の用意

Raspberry Piを購入しても、それだけでは利用することはできません。電源供給を行うACアダプタやディスプレイなどの周辺機器が必要です。必要な周辺機器は次の通りです。

- microUSBケーブル（Aタイプ, micro-B）
- キーボード（USB接続）
- Ethernetケーブル（カテゴリ6）
- HDMIケーブル
- Raspberry Piのケース
- ACアダプタ（USB端子に出力、2A）
- マウス（USB接続）
- ディスプレイまたはテレビ（HDMI端子搭載）
- microSDカード（16Gバイト程度）

このうち注意が必要な周辺機器について説明します。

電源ケーブルとACアダプタ

Raspberry Piを動作させるには電気が必要です。Raspberry Piには電源端子として「microUSB」端子が用意されています。「Power」あるいは「PWM」と記述されているのが電源端子です。ここにmicroUSBケーブルを差し込んで電源を供給します。

接続に利用するmicroUSBケーブルは、一方が「USB（Aタイプ）」になっており、もう一方が「USB（micro-B）」となっているケーブルを選択します。1mのケーブルで約200～500円で購入が可能です。

●microUSBケーブルの一例

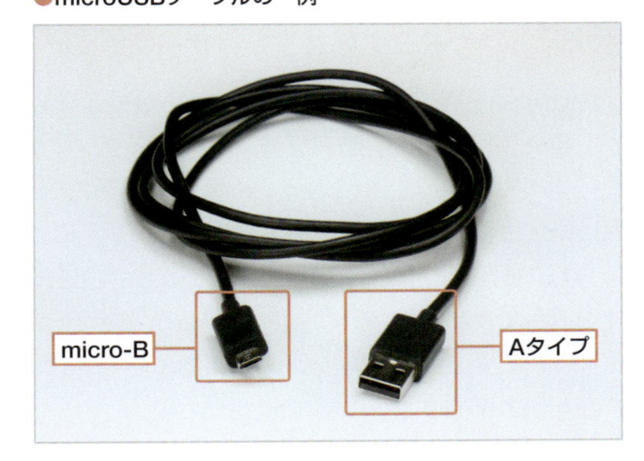

電源を供給するには、コンセントからACアダプタを利用してRaspberry Piで利用可能な電圧まで変換します。電源にはスマートフォンなどで利用されるUSB端子を搭載したACアダプタを利用します。ACアダプタ購入時に注意が必要なのが「出力できる電流」です。「電流」は「提供できる電気の量」を表し、値が多いほど多くの電気を供給できます。2A（2000mA）程度の出力ができるものを用意しましょう。一般的に、2AのACアダプタであれば1,000円程度で購入できます。

ただし、Raspberry Pi 3 Model Bの場合は、処理性能が向上したため消費電力も増えて、処理内容によっては

●ACアダプタの一例

2A以上の電流が必要となることがあります。そこで、2.5Aの電流を出力できるACアダプタを選択すると良いでしょう。

Keyword

ACアダプタ

電気には、常に一定の電圧を保ち続ける「直流」（DC：Direct Current）と周期的に電圧が変化する「交流」（AC：Alternating Current）の2種類の電気の流れ方があります。例えば、直流であれば5Vの電圧が常に供給されます。一方、交流の場合は+5Vと-5Vを周期的に変化します。
家庭用のコンセントからは交流100Vが供給されます。しかし、パソコンやArduinoなどの機器では、直流で動作する仕組みとなっているため、直流から交流へ変換が必要となります。この際利用されるのが「AC/DCコンバータ」（ADC）です。
また、Raspberry Piは5Vの電圧で動作するようになっているため、家庭用コンセントの100Vでは大きすぎます。そこで100Vから5Vに出圧の変換が必要です。
この2つの機能を兼ね備えたのが「ACアダプタ」です。家庭用コンセントからRaspberry Piで利用できる電圧までACアダプタ1つで変換できます。

ディスプレイとディスプレイケーブル

Raspberry Piの操作画面をディスプレイ上に表示するには、HDMI端子が搭載されたディスプレイを準備します。現在市販されているパソコン用ディスプレイやテレビにはHDMI端子が搭載されています。ここに、HDMIケーブルを利用してRaspberry Piを接続することで表示が行えます。なお、Raspberry Pi Zero／Zero Wの場合は端子がmini-HDMIなので、HDMIケーブルにmini-HDMI変換コネクタを接続して使用する必要があります。

もし、ディスプレイにHDMI端子が搭載されていない場合でも、変換ケーブルを利用すれば既存のディスプレイを活用できます。

HDMIの変換ケーブルとして「DVI」や「D-SUB（VGA）」があります。

DVI搭載のディスプレイの場合には、HDMIからDVIに変換するケーブルを利用します。

一方、D-SUBに変換するには、アダプタを経由して信号をHDMIからVGAに変換を行う必要があるため、専用の変換器を利用します。変換器は約2,000円程度で購入可能です。また、信号の変換を行うため、低解像度になったり、画質が落ちる可能性もあります。

●HDMI―DVI変換ケーブルの例

microSDカード

Raspberry Piでは、SDカードを記憶メディアとして利用しています。起動する際にSDカードに保存されているOSを呼び出して利用できるようにしています。現在発売中のRaspberry Pi（Model A+、B+、2、3、Zero、Zero W）はmicroSDカードを使用します。Raspberry Pi Model A、Bは標準サイズのSDカードを使います。

本書で紹介するOSにRaspbianを利用し、電子工作を行う程度であれば、8Gバイトや16Gバイトの容量を選択するようにします。

●microSDカードの例

Raspberry Piのケース

Raspberry Piの必需品ではありませんが、Raspberry Pi用のケースを用意することをおすすめします。Raspberry Piは前述した周辺機器さえあれば、動作させることができます。しかし、Raspberry Pi自体は基板がむき出しの状態になっており、各部品を簡単にさわることができてしまいます。誤って基板にものを落としてしまうと、基板に傷が付いたり、部品が壊れる危険性もあります。

特に電子部品を扱うときには危険性が増します。電子部品は数cm程度の小さく、電導性のある長い端子を備えています。この部品がRaspberry Piの基板の下に入り込んだりすると、思わぬ電気が回路に流れRaspberry Piが停止してしまいます。場合によっては、基板上の部品が壊れる危険性もあります。

Raspberry Piをケースに入れておくとこれらの危険から守ることができます。

ケースはRaspberry Piを販売している店舗の多くで用意しており、1,000円程度で購入可能です。

●Raspberry Pi用ケースの例
（写真は「Piケース Official for Pi3 赤/白 [909-8132]」

https://raspberry-pi.ksyic.com/main/index/pdp.id/131/pdp.open/131

電子パーツとブレッドボード

Raspberry Piは、搭載されたGPIOに電子パーツを接続して動作させるのに利用します。そのため、各種電子パーツが必要となります。例えば、明かりを点灯するLEDや、数字を表示できる7セグメントLED、文字などを表示できる液晶デバイス、物を動かすのに利用するモーター、明るさや温度などを計測する各種センサーなど様々なパーツがあります。これらパーツを動作させたい電子回路によって選択します。

●電子パーツの一例

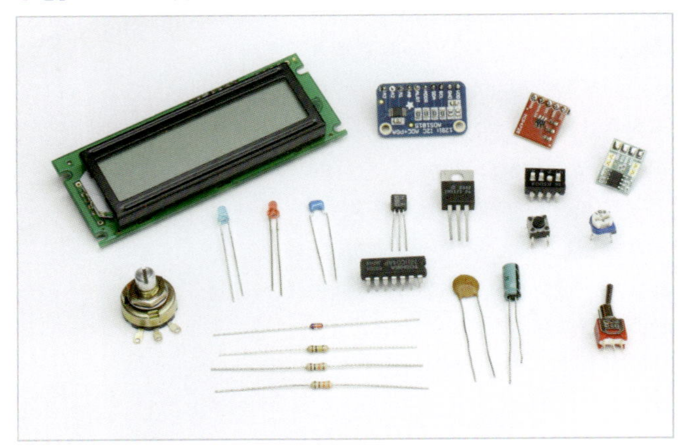

電子部品の購入先

電子部品は、一般的に電子パーツ店で販売しています。東京の秋葉原や、名古屋の大須、大阪の日本橋辺りに電子パーツ店の店舗があります。このほかにも、東急ハンズやホームセンターなどで部品の一部は購入可能です。ただし、これらの店舗では種類が少ないため、そろわない部品については電子パーツ店を頼ることになります。

電子パーツ店が近くにない場合は、通販サイトを利用すると良いでしょう。千石電商（http://www.sengoku.co.jp/）や秋月電子通商（http://akizukidenshi.com/）、マルツ（http://www.marutsu.co.jp/）などは、多くの電子部品をそろえています。また、スイッチサイエンス（http://www.switch-science.com/）やストロベリー・リナックス（http://strawberry-linux.com/）では、表示器やセンサーなどの機能デバイスをすぐに利用できるようにしたボードが販売されています。秋月電子通商やスイッチサイエンスなどでは、液晶ディスプレイなど独自のモジュールやキット製品を販売しています。

簡単に電子回路を作成できるブレッドボードとジャンパー線

電子回路を作成する方法には、「**基板**」と呼ばれる板状の部品に電子部品をはんだ付けを行います。しかし、はんだ付けを行うと部品が固定されて外せなくなります。はんだ付けは、固定的な電子回路を作成する場合に向いていますが、ちょっと試したいといった場合には手間がかかる上、部品の再利用がしにくいので不便です。

この場合に役立つのが「**ブレッドボード**」です。ブレッドボードは、たくさんの穴が空いており、その穴に各部品を差し込んで使います。各穴の縦方向に5～6つの穴が導通しており、同じ列に部品を差し込むだけで部品が導通した状態になります。

ブレッドボードの中には、右下の図のように上下に電源とGND用の細長いブレットボードが付いている商品も販売されています。図の商品では、横方向に約30個の穴が並んでおり、これらがつながっています。電源やGNDといった多用する部分に利用すると良いでしょう。

様々なサイズのブレッドボードが販売されていますが、まずは30列のブレッドボードを購入すると良いでしょう。1列10穴（5×2）が30列あり、電源用ブレッドボード付きの商品であれば、200円程度で購入できます。また、多数の部品を使って電子回路を作成する場合は、より大きなブレッドボードを選択するようにします。例えば、63列のブレッドボードは約300円で購入できます。

接続していない列同士をつなげるのに「**ジャンパー線**」を利用します。ジャンパー線は両端の導線がむき出しになっており、電子部品同様にブレッドボードの穴に差し込めます。

●手軽に電子回路を作れる「ブレッドボード」

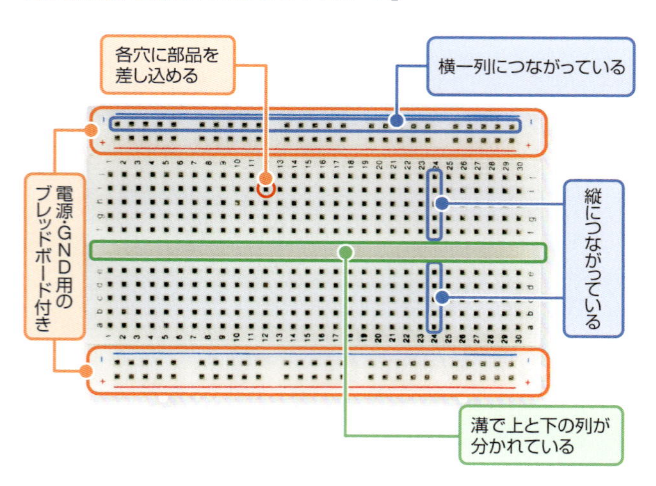

ジャンパー線の端子部分はオス型とメス型が存在します。ブレッドボードの列同士を接続するには両端がオス型のジャンパー線を利用します。また、Raspberry PiのGPIO端子はオス型なので、一方がメス型のジャンパー線を利用します。

オス—オス型、オス—メス型のジャンパー線をそれぞれ20から30本程度あれば十分です。例えば、千石電商では10cm～25cmのオス—オス型ジャンパー線（65本入り）が700円、12.5cmのオス—メス型ジャンパー線（50本入り）が570円で購入可能です。

●ブレッドボード間の列やRaspberry Piのソケットに接続する「ジャンパー線」

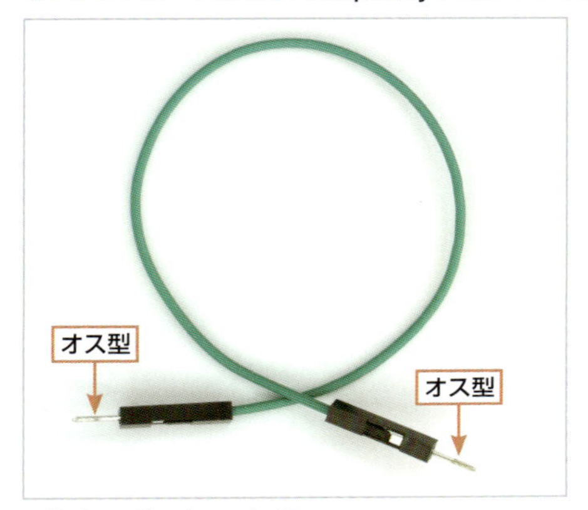

両端がオス型のジャンパー線

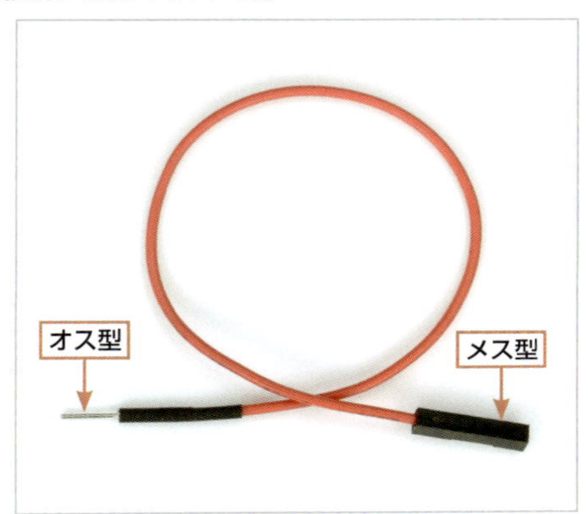

一方がオス型、もう一方がメス型のジャンパー線

Keyword

オス型とメス型

電子部品では、穴に差す形式の端子を「オス型」、穴状になっている端子を「メス型」と呼びます。

電圧や電流を制御する「抵抗」

電子回路の多くで利用される電子パーツとして「**抵抗**」があります。抵抗は、使いたい電圧や電流を制御するために利用する部品です。例えば、回路に流れる電流を小さくし、部品が壊れるのを抑止したりできます。

抵抗は1cm程度の小さな部品です。左右に長い端子が付いており、ここに他の部品や導線などを接続します。端子に極性はなく、どちら向きに差し込んでも動作できます。

●電圧や電流を制御する「抵抗」

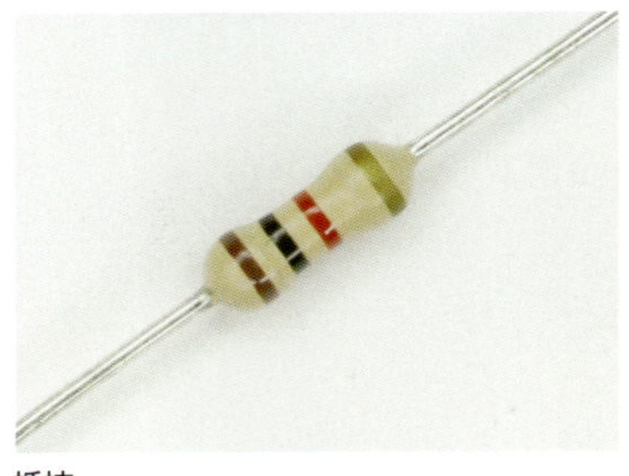
抵抗

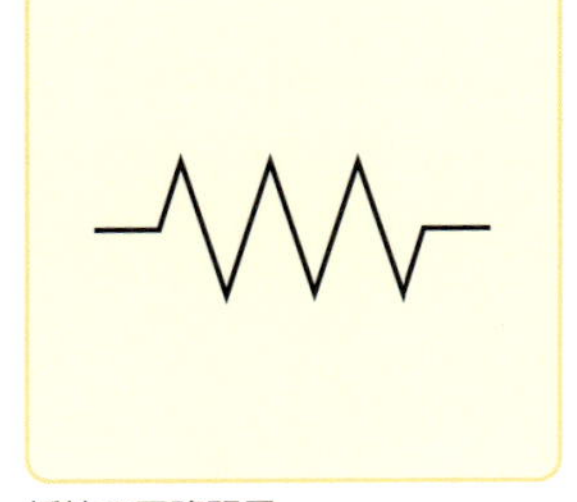
抵抗の回路記号

抵抗は使われている材料が異なる商品が存在し、用途に応じて使い分けます。電子回路で利用する場合、通常

はカーボン（炭素皮膜）抵抗でかまいません。なお、抵抗の単位は「**Ω（オーム）**」で表します。

抵抗は1本5円程度で購入できます。また、100本100円程度でセット売りもされています。

抵抗は本体に描かれている帯の色で抵抗値が分かります。それぞれの色は次のような意味があります。

●抵抗値の読み方

帯の色	それぞれの意味			
	1本目	2本目	3本目	4本目
	2桁目の数字	1桁目の数字	乗数	許容誤差
黒	0	0	1	—
茶	1	1	10	±1%
赤	2	2	100	±2%
橙	3	3	1k	—
黄	4	4	10k	—
緑	5	5	100k	—
青	6	6	1M	—
紫	7	7	10M	—
灰	8	8	100M	—
白	9	9	1G	—
金	—	—	0.1	±5%
銀	—	—	0.01	±10%
色無し	—	—	—	±20%

1本目と2本目の色で2桁の数字が分かります。これに3本目の値を掛け合わせると抵抗値になります。例えば､「紫緑黄金」と帯が描かれている場合は、右のように「750kΩ」と求められます。

4本目は抵抗値の誤差を表します。誤差が少ないほど精密な製品であると判断できます。前述した例では「金」であるため、「±5%の誤差」（±37.5kΩ）が許容されています。つまり、この抵抗は「787.5～712.5kΩ」の範囲であることが分かります。

●抵抗値の判別例

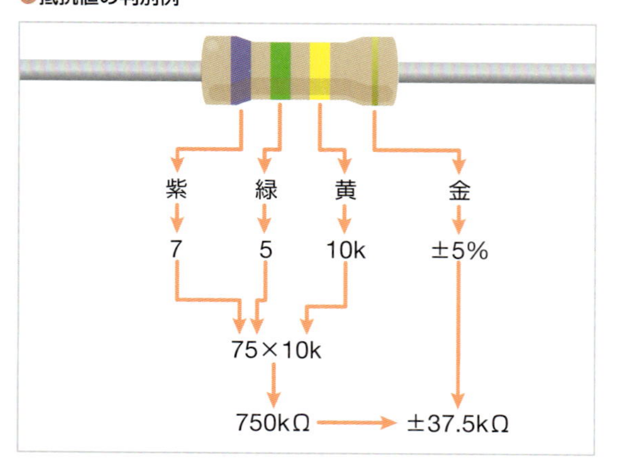

Appendix 2

はんだ付け

電子工作では、導線を接続したり、基板に部品やヘッダピンを取り付けたりするのに「はんだ付け」をします。はんだ付けの手順や注意点について説明します。

部品や導線を取り付ける「はんだ付け」

ブレッドボードを利用すると、部品を差し込むだけで電子回路を作成できます。しかし、ブレッドボードを使った電子回路は容易に部品が外れてしまうこともあり、本格的な運用には向きません。通常は、ユニバーサール基板や回路を印刷したプリント基板などに部品や導線を取り付けて運用します。

購入した電子部品によっては、出荷時点ではヘッダピンが取り付けられておらず、ユーザーが自分でヘッダピンの取り付けをする必要があるものがあります。モーターなどは、ブレットボードに差し込めないため、端子に導線を溶接して回路を接続する必要があります。

このように、電子部品などを取り付ける際に「**はんだ付け**」は欠かせません。はんだ付けは、200度程度で溶ける金属「**はんだ**」を、高温になる「**はんだごて**」で加熱して取り付けたい場所に流し込み、冷やして固め、部品などを固定させることです。

はんだ付けに必要な機器

はんだ付けをするには、「**はんだ**」「**はんだごて**」「**はんだごて台**」の3つが必要です。

●はんだ

●電子工作用のはんだの例

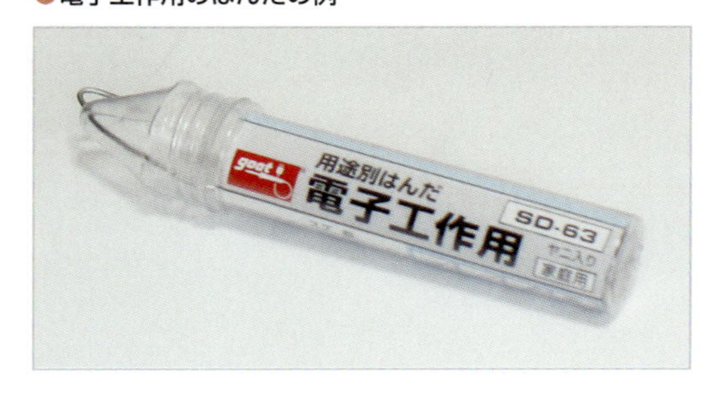

「**はんだ**」は部品を取り付けるために溶かし込む材料です。いわば接着剤のような役割をします。はんだにはいくつかの種類があります。取り付ける素材によって、利用するはんだが異なります。電子工作で使用するのであれば、「電子工作用」などと記載されたはんだを選択しましょう。電子工作用は約200度程度で溶かすことが可能です。

はんだには「**ヤニ入り**」と「**ヤニ無し**」の2種類があります。ヤニ入りは、はんだの中に松ヤニが入っており、部品同士が引っ付きやすくなっています。一方、ヤニ無しは松ヤニが入っておらず、部品が引付きにくくなっています。ヤニ無しはんだを使う場合には、一般的に「**フラックス**」と呼ぶ補助剤使ってはんだ付けをします。通常は「ヤニ入り」はんだを選択してください。

はんだは電子パーツ販売店で販売されています。3m程度であれば約400円で購入可能です。

●はんだごて

●電子工作用のはんだごての例

はんだを溶かすのに利用するのが「**はんだごて**」です。はんだごては製品によって加熱可能な温度が異なります。使用するはんだの種類によって、はんだごてを選択します。

電子工作の場合は、約500度まで加熱できる「30W」のはんだごてを選択します。これよりも加熱可能な温度が低いはんだごてを使うと、はんだが溶けない恐れがあります。逆に可能温度が高いはんだごてを使うと、はんだをすぐに溶かすことができますが、短時間で作業を終了しないと電子部品が壊れてしまう恐れがあります。

はんだごては、加熱するこて先を変更できるようになっています。細かいはんだ付けをする場合には細いこて先に変更します。通常は、はんだごてに標準で付属してあるこて先を使って問題はありません。

はんだごては、30Wの入門用であれば約1,000円程度で購入できます。

NOTE

効率のよいはんだごて

熱の効率がよいはんだごては、消費電力が低くても高温に加熱できる商品もあります。詳しくは、各商品の仕様に記載されている温度を参照してください。

●はんだごて台

●はんだごて台の例

はんだごては高温になるため、そのまま机などに置くと焦げてたり溶けたりしてしまいます。

そこで、はんだごてを置く「**はんだごて台**」を用意しておきます。はんだごて台にはスポンジが付いています。スポンジを水で濡らしておき、ここにはんだごてのこて先をすりつけることで、こて先をきれいにできます。

はんだごて台は、簡易型の商品であれば約300円、しっかりした商品であれば約1,000円で購入できます。また、はんだごて台にクリップや虫眼鏡が付いている商品もあります、

はんだ付けをする

1 はんだごて台のスポンジを水で濡らしておきます。はんだごてをはんだごて台に乗せてから、はんだごてをコンセントに差し込みます。はんだごては1分程度で加熱し、はんだ付けができる状態になります。

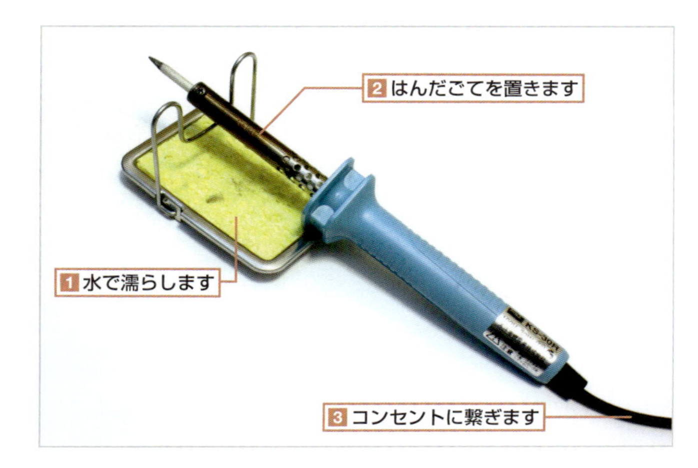

2 基板などに、取り付けたい部品を差し込みます。この際、部品が動かないよう十分固定しておきます。例えば、抵抗のような長い端子を備える部品であれば、端子を曲げて固定します。固定できない部品の場合は、はんだ付け用の固定クリップ台を用いたり、マスキングテープなどを用いて固定するとよいでしょう。

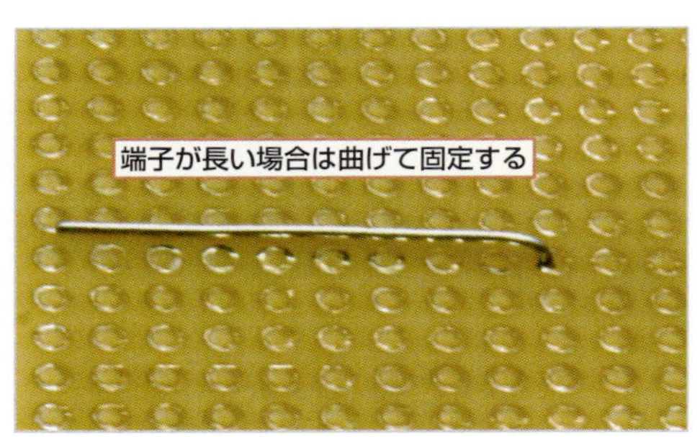

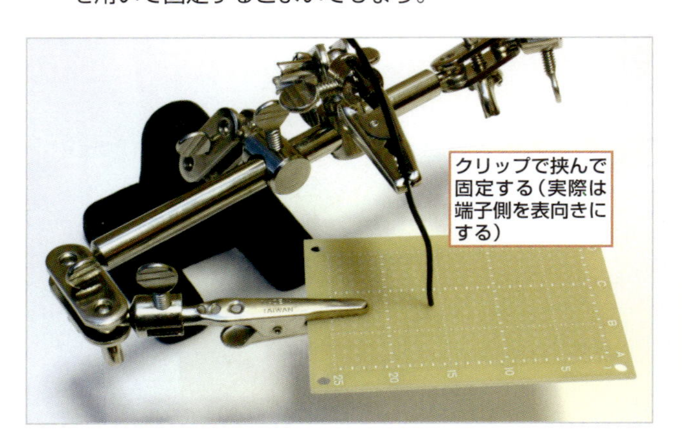

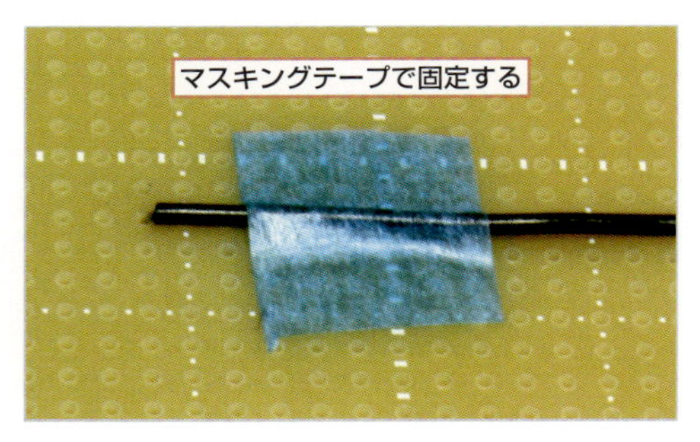

3 はんだごてを利き手で持ちます。グリップの部分を鉛筆のように持ちます。逆の手にははんだを5cm程度伸ばして持ちます。

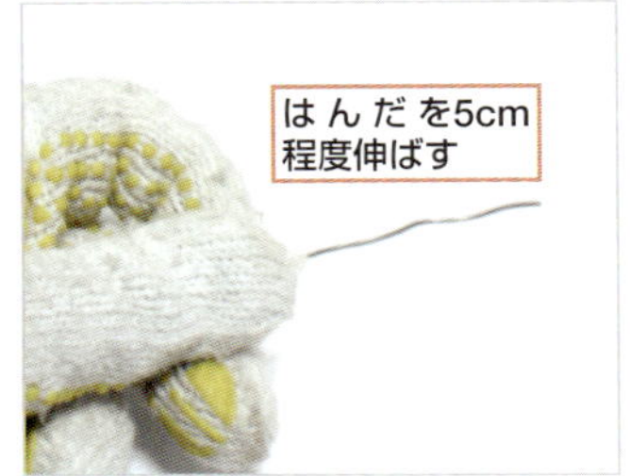

4 はんだ付けする部品の金属部分をはんだごてのこて先を当てて加熱します。

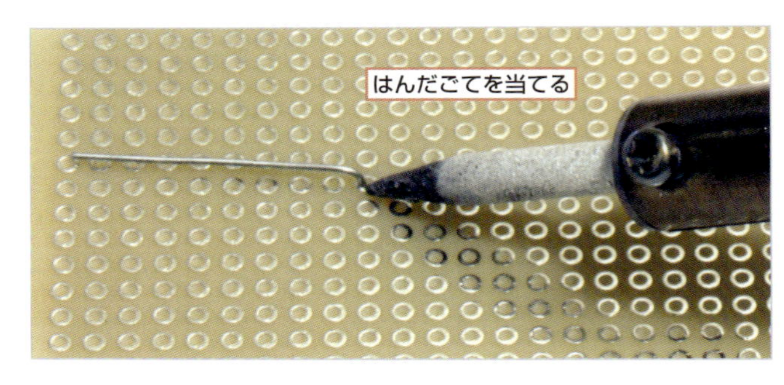

5 2秒程度加熱したら、はんだを取り付ける部品に押しつけます。この際、はんだごてのこて先に直接はんだがくっつかないようにします。

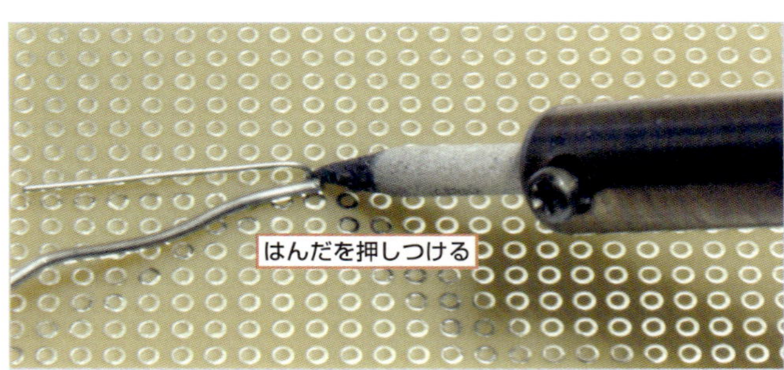

6 十分はんだが溶けたら、はんだ➡はんだごての順に離します。離す順番が逆だと、はんだが固まって離れなくなります。

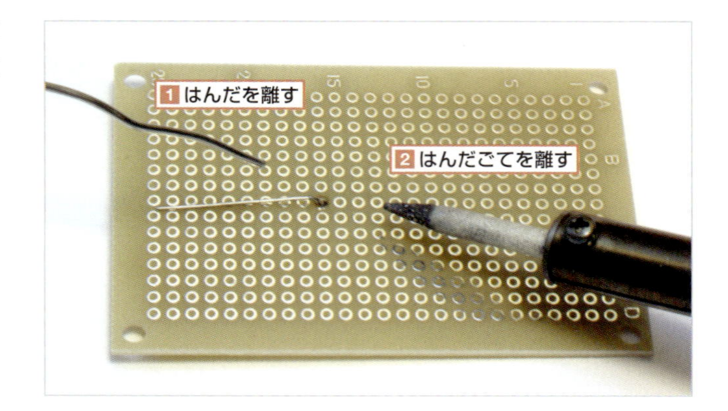

7 はんだが「富士山」のような形状をしていれば、きれいにはんだ付けができています。軽く部品を動かしてみて、はんだ付けした部分が動くようであれば正しくはんだ付けがされていません。再度はんだ付けをします。
なお、**4**から**7**の手順は10秒以内で完了するようにしましょう。これは、電子部品によっては熱に弱く、長時間加熱すると壊れてしまう恐れがあるためです。

●良いはんだ付けの例

富士山型になっている

●悪いはんだ付けの例

はんだが少ない

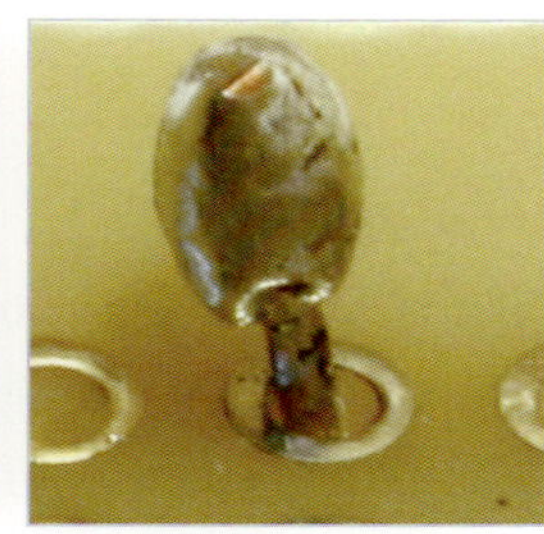

はんだが基板に付いていない

はんだが多すぎる

8 部品の端子が余っている場合は、ニッパーを使って切り取ります。

NOTE

はんだを取り除きたい場合

はんだを多く流し込んでしまったり、隣の端子まで一緒にはんだ付けしてしまった場合には、余分なはんだを取り除きます。「**はんだ吸い取り線**」や「**はんだクリーナー**」といった商品を使うとはんだを取り除けます。
はんだ吸い取り線を使う場合は、除去したい部分にはんだ吸い取り線を当て、その上からはんだごてを押しつけます。すると、溶けたはんだがはんだ吸い取り線に浸透し、余分なはんだを除去できます。

●はんだを除去できるはんだ吸い取り線の例

Appendix 3 電子回路への給電について

Raspberry PiのGPIO端子を通じて電子部品へ電気を送ることで、電子回路を動作させられますが、供給できる電流には限度があります。制限以上の必要な部品を利用する場合は、別途電子回路へ電気を供給する必要があります。

Raspberry PiのGPIOの制限

Raspberry PiのGPIOを出力モードにすれば、3.3Vの電圧を出力して電子部品をを動作できます。例えば、LEDを直接GPIOへ接続すれば、出力を切り替えることでLEDの点灯や消灯することが可能です。

しかし、Raspberry PiのGPIOでは、流せる電流が決まっています。1つのGPIOに対して16mAまでの電流が流せます。LEDのような10mAも流さない部品であれば問題なく動作できますが、モーターのように数百mAも流れる電子部品を接続しても、動かすことはできません。また、過電流が流れるとRaspberry Pi自体が壊れる恐れがあります。

●1つのGPIOに流せる電流の制限

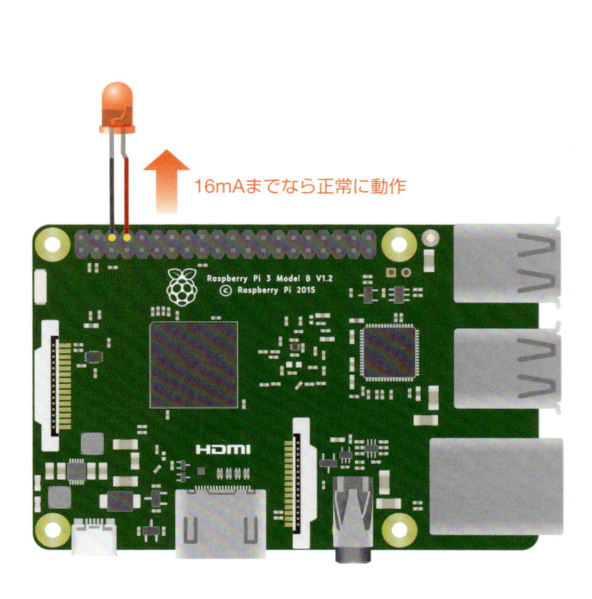

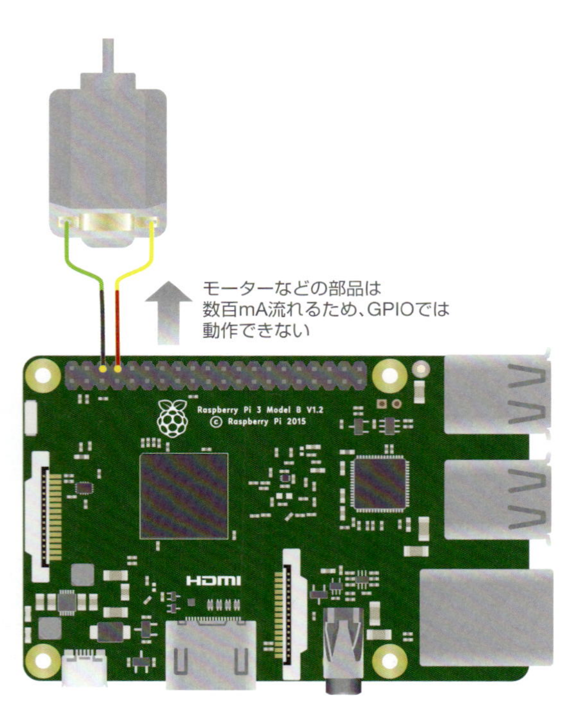

GPIOの全体について流せる電流も決まっています。すべてのGPIOに流れる電流の総和は50mA以下である必要があります。10mAの流れるLEDを複数点灯したい場合でも、6個同時に点灯させようとすると、60mAと過電流になってしまいます。

●すべてのGPIOに流せる電流の制限

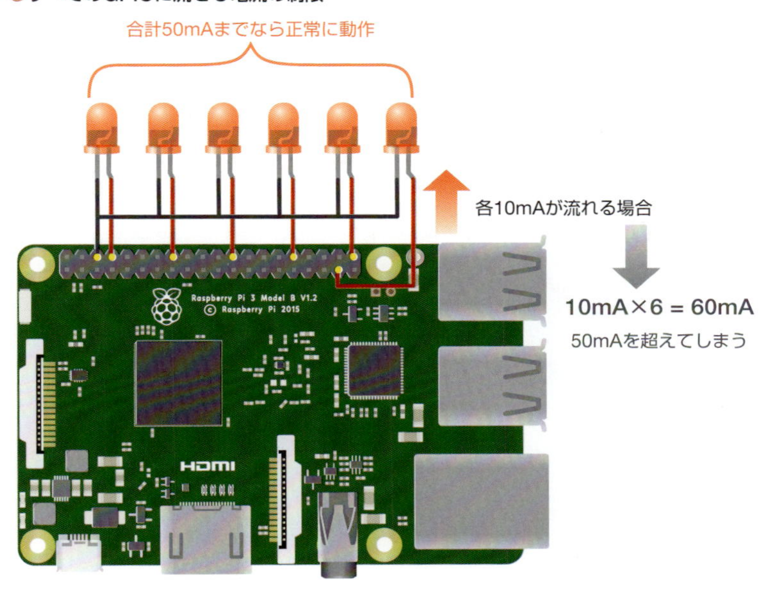

また、Raspberry Pi自体にも電力定格が決まっており、Raspberry Piに流せる最大電流が決まっています。Raspberry Pi 2は2A、Raspberry Pi 3は約2.5Aとなっています。これを上回る電流が流れると、搭載されているヒューズが給電を遮断し、Raspberry Piが壊れるのを防ぎます。

電力定格は、Raspberry Pi本体を動作させる電力だけでなく、Raspberry Piに接続されているUSBデバイスの電力や、作成した電子回路で消費する電力に対しても制限されます。つまり、電子回路だけでなく接続したUSBデバイスをたくさん接続したり、画像処理のような重い処理をするなどすると、消費電力が大きくなり、流れる電流の条件を超えてしまいます。こうなると、Raspberry Piは強制的に再起動してしまいます。Raspberry Piには電力消費の大きな機器を接続するのを避けたり、給電機能を搭載するUSBハブなどを利用して電子回路に供給できる電力を確保するといった工夫をすることで、突然の再起動を回避できます。

別のルートから電子回路へ電気を供給する

Raspberry Piの供給する電気だけでは電子回路を動かせない場合は、他のルートから電気を直接電子回路へ供給するようにします。例えば、電池やACアダプタを電子回路へ接続して供給します。

別途電源を用意すれば、Raspberry Piからの流れる電流が少なくなるため、Raspberry Piが突然再起動してしまったり壊れてしまう危険性がなくなります。

●電子回路に外部から電力を供給する

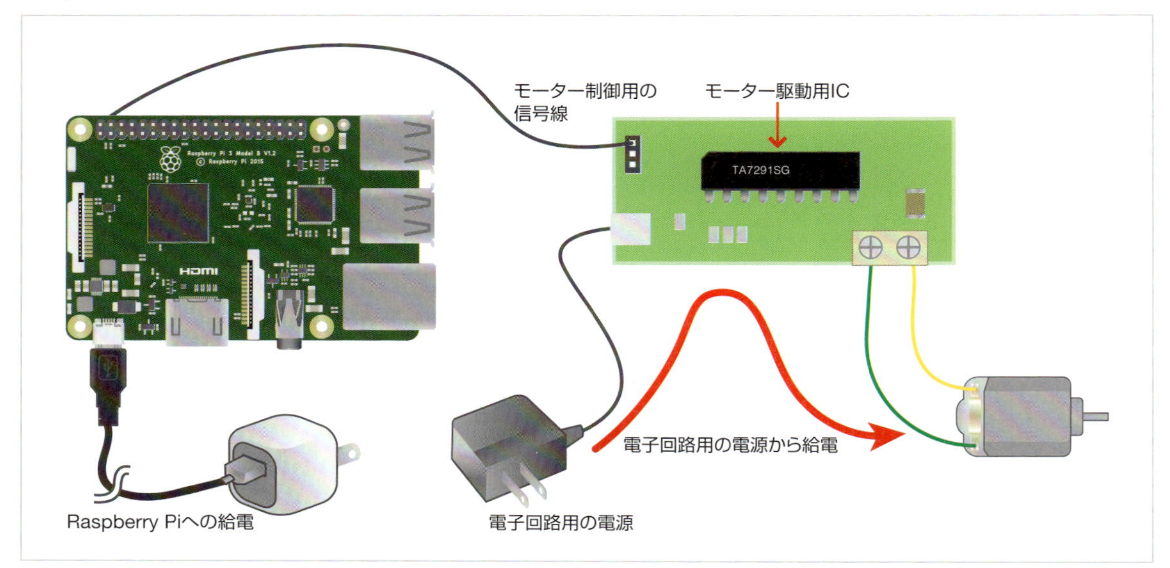

この際、別途供給している電源からRaspberry Piへ電気が流れ込まないように注意します。例えば、別途9Vの電池を接続すると、Raspberry PiのGPIOとの電圧に差が生じてしまうため、そのまま接続するとRaspberry Piに電流が流れ込んでしまいます。流れ込んだ電流によってRaspberry Piが壊れてしまう恐れもあります。

そこで、別の電源を接続した場合は、トランジスタやFET、各種ドライバーICなどを利用してRaspberry Piに電流が流れないようにします。

●外部電源で動作する電子回路をRaspberry Piから制御する部品例

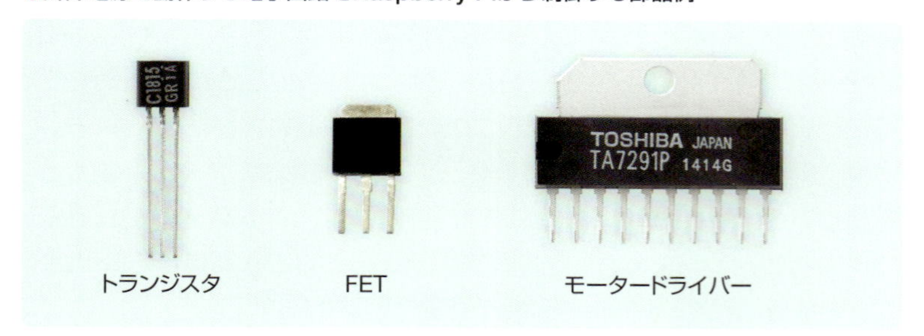

NOTE

トランジスタやモータードライバーの使い方

トランジスタの使い方についてはp.79、FETの使い方についてはp.135、モータードライバーの使い方についてはp.148を参照してください。

Appendix 付録

Appendix 4 コマンド操作とテキスト編集

Raspberry Piの設定変更や管理、プログラムの作成などを行うには、コマンド操作やテキストファイルの編集が必要となります。コマンド操作に利用する端末アプリと、テキストファイルを編集するテキストエディタの使い方を紹介します。

端末アプリでコマンド操作を行う

Raspberry PiのOSである**Raspbian**には、WindowsやmacOSのようにグラフィカルな画面で操作できる「**デスクトップ環境**」が用意されています。ファイル管理やアプリの実行などを直感的な操作で行えます。

一方で、Raspbianの設定などは「**コマンド**」を実行して行います。コマンドは、ユーザーが操作するキーボードで入力します。コマンド実行結果は文字列で表示されます。

コマンド操作には様々な方法がありますが、デスクトップ環境上では主に「**端末アプリ**」を利用します。Raspberry Pi上でプログラムを作成する際に、他のプログラムソースや参考になるWebサイトを閲覧しながら作成できるなど、デスクトップ環境上で端末アプリを利用してコマンド操作をするのが便利です。

端末アプリの起動には、デスクトップ画面左上のメニューアイコンをクリックして「アクセサリ」➡「**LXTerminal**」を選択します。ウィンドウ内にコマンドプロンプトが表示され、コマンドが実行できるようになります。

●端末アプリの起動

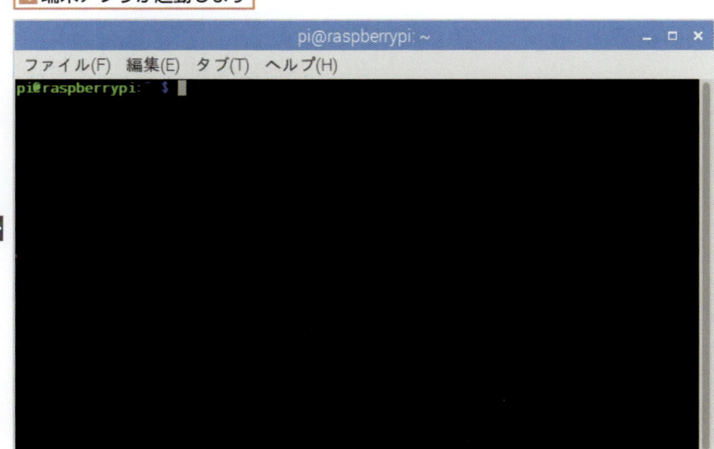

POINT

「コンソール」でのコマンド操作

端末アプリのほかに「**コンソール**」でコマンド操作する方法があります。コンソールは、デスクトップ環境を使わずに画面全体を文字だけで表示して操作する方法です。表示されるコマンドプロンプトの後に実行したいコマンドを入力しながら操作します。
デスクトップ環境からコンソールに切り替えるには、デスクトップ環境上でCtrlとAltキーを同時に押した状態で、F1からF6のいずれかのキーを押します。F2からF6の場合は「login:」と表示されるので、ログインしたいユーザー名とパスワードを入力することで操作が可能となります。F1の場合はログイン状態（初期状態であればpiユーザー）でコンソールが表示され、直接コマンドプロンプトが表示されます。これでコマンド実行が可能です。
デスクトップ画面に戻るには、CtrlとAltキーを押した状態でF7キーを押します。
また、デスクトップ環境を起動せずに、コンソール画面を表示することもできます。設定は、をクリックして「設定」➡「Raspberry Piの設定」を選択します。「システム」タブにある「ブート」を「CLI」に切り替えて再起動します。
また、コンソール画面で起動した場合も、「startx Enter」と入力することでデスクトップ環境を起動できます。

テキストエディタでのテキスト編集

NOTE

システムの設定ファイルの編集

システム環境の設定ファイル編集には、管理者権限が必要です。p.269で解説します

Raspberry Piで動作させるプログラムの作成や、Raspbianやインストールアプリの設定ファイルの編集などにテキストエディタを使用します。テキストエディタは、デスクトップ環境（GUI）、コンソールや端末アプリ環境（CUI）のそれぞれに用意されています。

本書では、GUI用テキストエディタは「**Leafpad**」を使用して解説します。をクリックして「アクセサリ」➡「**Text Editor**」の順に選択するとLeafpadが起動します。

編集するテキストファイルを開くには、Leafpadの「ファイル」メニューから「開く」を選択します。あとは、一般的なテキストエディタ同様に編集作業できます。

●GUIテキストエディタ（Leafpad）の起動

一方、CUI環境でテキスト編集する場合は「**nano**」を使用して解説します。

ファイル編集は、「nano」コマンドの後に編集するファイル名を指定して行います。ここでは、カレントフォルダ（現在作業中のフォルダ）内の「python_games」フォルダ内にある「wormy.py」を編集する例で説明します。「cd」コマンドでpython_gamesフォルダへ移動した後、nanoコマンドに続けてwormy.pyを指定して実行します。あるいは、ファイルをパスで指定して実行しても構いません。この例を相対パスで指定すると「python_games/wormy.py」となります。

●CUIテキストエディタ（nano）でのテキストファイル編集

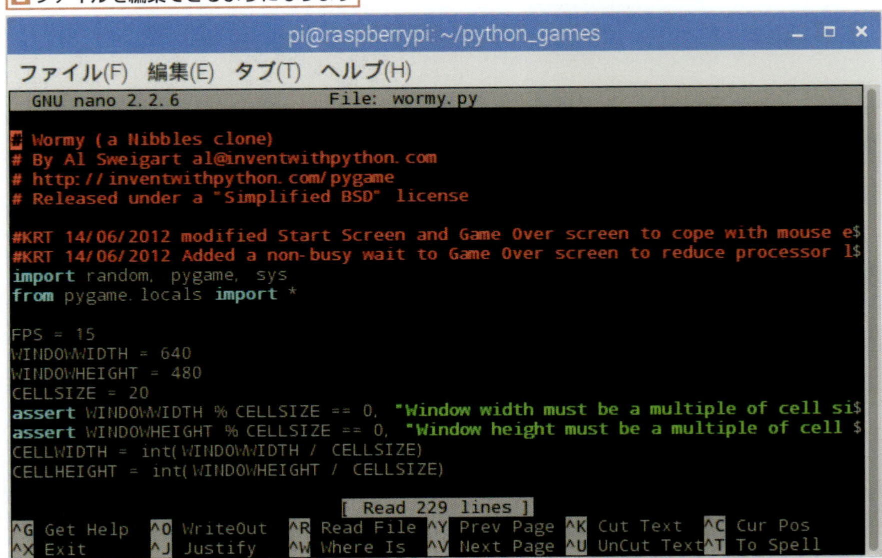

NOTE

パス（path）で指定する

例ではテキストファイルがあるフォルダへ移動してテキストエディタを起動していますが、編集するテキストファイルを「**パス（path）**」で指定してもかまいません。先の例であれば次のように実行します。

```
nano python_games/wormy.py Enter
```

ファイルが編集状態になったら、カーソルキーでカーソルを移動させ、文字の編集や削除などを行います。

ファイル編集が終了したら、変更内容を保存します。Ctrl + X キーを押すと保存します。保存を実行するか否か確認を促されるので、「y」と入力します。保存先を尋ねられるので、編集ファイルを上書きする場合はそのまま Enter キーを押し、別ファイルで保存する場合はファイル名を指定します。

なお、変更内容を保存しない場合は、Ctrl + X キーを押して「n」と入力するとnanoを終了します。

●編集内容の保存

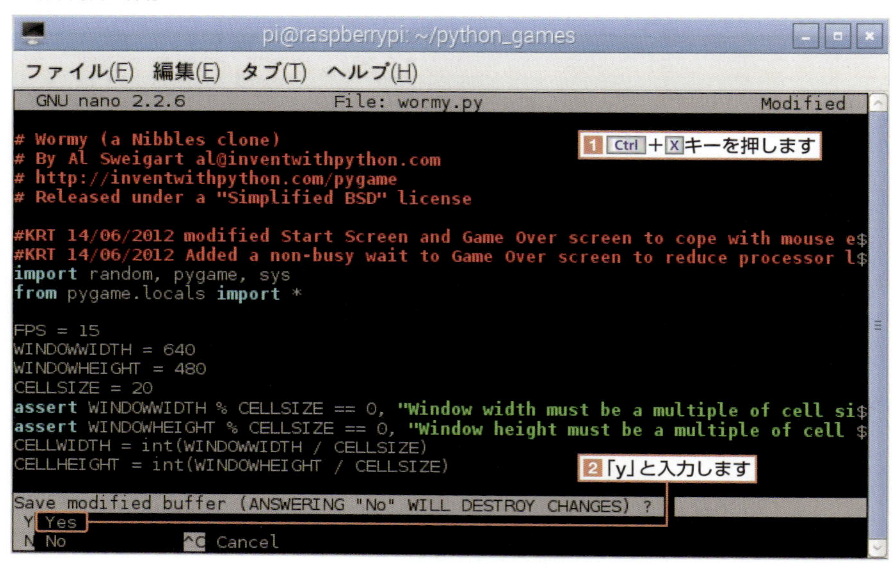

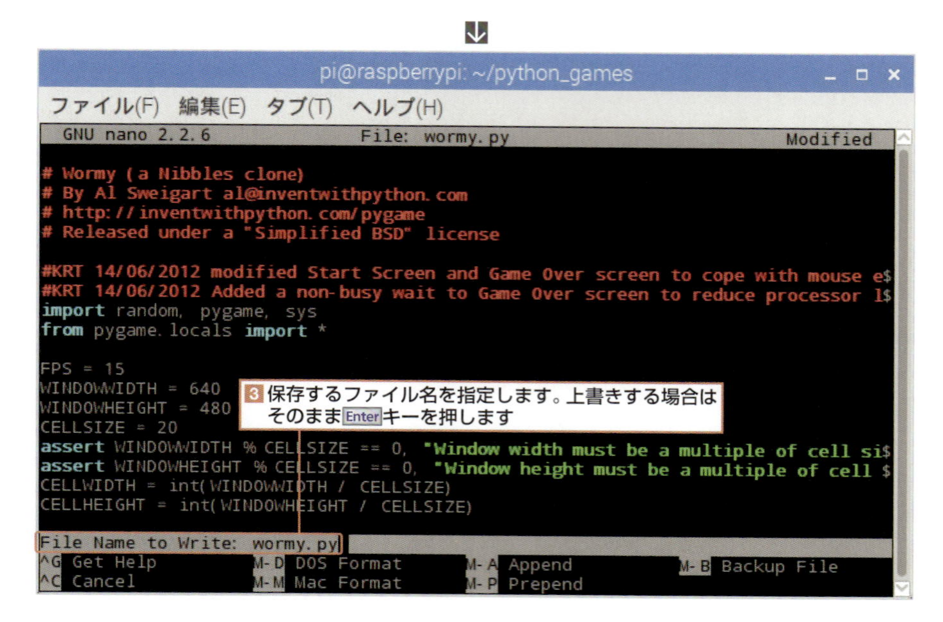

POINT

文字列の検索

長いテキストファイルの場合、変更したい場所がどこにあるか探し出すのに手間がかかります。この場合は文字列の検索機能が利用できます。
検索を行うにはCtrl＋Wキーを押します。次に検索したい文字列を入力してEnterキーを押します。すると、カーソルの位置から一番近い文字列の場所にカーソルが移動します。さらに同じ文字列で検索を行う場合は、Ctrl＋Wキーを押してから何も入力しないでEnterキーを押します。

NOTE

他のテキスト編集コマンド

nanoコマンド以外にも、テキスト編集を行えるコマンドが用意されています。特に「vi」と「emacs」コマンドはLinux やUNIXで古くから利用されており、これらはRaspbianでも使用できます。ただし、コマンドによって操作方法が異なりますので、利用する場合は自身で調べて利用してください。

「管理者権限」での実行（sudoコマンド）

Raspbian起動時に「ユーザー名」と「パスワード」を入力したことからも分かるように、Linuxはマルチーユーザー OSです。デフォルトユーザー「pi」は一般ユーザーで、システムのセキュリティ保護のため、実行できる権限が制限されています。

piのような一般ユーザーの他に、Linuxには「**管理者権限**」を持った特別なユーザー（「**ルート**」「**スーパーユーザー**」などともいいます）があります。管理者には、システムやサーバーなどの設定を変更する権限が与えられています。

例えば、システムのユーザーパスワードが保存されているファイル（/etc/shadow）を一般ユーザー（pi）権限で（tailコマンドで）表示しようとすると、「許可がありません」とエラーが表示され、ファイルの内容を表示できません。

権限がなくて利用できないファイルを扱うには、管理者権限への昇格が必要です。

Raspbianで一般ユーザーが管理者権限へ昇格してコマンドを実行するには「**sudo**」コマンドを利用します。sudoの後に管理者権限で実行したいコマンドを指定します（右では「sudo tail /etc/shadow」と実行）。

●権限がないファイルは表示できない

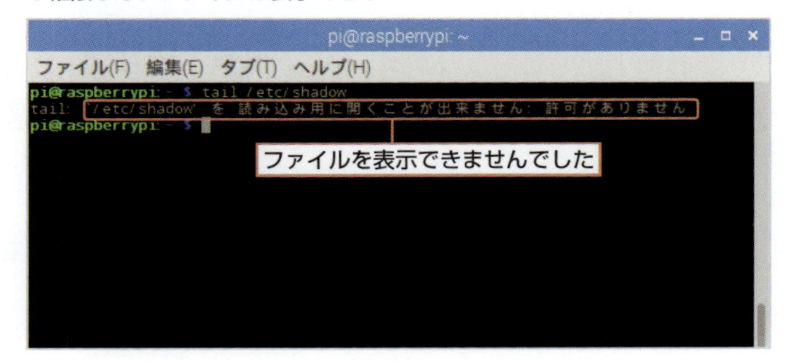

●管理者権限でコマンドを実行する

```
$ sudo 実行するコマンド Enter
```

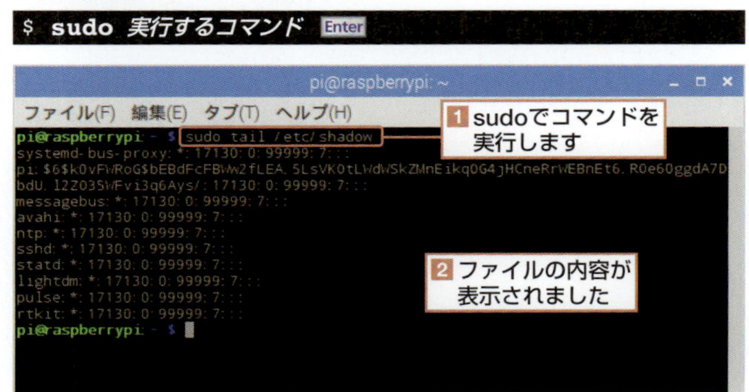

システムの設定ファイルのように、編集に管理権限が必要なファイルを編集する場合は、sudoコマンドでテキストエディタを起動して編集します。

GUI環境であれば、「Leafpad」テキストエディタを使用します。端末アプリで、右のようにsudoコマンドを用い、編集するファイルを指定して編集します。

●GUI環境でテキストエディタを使用する場合

```
$ sudo leafpad /etc/hosts Enter
```

CUI環境であれば、同様に「nano」テキストエディタを利用します。

●CUI環境でテキストエディタを使用する場合s

```
$ sudo nano /etc/hosts Enter
```


管理者権限でのテキストファイルの編集・保存方法は、一般ユーザーと同じです。

POINT

一般ユーザーを管理者権限に切り替えて実行する

権限昇格が可能なsudoは、sudoが利用できるユーザー（sudoers）に登録されているユーザーのみが利用できるコマンドです。初期登録ユーザーであるpiは、初期状態でsudoersに登録されています。

POINT

管理者権限でコマンドを実行し続ける

セキュリティ上の安全性を重視して、本書では管理者権限への昇格が必要な作業は、基本的にsudoコマンドをその都度実行して作業するように解説しています。もし、管理者権限でコマンドを連続して実行する場合は、オプションに「-s」を付与することでシェルが管理者で実行され、この後の「sudo」を指定する必要がなくなります。

```
$ sudo -s Enter
```

コマンドプロンプトが「#」に変更し、以降コマンドを管理者権限で実行できます。管理者権限から一般ユーザーへ戻るには、次のように実行します。

```
# exit Enter
```

Appendix 5

パッケージの管理

Raspberry Piで利用しているRaspbianでは、Debianのパッケージを利用できます。Debianでは数万に及ぶパッケージが用意されており、自由に選択してインストールできます。

パッケージ管理システムとは

Raspbianを始め、DebianベースのLinuxディストリビューションでは、アプリを「**deb**」というパッケージ方式で配布しています。パッケージとは、アプリの実行に必要なファイルや情報を格納したものです。パッケージ管理システムを利用してインストールすることでアプリを利用できます。

パッケージ管理コマンド

Raspbianでは、コマンドでパッケージを管理するAPTコマンドが用意されています。APTコマンドを使用すると、対象パッケージの検索、パッケージのインストール・削除・アップデートなどといった操作が可能です。パッケージを管理するには、端末アプリを利用します。デスクトップ画面左上のメニューアイコンをクリックして「アクセサリ」➡「LXTerminal」を選択して起動します。

パッケージ情報をサーバーから取得する（apt update）

APTコマンドでパッケージのインストールを行う際などに、「サーバー上にどのパッケージが存在するか」といった情報をあらかじめ取得する必要があります。Raspberry Pi上にこの情報がなかったり、情報が古かったりすると、インストールしたいパッケージが見つからないなどといった問題が生じます。

パッケージ情報を取得して更新するには、管理者権限が必要です。sudoコマンドに続けて、aptコマンドの後に「update」サブコマンドを指定して、次のように実行します。

```
$ sudo apt update Enter
```

パッケージ情報は時間が経つと更新されます。ATPを操作してからしばらく時間が経過したら、再度「apt update」を実行するようにしましょう。

パッケージをインストールする（apt install）

パッケージをインストールするには「apt」コマンドに「install」サブコマンドを指定します。

インストールは管理者権限で実行する必要があるので、「sudo apt install」の後に、インストールするパッケージ名を指定します。

```
$ sudo apt install パッケージ名
```

例えば、iceweaselをインストールするには、次のようにコマンドを実行します。実行後、インストールするかYes ／ Noで尋ねられるので「y Enter」と入力します。これで、必要なパッケージがダウンロードされ、Raspberry Piにインストールされます。


```
$ sudo apt install iceweasel Enter
```

「-y」オプション

「sudo apt -y install iceweasel」のように、「-y」オプションを付けて実行すると、問い合わせがあった場合にすべて「Yes」を選択して実行します。

パッケージを削除する（apt remove）

パッケージを削除するには、「apt」コマンドに「remove」サブコマンドを用います。管理者権限で「apt remove」に続けて削除するパッケージ名を指定します。

```
$ sudo apt remove パッケージ名
```

例えば、iceweaselを削除するには次のように実行します。削除するか尋ねられるので、「y [Enter]」と入力します。これで、パッケージがRaspberry Piから削除されます。

```
$ sudo apt remove iceweasel Enter
```

パッケージをアップデートする（apt upgrade）

不具合の修正や新機能追加などでアプリケーションが更新された場合、パッケージのアップデートを行いましょう。

パッケージのアップデートは、管理者権限で「apt」コマンドに「upgrade」サブコマンドを用いて実行します。

```
$ sudo apt upgrade パッケージ名
```

「apt upgrade」の後にパッケージ名を指定しないで実行すると、システムにインストールされた全パッケージを対象にアップデートを開始します。更新パッケージの一覧が表示されます。更新して良い場合は、「y Enter」と入力します。

```
$ sudo apt upgrade [Enter]
```

システムをアップグレードした場合

システム全体のアップグレードを実行した場合、本書で解説している内容と異なることがあります。アップグレードに伴う補足情報は本書サポートページで随時公開します。

POINT

GUIアプリを使ってアプリを管理する

aptコマンドを使ってパッケージの管理が行えます。しかし、コマンド操作が慣れないユーザーにとっては、パッケージ管理がしにくいかもしれません。この場合は、GUIのパッケージ管理ツールの「Synaptic」を利用することで、マウスを使ってパッケージの導入などの操作を行えます。

Synapticを利用するには、apt-getコマンドでパッケージをインストールしておく必要があります。以下のように実行してインストールを行います。

```
$ sudo apt install synaptic [Enter]
```

インストールが完了したら、メニューの「設定」➡「Synapticパッケージマネージャ」を選択します。するとパスワードを尋ねられるので、「pi」ユーザーに設定したパスワードを入力します。これで、Synapticが起動します。

●グラフィカルなパッケージ管理ツールの「Synaptic」

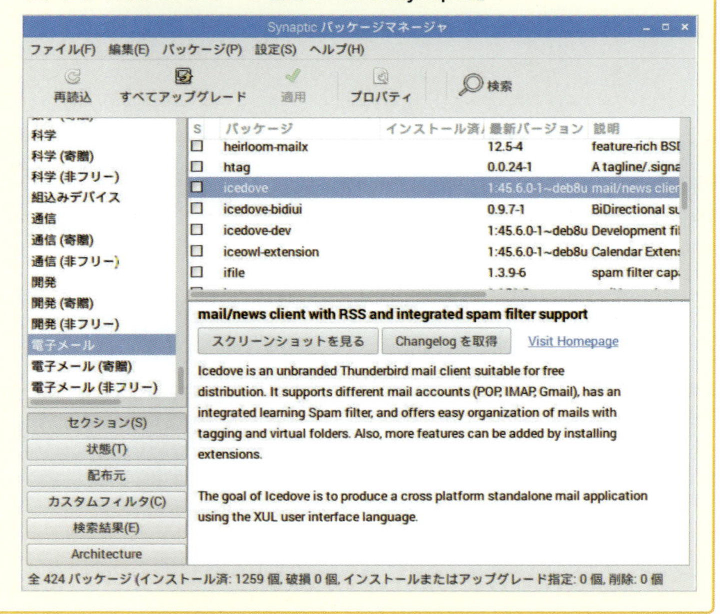

Appendix 6 プログラム作成の基本

Raspberry Piで電子部品を制御するには、プログラムを作成して実行します。プログラムの作成にはPythonが使えます。ここでは、Pythonでのプログラムの作成方法について説明します。

電子部品を制御するプログラム

Raspberry Piは、センサーやモーターなどをつないで自由に制御が可能です。電子部品を制御するには、プログラミングが必要になります。

Raspberry Piなどのコンピュータに、ユーザーが実行したいことをコンピュータに知らせる際に利用するのが「**プログラミング言語（プログラム言語）**」です。日頃使用しているWebブラウザやメールクライアント、音楽プレーヤーなどのアプリケーションはすべてプログラミング言語を使って作成されています。

Raspberry Piで電子工作を制御する際にも、プログラミングを行います。例えば、「温度センサーから現在の温度を読み込む」「読み込んだ温度から現在暑いのかを判断する」「暑いと判断したら扇風機を動かす」といった動作を、利用するプログラミング言語の構文に則って作成（プログラミング）します。作成したプログラムを実行すると、Raspberry Piはそれに則って電子回路の制御を行います。

このようにプログラミングを行うには、まずプログラムの方法を覚える必要があります。ここでは、プログラミングの基本について説明します。

●電子回路の制御にはプログラミングが必要

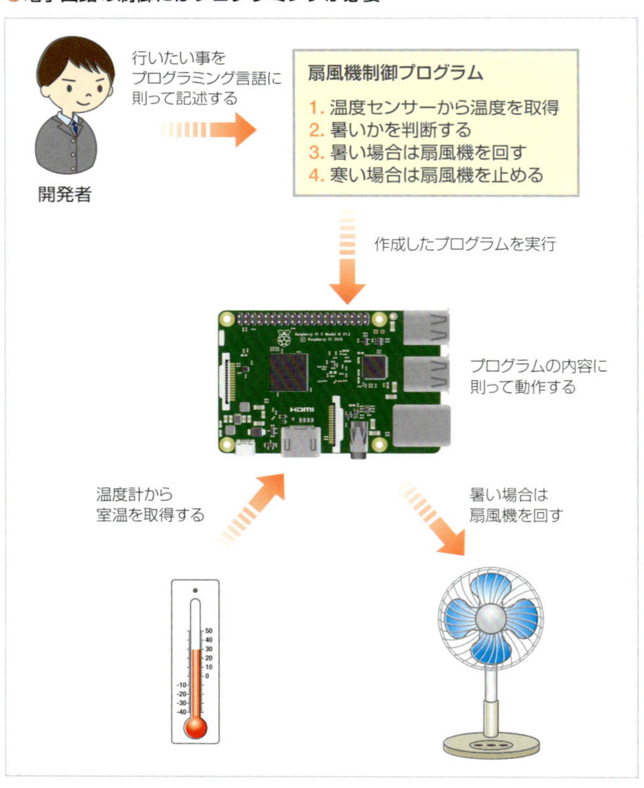

コンピュータにはたくさんのプログラミング言語が存在します。Raspberry Piでも、多くのプログラミング言語を利用してプログラムの開発が可能です。

Raspberry PiはC言語やC++などといった著名なプログラミング言語から、RubyやPythonなどといったスクリプト言語などたくさんの言語に対応しています。

特に「**Python**」は、Raspberry Piのプログラムでよく利用されており、様々なサンプルがネット上に公開されています。サンプルプログラムが多く存在すれば、動作させたい部品を動かす参考になります。

本書では、Pythonを使って電子部品を制御する方法について説明します。

プログラムの作成

Pythonのプログラムはテキストエディタを利用して作成します。GUIテキストエディタを利用する場合は「leafpad」などを、CUIテキストエディタを利用する場合は「nano」などを起動します。テキストエディタの起動や編集方法などについてはp.266を参照してください。

画面に「Enjoy Raspberry Pi!」と表示するプログラムを作成してみます。文字列などを表示するには「print」という関数（命令）を利用します。この後にダブルクォーテーション（"）やシングルクォーテーション（'）記号で表示したい文字列をくくります。右のように記述します。

入力が完了したら、編集内容を任意のファイルに保存してテキストエディタを終了します。この際、ファイル名に特に決まりはありませんが、「.py」と拡張子を付加しておくとPyhtonのプログラムだと判断しやすくなります。ここでは、「print.py」として保存することにします。

●Pythonで画面に文字を表示するプログラム

```
print( "Enjoy Raspberry Pi!" )
```

POINT

日本語を使用する

プログラム中でひらがなやカタカナ、漢字といった日本語の文字を使用したい場合は、あらかじめ使用する文字コードを指定しておきます。通常は「UTF-8」というコードを指定しておきます。指定には、プログラムファイルの先頭に以下のように記載しておきます。

```
# -*- coding: utf-8 -*-
```

作成したプログラムを実行する

作成したプログラムを実行してみましょう。実行には端末アプリを使用します。端末アプリはスクトップ画面左上のメニューアイコンをクリックして「アクセサリ」➡「LXTerminal」を選択して起動します。

「python」コマンドのあとに作成したPythonのプログラムファイルを指定します。前述した「print.py」であれば、右のように実行します。

画面上に「Enjoy Raspberry Pi!」と表示されます。

●Pythonプログラムの実行

```
$ python print.py Enter
```

●文字列を表示するプログラムの実行結果

NOTE

Pythonのバージョン

現在Pythonは、Python2とPython3の2つのバージョンが利用されています。どちらの基本的の文法などは同じで作成方法も大きく変わりません。しかし、Python3では、Python2と比べるとより厳密な表記が求められます。例えば、Python3では繰り返しなどの範囲を指定する際に行頭に挿入するスペースは、タブとスペースが混在してはいけません。タブで範囲を指定した場合は、そのほかの行の合せてタブを使います。また、printなどの関数ではPython2の場合は「print "Hello"」のようにすぐに表示する文字列を記述できましたが、Python3では「print("Hello")」のように括弧でくくる必要があります。
Python2で実行する場合は「python」コマンドを利用しますが、Python3で実行する場合は「python3」コマンドを利用して実行します。また、ライブラリの管理はそれぞれのバージョンで異なるため、Python2でインストールしたライブラリはPython3では使えません。別途Python3のライブラリを導入する必要があります。

値を保存しておく「変数」

プログラミングでは、「**変数**」を利用することで計算結果や状態などを保存できます。変数を利用するには、「変数名 = 値」と指定することで定義されます。変数名にはアルファベット、数字、記号の「_」（アンダーバー）が使用できます。大文字と小文字が区別されるので気をつけましょう。

POINT

変数名には予約語を使用できない

変数名の指定には「**予約語**」と呼ばれるいくつかの文字列を指定できます。例えば「if」「while」「for」などがあります。

例えば、「value」という変数に「1」を格納する場合は、右のように記述します。

```
value = 1
```

valueの値を変更する場合は、変更する値を指定します。右のように記述すると、値が「1」から「10」に変更されます。

```
value = 10
```

変数には、数字以外の文字列も格納できます。文字列を格納する場合は、ダブルクォーテーション（"）で文字列をくくります。

例えば「string_value」変数に「Raspberry Pi」と格納したい場合は、右のように記述します。

```
string_value = "Raspberry Pi"
```

変数を使用するには、使いたい場所に変数名を指定します。例えばvalueに格納した値を画面に表示したい場合は、print関数に変数名を指定します。

```
print ( value )
```

文字列と数値

Pythonには値の型（主に数値と文字列）があります。数値とは「1」や「10」などの数のことです。文字列は「Python」や「ラズベリーパイ」などといった文字を並べたものです。この異なった型の値は、そのままつなぎ合わせることはできません。つなぎ合わせるには型の変換が必要となります。

複数の値を格納しておく「リスト」

変数は関連する値をまとめておくことができます。例えば、10回計測した値をそれぞれ保存しておきたい場合には、変数が10個必要となります。この際、「リスト」という変数をまとめる方式を使うと、1つの名前で複数の値を格納できます。

リストはプログラムのはじめに定義をしておきます。定義は右のようにリスト名と格納する値をイコールで結びます。格納する値は、カンマで区切って指定します。

```
リスト名 = [ 値1, 値2, 値3,・・・ ]
```

例えば、list_valueという名前のリストを作成し、中に「10」「5」「31」の3つの値を格納したい場合は、右のように定義します。

```
list_value = [ 10, 5, 31 ]
```

NOTE

値を何も格納しないリストを定義する

はじめにリスト内に値を何も格納せずに定義することも可能です。この場合は、次のように記述します。

```
リスト名 = []
```

リスト内には格納するスペースが何もないため、そのままでは値を格納できません。p.278で説明する「append」を使って値を格納するスペースを作成する必要があります。

リストに格納された値を利用する場合には、リスト名の後に利用したい値のある番号を指定します。番号は0、1、2、3・・・の順と0から始まるので注意しましょう。

```
リスト名[番号]
```

例えば、先ほど定義したlist_valueの2番目（プログラムでは1を指定）の値を表示したい場合は右のように記述します。

```
print ( list_value[1] )
```

すると、画面に「5」と表示されます。リスト名だけを指定すると、すべての値がカンマで区切られて一覧表示できます。
「print (list_value)」と指定すると、「[10, 5, 31]」と表示されます。

```
print ( リスト名 )
```

リスト内の値を変更することも可能です。利用する場合に同様にリスト名に対象の番号を指定し、イコールで変更したい値を指定します。

```
リスト名[番号]=値
```

例えば、3番目の値を「20」に変更する場合は、右のように記述します。

```
list_value[2] = 20
```

リストを操作する

リストは格納する値を数を増やしたり、減らすことが可能です。
リストの最後に新たな値を追加したい場合には「append」を使います。リスト名の後に「.append」を付加して、追加したい値の内容を指定します。

```
リスト名.append(値)
```

例えば、先ほどのlist_valueリストの最後に「100」を追加したい場合には、右のように記述します。

```
list_value.append( 100 )
```

すると、リストの値が「10, 5, 31, 100」と1つ追加されます。
特定の値を削除することもできます。リスト名の後に「.pop」を付加して、削除する価の番号を指定します。

```
リスト名.pop(番号)
```

例えば、2番目を削除する場合は、右のように記述します。

```
list_value.pop( 1 )
```

他に次の表のようなリストの操作が可能です。

●リストの主な操作

操作内容	文法
末尾に新たな要素を追加する	リスト名.append(値)
任意の場所に新たな要素を追加する	リスト名.insert(番号,値)
任意の場所の要素を削除する	リスト名.pop(番号)
特定の値ではじめに現れた要素1つを削除する	リスト名.remove(値)
指定した値が格納された要素の番号を取得する	リスト名.index(値)
指定した値が格納された要素の個数を取得する	リスト名.count(値)
リストを並び替える	リスト名.sort()
リストを逆順に並び替える	リスト名.reverse()

同じ処理を繰り返す

Pythonで、同じ処理を繰り返すには「**while**」文を利用します。whileの記述方法は右図のようになります。

while文は、その後に指定した条件式が成立している間、繰り返しを続けます。条件式が成立しなくなったところで、繰り返しをやめて次の処理に進みます。もし、永続的に繰り返しを続けるようにしたい場合は、条件式を「True」と記述しておきます。

while文の条件式の後には必ず「:」を付加します。この後が繰り返しの内容となります。繰り返しの内容を記述する場合は、必ず行頭にスペースやタブを入れます。

このようなスペースを入れることを「**インデント**」といいます。インデントされている部分が繰り返しの範囲となります。また、インデントするスペースやタブの数はそろえる必要があります。

●「while」での繰り返し

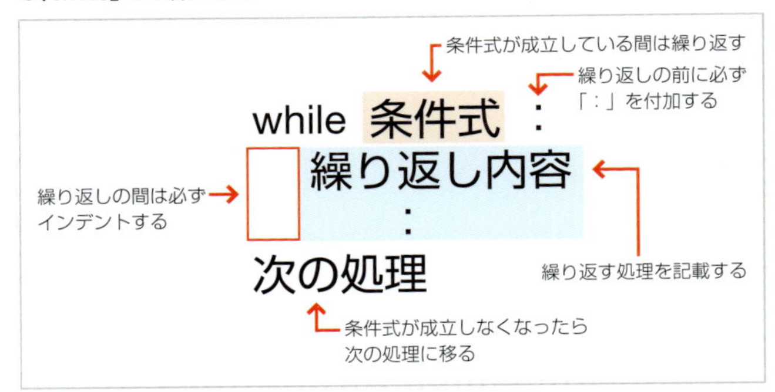

条件によって処理を分岐する

条件によって処理を分ける場合もは、条件分岐文に条件式を指定することで実現できます。

条件式で判別する

Pythonで判別に利用できる条件式には、「比較演算子」を使用します。比較演算子には右のようなものが利用可能です。

●Pythonで利用できる比較演算子

比較演算子	意味
A == B	AとBが等しい場合に成立する
A != B	AとBが等しくない場合に成立する
A < B	AがBより小さい場合に成立する
A <= B	AがB以下の場合に成立する
A > B	AがBより大きい場合に成立する
A >= B	AがB以上の場合に成立する

例えば、変数「value」が10であるかどうかを確認する場合は、右のように記述します。

```
value == 10
```

複数の条件式を合わせて判断することも可能です。判別には右のような演算子が使用できます。

●複数の条件式を同時に判断に使用できる演算子

演算子	意味
A and B	A、Bの条件式がどちらも成立している場合のみ成立します
A or B	A、Bのどちらかの条件式が成立した場合に成立します

例えば、valueの値が0以上10以下であるかを判別するには、右のように記述します。

```
value >= 0 and value <= 10
```

条件分岐で処理を分ける

条件式の結果で処理を分けるには、「if」文を使用します。ifは右のように使用します。

ifは、その後に指定した条件式を確認します。もし、成立している場合はその次の行に記載されている処理をします。また、「else」を使用することで、条件式が成立しない場合に行う処理を指定できます。この「else」は省略可能です。

ifを利用する場合は、while同様に条件式および「else」の後に「:」を必ず付加します。さらに、分岐した後に実行する内容は、必ずインデントしておきます。

●「if」文での条件分岐

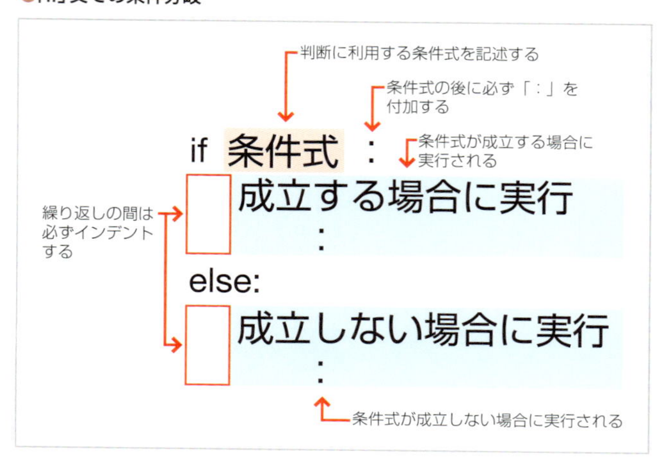

Appendix 7 本書で利用した電子部品

本書の各サンプルで利用した電子部品を一覧します。電子部品の購入の参考にしてください。なお、電子部品によってはショップでの取り扱いが終了することがありますのでご了承ください。

電子部品を購入する

本書のサンプルで利用した電子部品を一覧します。電子部品を購入する際の参考にしてください。一覧では電子パーツの製品名やオンラインショップでの参考価格を掲載しています。オンラインショップの通販コードも掲載しています。各オンラインショップの検索ボックスに通販コードを入力することで対象の電子部品が見つかります。購入方法についてはp.254を参照してください。

なお、電子部品一覧は2017年11月現在の販売状況を参考にしています。電子部品によってはメーカーが生産をやめて販売できなくなることがありますのでご了承ください。この場合は、同様な機能を備えた電子部品であれば、同じように動作させることが可能です。

●各Part共通の電子部品

電子部品名	利用個数	取扱オンラインショップ情報			
		参考価格（セット数）	オンラインショップ名	通販コード	備考
ブレッドボード	1個	300円（1個）	秋月電子通商	P-09257	型番：BB-102
		420円（1個）	千石電商	EEHD-4MAL	型番：MB-102
		513円（1個）	スイッチサイエンス	EIC-16020	
オス—オス型ジャンパー線	約30本	220円（約60本）	秋月電子通商	C-05159	長さは100～250mm
		830円（75本）	千石電商	EEHD-0SLD	長さは100、200mm
		432円（10本）	スイッチサイエンス	EIC-UL1007-MM-015	長さは150mm
オス—メス型ジャンパー線	約30本	220円（約10本）	秋月電子通商	C-08933	長さは150mm、別色の商品有
		570円（50本）	千石電商	EEHD-4DBL	長さは125mm
		691円（50本）	スイッチサイエンス	SEEED-110990045	長さは125mm

Chapter 2 Section 2-3

電子部品名	利用個数	取扱オンラインショップ情報			
		参考価格（セット数）	オンラインショップ名	通販コード	備考
赤色LED	1個	20円（1個）	秋月電子通商	I-11655	型番：OSDR5113A
		32円（1個）	千石電商	EEHD-4FE3	型番：L053SRD
抵抗330Ω	1個	100円（100本）	秋月電子通商	R-25331	定格電力：1/4W
		6円（1本）	千石電商	8AUS-6UHY	定格電力：1/4W

Chapter 3

Section	電子部品名	利用個数	取扱オンラインショップ情報			
			参考価格（セット数）	オンラインショップ名	通販コード	備考
Section 3-1	赤色LED	1個	20円（1個）	秋月電子通商	I-11655	型番：OSDR5113A
			32円（1個）	千石電商	EEHD-4FE3	型番：L053SRD
	抵抗100Ω	1個	100円（100本）	秋月電子通商	R-25101	定格電力：1/4W
			6円（1本）	千石電商	8ASS-6UHG	定格電力：1/4W
Section 3-2	赤色LED	1個	20円（1個）	秋月電子通商	I-11655	型番：OSDR5113A
			32円（1個）	千石電商	EEHD-4FE3	型番：L053SRD
	抵抗100Ω	1個	100円（100本）	秋月電子通商	R-25101	定格電力：1/4W
			6円（1本）	千石電商	8ASS-6UHG	定格電力：1/4W
	半固定抵抗1kΩ	1個	40円（1個）	秋月電子通商	P-03271	
			63円（1個）	千石電商	8ABY-J8M4	
Section 3-3	高輝度LED	1個	20円（1個）	秋月電子通商	I-00666	型番：SLP-WB89A-51
	トランジスタ 2SC1815-Y	1個	80円（10個）	秋月電子通商	I-04268	
			158円（10個）	千石電商	EEHD-4ZNH	
	抵抗100Ω	1個	100円（100本）	秋月電子通商	R-25101	定格電力：1/4W
			6円（1本）	千石電商	8ASS-6UHG	定格電力：1/4W
	抵抗3.3kΩ	1個	100円（100本）	秋月電子通商	R-25332	定格電力：1/4W
			6円（1本）	千石電商	2AZS-7UHN	定格電力：1/4W
Section 3-4	フルカラーLED（カソードコモン）	1個	50円（1個）	秋月電子通商	I-02476	型番：OSTA5131A
	トランジスタ 2SC1815-Y	3個	80円（10個）	秋月電子通商	I-04268	
			158円（10個）	千石電商	EEHD-4ZNH	
	抵抗120Ω	1個	100円（100本）	秋月電子通商	R-25121	定格電力：1/4W
			6円（1本）	千石電商	4ASS-7UHB	定格電力：1/4W
	抵抗150Ω	1個	100円（100本）	秋月電子通商	R-25151	定格電力：1/4W
			6円（1本）	千石電商	6ATS-6UH3	定格電力：1/4W
	抵抗300Ω	1個	100円（100本）	秋月電子通商	R-25301	定格電力：1/4W
			6円（1本）	千石電商	5AUS-6UHM	定格電力：1/4W
	抵抗10kΩ	1個	100円（100本）	秋月電子通商	R-25103	定格電力：1/4W
			6円（1本）	千石電商	7A4S-6FJ4	定格電力：1/4W

Chapter 4

Section	電子部品名	利用個数	取扱オンラインショップ情報			
			参考価格（セット数）	オンラインショップ名	通販コード	備考
Section 4-1	スライドスイッチ	1個	20円（1個）	秋月電子通商	P-08790	基板用
			84円（1個）	千石電商	4AWB-MRGU	基板用
Section 4-2	タクトスイッチ	1個	10円（1個）	秋月電子通商	P-03647	別色の商品有
			21円（1個）	千石電商	5DLE-TGMU	
	抵抗1kΩ	1個	100円（100本）	秋月電子通商	R-25102	定格電力：1/4W
			6円（1本）	千石電商	7AXS-6UHC	定格電力：1/4W

	電子部品名	利用個数	取扱オンラインショップ情報			
			参考価格（セット数）	オンラインショップ名	通販コード	備考
Section 4-3	マイクロスイッチ	1個	105円（1個）	千石電商	2A2R-85M8	1回路2接点
	74HC14	1個	30円（1個）	秋月電子通商	I-08879	
			53円（1個）	千石電商	758P-A6EU	
	積層セラミックコンデンサー10μF	1個	200円（10個）	秋月電子通商	P-03095	
	抵抗470Ω	1個	100円（100本）	秋月電子通商	R-25471	定格電力：1/4W
			6円（1本）	千石電商	7AVS-6UHK	定格電力：1/4W
	抵抗1kΩ	1個	100円（100本）	秋月電子通商	R-25102	定格電力：1/4W
			6円（1本）	千石電商	7AXS-6UHC	定格電力：1/4W

Chapter 5	電子部品名	利用個数	取扱オンラインショップ情報			
			参考価格（セット数）	オンラインショップ名	通販コード	備考
Section 5-1	A/Dコンバータ MCP3002	1個	180円（1個）	秋月電子通商	I-02584	
			357円（1個）	千石電商	EEHD-0AWK	
	A/Dコンバータ MCP3004	1個	190円（1個）	秋月電子通商	I-11987	
	A/Dコンバータ MCP3008	1個	220円（1個）	秋月電子通商	I-09485	
			368円（1個）	千石電商	EEHD-4KN6	
	A/Dコンバータ MCP3204	1個	360円（1個）	秋月電子通商	I-00239	
	A/Dコンバータ MCP3208	1個	300円（1個）	秋月電子通商	I-00238	
Section 5-2	半固定抵抗 10kΩ	1個	40円（1個）	秋月電子通商	P-03277	
			63円（1個）	千石電商	3ACY-J8MF	
	A/Dコンバータ MCP3002	1個	180円（1個）	秋月電子通商	I-02584	
			357円（1個）	千石電商	EEHD-0AWK	

Chapter 6	電子部品名	利用個数	取扱オンラインショップ情報			
			参考価格（セット数）	オンラインショップ名	通販コード	備考
Section 6-1	DCモーター FA-130RA	1個	100円（1個）	秋月電子通商	P-06437	リード線付有（P-09169）
			190円（1個）	千石電商	EEHD-0A3G	リード線、プーリー付き
	MOSFET 2SK4017	1個	30円（1個）	秋月電子通商	I-07597	

Section	電子部品名	利用個数	取扱オンラインショップ情報			
			参考価格（セット数）	オンラインショップ名	通販コード	備考
Section 6-1	ダイオード 1N4007	1個	10円（1個）	秋月電子通商	I-08332	
			21円（1個）	千石電商	EEHD-4V5J	
	積層セラミックコンデンサー 0.1μF	1個	15円（1個）	秋月電子通商	P-10147	
			32円（1個）	千石電商	EEHD-553D	
	抵抗1kΩ	1個	100円（100本）	秋月電子通商	R-25102	定格電力：1/4W
			6円（1本）	千石電商	7AXS-6UHC	定格電力：1/4W
	抵抗20kΩ	1個	100円（100本）	秋月電子通商	R-03940	定格電力：1/4W
			6円（1本）	千石電商	5A5S-6FJG	定格電力：1/4W
Section 6-2	モータードライバー TA7291P	1個	300円（2個）	秋月電子通商	I-02001	
			210円（1個）	千石電商	55HW-6SGX	
			216円（1個）	スイッチサイエンス	TOSHIBA-TA7291P	
	DCモーター FA-130RA	1個	100円（1個）	秋月電子通商	P-06437	リード線付有（P-09169）
			190円（1個）	千石電商	EEHD-0A3G	リード線、プーリー付き
	積層セラミックコンデンサー 0.1μF	1個	15円（1個）	秋月電子通商	P-10147	
			32円（1個）	千石電商	EEHD-553D	
	抵抗5.1kΩ	1個	100円（100本）	秋月電子通商	R-25512	定格電力：1/4W
			6円（1本）	千石電商	6A2S-7FJW	定格電力：1/4W
Section 6-4	マイクロサーボ SG-90	1個	400円（1個）	秋月電子通商	M-08761	

Chapter 7

Section	電子部品名	利用個数	取扱オンラインショップ情報			
			参考価格（セット数）	オンラインショップ名	通販コード	備考
Section 7-1	CdS 1MΩ GL5528	1個	40円（1個）	秋月電子通商	I-05859	
			105円（5個）	千石電商	EEHD-0HRR	
	フォトダイオード S9648	1個	100円（1個）	秋月電子通商	I-03822	
	フォトトランジスタ NJL7502L	1個	100円（2個）	秋月電子通商	I-02325	
			53円（1個）	千石電商	EEHD-04CV	
	A/Dコンバータ MCP3002	1個	180円（1個）	秋月電子通商	I-02584	
			357円（1個）	千石電商	EEHD-0AWK	
Section 7-2	抵抗1kΩ	1個	100円（100本）	秋月電子通商	R-25102	定格電力：1/4W
			6円（1本）	千石電商	7AXS-6UHC	定格電力：1/4W
	抵抗10kΩ	1個	100円（100本）	秋月電子通商	R-25103	定格電力：1/4W
			6円（1本）	千石電商	7A4S-6FJ4	定格電力：1/4W
Section 7-3	焦電型赤外線センサー SKU-20-019-157	1個	400円（1個）	秋月電子通商	M-09627	

	電子部品名	利用個数	取扱オンラインショップ情報			
			参考価格（セット数）	オンラインショップ名	通販コード	備考
Section 7-4	フォト リフレクタ LBR-127HLD	1個	50円（1個）	秋月電子通商	P-04500	
	フォト インタラプタ CNZ1023	1個	20円（1個）	秋月電子通商	P-09668	
	抵抗100Ω	1個	100円（100本）	秋月電子通商	R-25101	定格電力：1/4W
			6円（1本）	千石電商	8ASS-6UHG	定格電力：1/4W
	抵抗100kΩ	1個	100円（100本）	秋月電子通商	R-25104	定格電力：1/4W
			6円（1本）	千石電商	5A8S-6FJK	定格電力：1/4W
Section 7-6	温度センサー LM35DZ	1個	110円（1個）	秋月電子通商	I-00116	
			294円（1個）	千石電商	6AHT-MJKT	
			162円（1個）	スイッチサイエンス	TI-LM35DZ	
	A/Dコンバーター MCP3002	1個	180円（1個）	秋月電子通商	I-02584	
			357円（1個）	千石電商	EEHD-0AWK	
	デジタル 温度センサー BME280	1個	1,080円（1個）	秋月電子通商	K-09421	
			1,620円（1個）	千石電商	EEHD-4WUX	基板デザインが異なる
			1,620円（1個）	スイッチサイエンス	SSCI-022361	基板デザインが異なる
Section 7-7	加速度センサー LIS3DH	1個	600円（1個）	秋月電子通商	K-06791	
			618円（1個）	スイッチサイエンス	SFE-SEN-13963	基板デザインが異なる
Section 7-8	赤外線 距離センサー GP2Y0E03	1個	760円（1個）	秋月電子通商	I-07547	
	超音波 距離センサー HC-SR04	1個	400円（1個）	秋月電子通商	M-11009	
			400円（1個）	千石電商	EEHD-4NJS	
			533円（1個）	スイッチサイエンス	SFE-SEN-13959	
	抵抗1kΩ	1個	100円（100本）	秋月電子通商	R-25102	定格電力：1/4W
			6円（1本）	千石電商	7AXS-6UHC	定格電力：1/4W
	抵抗2kΩ	1個	100円（100本）	秋月電子通商	R-25202	定格電力：1/4W
			6円（1本）	千石電商	8AYS-7UHU	定格電力：1/4W

Chapter 8

	電子部品名	利用個数	取扱オンラインショップ情報			
			参考価格（セット数）	オンラインショップ名	通販コード	備考
Section 8-1	7セグメントLED カソードコモン	1個	50円（1個）	秋月電子通商	I-04125	製品名：LTS-547BJR、別色の商品有
			189円（1個）	千石電商	EEHD-4K5U	製品名：LA-601ML、緑発色
	7セグメント ドライバー 74HC4511	1個	60円（1個）	秋月電子通商	I-08878	
			147円（1個）	千石電商	8Z26-2DHK	
	抵抗330Ω	8個	100円（100本）	秋月電子通商	R-25331	定格電力：1/4W
			6円（1本）	千石電商	8AUS-6UHY	定格電力：1/4W

Section	電子部品名	利用個数	取扱オンラインショップ情報			
			参考価格（セット数）	オンラインショップ名	通販コード	備考
Section 8-2	4桁7セグメントLED カソードコモン	1個	250円（1個）	秋月電子通商	I-03955	製品名：OSL40562-LRA、別色の商品有
	7セグメントドライバー 74HC4511	1個	60円（1個）	秋月電子通商	I-08878	
			147円（1個）	千石電商	8Z26-2DHK	
	LEDマトリクスドライバーモジュール HT16K33	1個	600円（1個）	秋月電子通商	M-08436	秋月製有（250円、M-11246）
	I^2Cバス用双方向電圧レベル変換モジュール PCA9306	1個	150円（1個）	秋月電子通商	M-05452	
			990円（1個）	千石電商	EEHD-4HEZ	基板デザインが異なる
			868円（1個）	スイッチサイエンス	SFE-BOB-11955	基板デザインが異なる
	抵抗330Ω	8個	100円（100本）	秋月電子通商	R-25331	定格電力：1/4W
			6円（1本）	千石電商	8AUS-6UHY	定格電力：1/4W
Section 8-4	8×8マトリクスLED	1個	200円（1個）	秋月電子通商	I-05738	製品名：OSL641501-BRA、別色の商品有
			263円（1個）	千石電商	EEHD-4PVJ	別色の商品有
	LEDマトリクスドライバーモジュール HT16K33	1個	600円（1個）	秋月電子通商	M-08436	秋月製有（250円、M-11246）
	I^2Cバス用双方向電圧レベル変換モジュール PCA9306	1個	150円（1個）	秋月電子通商	M-05452	
			990円（1個）	千石電商	EEHD-4HEZ	基板デザインが異なる
			868円（1個）	スイッチサイエンス	SFE-BOB-11955	基板デザインが異なる
	抵抗330Ω	8個	100円（100本）	秋月電子通商	R-25331	定格電力：1/4W
			6円（1本）	千石電商	8AUS-6UHY	定格電力：1/4W
Section 8-5	有機ELキャラクタディスプレイモジュール	1個	1580円（1個）	秋月電子通商	P-08277	別色の商品有

Chapter 9

Section	電子部品名	利用個数	取扱オンラインショップ情報			
			参考価格（セット数）	オンラインショップ名	通販コード	備考
Section 9-1	圧電ブザー HDB06LFPN	1個	100円（1個）	秋月電子通商	P-00161	
	トランジスタ 2SC1815-Y	1個	80円（10個）	秋月電子通商	I-04268	
			158円（10個）	千石電商	EEHD-4ZNH	
	抵抗10kΩ	1個	100円（100本）	秋月電子通商	R-25103	定格電力：1/4W
			6円（1本）	千石電商	7A4S-6FJ4	定格電力：1/4W

INDEX

著者紹介

福田(ふくだ) 和宏(かずひろ)

株式会社飛雁、代表取締役。工学院大学大学院電気工学専攻修士課程卒。大学時代は電子物性を学んでいたが、学生時代にしていた雑誌社のアルバイトがきっかけで、ライター業を始める。現在は、主に電子工作やLinux、スマートフォンの関連記事や企業向けマニュアルの執筆、ネットワーク構築、教育向けコンテンツ作成などを手がける。
クラフト作家と共同で作品に電子工作を組み込む試みをしている。
「サッポロ電子クラフト部」を主催。モノ作りに興味のあるメンバーが集まり、数ヶ月でアイデアを実現することを目指している。

■主な著書

- 「これ1冊でできる！ ラズベリー・パイ超入門 改訂第4版」「これ1冊でできる！ Arduinoではじめる 電子工作 超入門 改訂第2版」「Xperia X Performance Perfect Manual」「実践！ CentOS 7 サーバー徹底構築」「Ubuntu 基礎からのかんたんLinuxブック」(すべてソーテック社)
- 「ラズパイで初めての電子工作」「日経Linux」「ラズパイマガジン」「日経パソコン」「日経PC21」「日経トレンディ」(日経BP社)
- 「NTTコミュニケーションズ インターネット検定 BASIC 2013 公式テキスト」(NTT出版：共著)

電子部品ごとの制御を学べる！

Raspberry Pi(ラズベリーパイ) 電子工作 実践講座

2017年12月31日 初版 第1刷発行

著者	福田和宏
カバーデザイン	植竹裕
発行人	柳澤淳一
編集人	久保田賢二
発行所	株式会社ソーテック社
	〒102-0072 東京都千代田区飯田橋4-9-5 スギタビル4F
	電話(注文専用)03-3262-5320 FAX 03-3262-5326
印刷所	大日本印刷株式会社

Printed in Japan
ISBN978-4-8007-1161-8
